普通高等教育"十二五"系列教材

辽宁省"十二五"普通高等教育本科省级规划教材

电气电子工程制图 与CAD （第二版）

主　编　孙振东　高　红

副主编　魏双燕　包　妍　王　琳

编　写　白　斌　郭维城　刘　峰

　　　　范智广　朱　爽　杜士鹏

主　审　鞠振河　尹常永

U0260628

中国电力出版社
CHINA ELECTRIC POWER PRESS

内 容 提 要

本书内容紧密联系电气工程实际，注重实用性，着眼于培养学生的创新能力、实践能力和运用知识的能力。本书主要内容包括五个单元：第一单元为工程制图基础，主要介绍投影的基本知识和实物图的识读方法；第二单元为电气与电子设备图，主要介绍设备零件图通用的表达方法、国家制图标准及设备图的简化方法；第三单元为电气功能简图，主要介绍电路图和框图的画法；第四单元为电气与电子施工图，主要介绍位置图、安装图、接线图、线扎图、印制电路板图等各类与施工工程相关图样的画法；第五单元为计算机辅助设计，主要介绍 CAXA、AutoCAD 和 Protel 三款 CAD 绘图软件。本书与高红主编的《普通高等教育"十二五"系列教材 电气电子工程制图与 CAD 习题集（第二版）》配套使用。本书配有电子课件。

本书可作为高等工科院校电气类、电子信息类、自动化类等相关专业制图课程的教材，也可供高职高专院校师生和工程技术人员选用。

图书在版编目（CIP）数据

电气电子工程制图与 CAD/孙振东，高红主编. —2 版. —北京：中国电力出版社，2015.2（2024.2 重印）

普通高等教育"十二五"规划教材 辽宁省"十二五"普通高等教育本科省级规划教材

ISBN 978 - 7 - 5123 - 6701 - 2

Ⅰ. ①电… Ⅱ. ①孙…②高… Ⅲ. ①电气制图-计算机辅助设计-高等学校-教材②电子工业-工程制图-计算机辅助设计-高等学校-教材 Ⅳ. ①TM02②TN02

中国版本图书馆 CIP 数据核字（2014）第 249895 号

中国电力出版社出版、发行

（北京市东城区北京站西街 19 号 100005 http://www.cepp.sgcc.com.cn）

北京雁林吉兆印刷有限公司印刷

各地新华书店经售

*

2012 年 4 月第一版

2015 年 2 月第二版 2024 年 2 月北京第十八次印刷

787 毫米×1092 毫米 16 开本 19.75 印张 483 千字

定价 39.00 元

前　言

　　电气电子工程制图所依据的是电气制图国家标准。很长时间以来，我国关于电气制图的标准比较混乱，各行业都制定了不少标准。至 20 世纪 80 年代，我国开始对制图标准的制定进行统一管理，20 世纪 90 年代提出了全国统一的制图标准。到目前为止，电气制图国家标准还在陆续编制之中。

　　在这样的背景下，电气电子工程制图的教材也在内容选取、编写体例上存在较大的差异，概括起来可分为三大类。

　　（1）单纯的规范解析。这类教材以制图标准的体系为蓝本，以制图标准的内容为主要内容。这类教材可供具有一定专业基础的技术人员作为在职提高使用，而用于在校学生，尚显艰涩。

　　（2）以电路图为主的电气电子制图教材。这类教材在内容上已经将电气和电子工程技术人员在工作中所要用到的制图内容大大缩小了，不仅不利于培养学生对制图基本知识的理解和实际的绘图与读图能力，也不利于学生将来的实际工作。

　　（3）"机械制图＋电气制图"的电气电子制图教材。目前已经出版的教材明显注意到了机械制图在电气和电子工程技术中的重要作用，并尝试将这两部分内容一并介绍给学生。但一般是将机械制图和电气制图按各自的固有体系分开编写，将二者粘贴、合并，并没有做到有机融合。

　　在近几年的教学实践中，编者不断听取相关专业院系对电气电子工程制图的意见，并听取相关行业工程技术人员对制图内容的要求，力图以行业的实际需求为目标，将机械制图和电气制图有机融合，突出课程的基础性和工具性，以满足企业对人才知识结构和制图能力的要求。

　　按照上述思路，本书具有以下特征：

　　1. 突出专业性

　　本书坚持"高视点"，根据电力和电子行业对电气电子工程制图知识和技能的要求，以培养和训练学生具有绘制和阅读电气电子工程制图能力为目的，针对高等学校电气电子类各相关专业的特点，结合电力和电子工程设计与施工的实例，将电气电子工程制图领域所涉及的理论与实践知识及现代工程制图技术循序渐进、全面合理地介绍给学生。在突出本书专业特色的同时，兼顾学生自学能力的养成和对新知识搜索与掌握能力的发展。

　　2. 追求先进性

　　本书从当前电力和电子工程领域的实际需求出发，在吸收电气电子工程制图最新研究成果的基础上，有机地融合了机械和电气制图的知识，并且引入 CAXA、AutoCAD 和 Protel 等电力和电子行业中流行的计算机辅助设计软件相关内容，具有先进性、适用性和通用性。

　　3. 体现规范性

　　本书采用最新国家标准，全面吸收目前本学科领域科学技术发展的最新成果。鉴于本书编写过程中，还有一些国家标准尚在制订当中，编者对这部分内容采用"有标准遵从标准，无标准按照原则，无原则参照惯例"的原则，使教材内容更好地服务于行业的实际需求，是一本电气和电子类专业的全新制图基础教材。

4. 强调应用性

本书的定位为应用教程，不追求制图理论体系的完整性和逻辑性，以实际工作的需求为线索，重视培养学生的应用能力。在此基础上，本书对传统机械制图的内容做了大胆的删减，并加大了简图、轮廓图的介绍；在电气制图部分，所采用的案例均以当今流行的电气和电子图为参考，囊括了电气和电子系统中各个具体专业领域。在内容编排上，由浅入深，详细讲解电气制图的过程，以便课堂教学、实训教学及学生课后自学。

5. 内容全面性

本书共分五个单元。第一单元为工程制图基础（第一～三章），主要介绍实物图的读图方法；第二单元为电气与电子设备图（第四～七章），主要介绍实物图的国家标准和简化画法；第三单元为电气功能简图（第八、九章），主要介绍电路图、框图的画法；第四单元为电气与电子施工图（第十～十二章），主要介绍位置图、线扎图、接线图等电气电子施工用图；第五单元为计算机辅助设计（第十三～十七章），主要介绍 CAXA、AutoCAD 和 Protel 的入门知识。最后，本书还以附录的形式列出了相关参考资料。通过这些内容，全面地向读者介绍电气电子工程制图所需要的各种知识和技能。

参加本书编写的人员既有多年从事制图课教学的教师，也有从事 CAD 理论教学、机械制图、电气电子类专业教学以及具有多年工程设计实践的工程技术人员。

本书由沈阳工程学院孙振东、高红任主编，由魏双燕、包妍、王琳任副主编，白斌、郭维城、刘峰、范智广、朱爽、杜士鹏参加编写。本书由沈阳工程学院李彪教授统稿。

本书由辽宁太阳能研究有限公司董事兼总工程师鞠振河和沈阳工程学院尹常永教授主审，对他们提出的宝贵意见和建议，在此表示由衷的感谢。

在本书编写过程中，得到了沈阳工程学院电力系王晓文教授、信息工程系富璇教授及有关老师的大力支持与帮助。他们对本书提出了许多宝贵意见，并提供了大量的资料，在此一并表示感谢。

编　者

2014 年 9 月

目　　录

前言

第一单元　工程制图基础

第二单元　电气与电子设备图

第三单元　电气功能简图

第四单元　电气与电子施工图

第五单元　计算机辅助设计

第一单元　工程制图基础

第一章　工程图样与投影

工程图样在工业生产中起着表达和交流技术思想的作用，是工程界的"通用语言"或称"工程师语言"。在现代社会中，工程图样的使用场合几乎涵盖了整个工业体系，如机械、电力、电子、化工、建筑、航空航天等。在电力、电子行业，工程图样是进行工程设计、制造安装和调试的重要技术文件。因此，每个工程技术人员都必须能够熟练地绘制和阅读工程图样。

第一节　工　程　图　样

工程图样尽管被称为"图"，但与人们常见的艺术图画是不同的。工程图样作为工程师的通用语言，必须遵循一定的画法规则才能被大家所接受。

一、工程图样的概念及相关术语

工程技术中，按一定的投影方法和有关标准，把物体的形状、设计的思想画在图纸上或存在磁盘等介质上，并用数字、文字和符号标出物体的大小、材料及有关制造、安装要求等技术说明的图样，称为工程图样。

绘制工程图样的过程称为工程制图。"制"既为"绘制"，更为"制式"。也就是说，工程制图是按照统一标准绘制的"制式"图样，这种"统一标准"就是国家制图标准。

不同工业领域面对的工作对象是不同的，所需的工程图样也有所不同。图1-1给出了

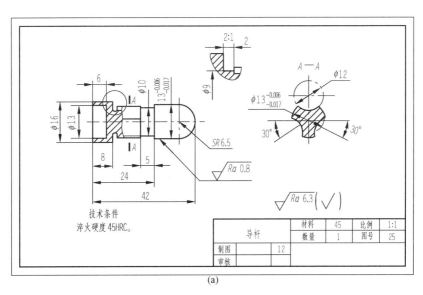

(a)

图1-1　工程图样示例（一）

（a）机械工程图样——导杆

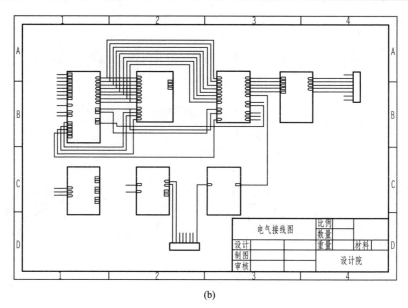

(b)

图 1-1　工程图样示例（二）

(b) 电气工程图样——接线图

机械和电气两种不同的工程图样。通过比较可以看出，尽管图 1-1（a）、（b）所表达的内容不同，但在表达形式上非常相似，都符合国家相关标准的规定。也正是有了这些标准，工程图样才能成为工程技术上的"通用语言"。

无论何种工程图样，以下内容都是必须存在的。

（1）图纸。图纸不仅是图形的载体，也是工程图样的必备要素。作为图形载体，图纸既包括传统的纸质图纸，也包括现代的电子图纸。作为图样要素，无论何种载体，都必须在图样中按国家标准规定画出图纸的边界。在图 1-1 所示的两张工程图样，最外面的方框所表示的就是该图样的图纸边界。

（2）图形。图形是工程图样的核心，是按相关标准绘制的。图形可以是机械的、电气的，也可以是建筑的；可以是立体的，也可以是用符号、表格、曲线来表示的思想或理论图。

（3）图框。图框是图形绘制的界限，是图纸中最外围的边框。

（4）标题栏。图纸右下角的表格称为标题栏，主要供标明图样名称及其他相关信息所用。

（5）说明。图 1-1（a）中所示的"技术要求"及图纸中除图样以外的其他文字和符号都称为说明。

二、电气电子工程图样

电路图是人们首先会想到的电气电子工程图样，但电气电子工程图样并不只有电路图，即使是电路图也有详图与概图之分。图 1-1（b）所示即为电气接线图，它是把一个理想的电路转化成实际系统的工程图样。

实际上，电路图仍然是一种理想化的图样，要把电路图变成现实的系统，还必须使用设备、元器件来实现，这又需要设备和元器件图。设备和元器件图是一种实物图，在工程图样上归类为机械图。要建设一座发电厂或一处变电站，会涉及土木建筑的内容，这又要求具有建筑图样的知识。因此，作为电力和电子行业的工程技术人员，不仅要懂得电路图的画法和识读技巧，还要懂得其他相关领域图样的识读知识。

电气电子工程中常用的工程图样有以下几类：

（1）机械图。机械图并不单指机械设备的图样，而是指由工厂生产的所有实物产品图样，如变压器、电阻器、操作台等。在本书中，将除建筑图以外的所有实物图样都称为机械图。机械图在电力工程中主要用于设备安装、接线、运行、维修等场合；在电子工程中用于电路板、机箱机柜、元器件的设计、安装、连接等方面。机械图也是电气电子工程中应用最多的工程图样之一。

（2）电气图。电气图是电力、电子行业中最重要的工程图样。电气图包括电气简图和电气施工图两大类。电气简图可进一步细分为框图、概图、电路原理图等，电气施工图则包括布置图、安装图、接线图等。在许多情况下，电气施工图中都含有机械图和土木工程图的内容。例如，房屋照明线路的配置、印刷电路板的布线、变电站的接线图等大都是建筑图、机械图和电气图的综合图样。

（3）建筑图。在电力工程中，发电厂、变电站、输电线路的设计和施工都要求能够识读建筑图；在电子工程中，通信线路、自动化楼宇的建设和维护过程也要求掌握建筑图识读知识。

第二节　工程图样基本表达规则

工程图样的表达方法是由国家标准规定的。本节只介绍其中最基本的规则，其他规则将在后面的章节逐步介绍。

一、工程图样中的计量单位

国家标准规定，工程图样中的计量单位采用公制单位。在实物类工程图中，主要考虑的计量单位要素是空间几何形状的大小，即长度的单位。长度单位的用法规则如下：

（1）工程图中，基本长度单位是毫米（mm）。

（2）毫米是制图中的默认单位，当采用毫米为计量单位时，应省略单位名称。

（3）当必须采用其他长度单位时，除另有规定外（如建筑图中的标高），单位名称不可省略。

二、图线

图线是工程图样中最基本的构成元素。在机械图和建筑图中，图线用来表示物体的轮廓；在电气图中，图线可用来构成各种电气符号，也用来表示导线或连接关系。

1. 常用基本线型

最常用的线型有粗实线、细实线、虚线、点画线等，其画法规则和用途见表1-1。

表1-1　　　　　　　　　　常用图线的名称、形式、宽度及用途

图线名称	图线形式	图线代号	图线宽度	图线应用举例
粗实线	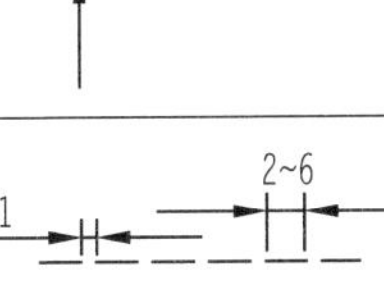	A	b	可见轮廓线，可见过渡线，视图上的铸造分型线，电气图中重要导线、主干线
细虚线		F	约 $b/2$	不可见轮廓线，不可见过渡线，电路图中的机械连接线
细实线			约 $b/2$	尺寸线、尺寸界线、剖面线、重合断面的轮廓线及指引线、电气图中的连接线

续表

图线名称	图线形式	图线代号	图线宽度	图线应用举例
波浪线	〰		约 $b/2$	断裂处的边界线，视图与剖视图的分界线
双折线	─〜─		约 $b/2$	断裂处的边界线
细点画线	├3├ 15~30	G	约 $b/2$	轴线、对称中心线、轨迹线，电气图中的围框线
粗点画线	━ ─ ━ ─		b	有特殊要求的线或表面的表示线
细双点画线	├5├ 15~20	K	约 $b/2$	极限位置的轮廓线、相邻辅助零件的轮廓线及电气图中的预留设备围框等

2. 图线的宽度

在机械图和建筑图上，图线一般只有两种宽度，分别为粗线和细线，其宽度之比为 2：1。

在通常情况下，粗线的宽度不小于 0.25mm，优先采用 0.5mm 或 0.7mm。

3. 图线的使用规则

优先规则：

当各种线型重合时，应按粗实线、虚线、点画线的优先顺序画出。对于重合的图线，在重合部分只画出优先权最高的图线，其他图线省略不画。

画法规则：

（1）同一图样中，同类型图线的宽度应一致。虚线、点画线各自的画长和间隔尽量一致。

（2）点画线的首尾应是长画，不能以短画作为起始或结束，其长度应超出对称部分 3～5mm。

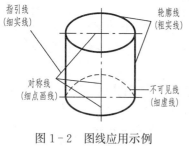

图 1-2　图线应用示例

（3）点画线、双点画线中的"点"是很短的直线，而不是圆点。

（4）在较小的图形上绘制点画线有困难时，可用细实线代替。

（5）虚线、点画线之间或与其他图线相交时，应是画相交。

图线的应用示例如图 1-2 所示。

第三节　投　　影

投影是绘制工程图样的基础，也是工程图样不同于一般美术图画的本质区别。

一、投影原理

在光线照射下，一个空间物体在图纸上留的影像称为这个空间物体的投影，光线称为投射线，图纸称为投影面。

工程上常假设投射线为一组平行光线，投影面与投射线垂直，这种投影的方法称为正投影法，用正投影法获得的投影称为正投影，如图1-3所示。

在图1-3中，左、右两侧的注释文字分别是日常语言和科学术语，请读者自行对照。

工程图样主要采用正投影法来绘制，通常将正投影简称为投影，用正投影法得到的投影称为视图。

二、正投影的基本性质

正投影的基本性质见表1-2。掌握正投影的这些性质是正确作图和读图的必备基础。

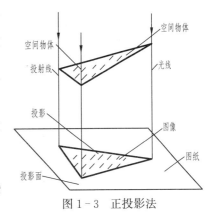

图1-3 正投影法

表1-2   正 投 影 的 基 本 性 质

性质	图 例	说 明
实形性		平行于投影面的直线，其投影反映实长；平行于投影面的平面，其投影反映实形
积聚性		垂直于投影面的直线，其投影积聚为一点；垂直于投影面的平面，其投影聚为一条直线
类似性		倾斜于投影面的直线，其投影是缩短了的直线；倾斜于投影面的平面，其投影为比原形小的类似平面
从属性		点在直线上，则点的投影必在该直线的投影上；直线在平面上，则直线的投影必在该平面的投影上

实形性又称为真形性、真实性、原形性。

类似性不同于相似性。相似性是指两形体的边和角数目相同，且对应角相等；而类似性仅仅是边和角的数目相同，对应角不一定相等。

三、视图的画法

视图是空间物体在图上的投影。空间物体是由面和线组成的。工程图样中，"面"用封闭线框表示，封闭线是平面的外框线，或是曲面的轮廓线，如图 1-4 所示。两个面之间的"棱"称为交线，交线也是两个面外框线的共有线。

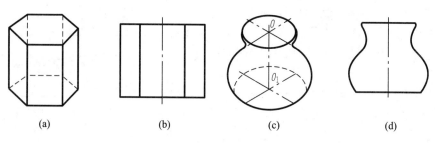

图 1-4　视图的画法示例

（a）六棱柱立体图；（b）六棱柱视图；（c）曲面立体图；（d）曲面体视图

1. 图 1-4（b）所示画法分析

图 1-4（b）是图 1-4（a）的视图，共有三个封闭线框，每个线框表示一个面，每条直线都是面与面的交线，四条垂直的直线称为棱线。六棱柱的上底面和下底面因与投影面垂直，在视图中积聚成直线，这两条直线同时也是两底面与六棱柱各侧表面的交线。

六棱柱前后两个侧表面与投影面平行，在视图中表现为实形；其余四个侧表面，与投影面既不平行也不垂直，在视图中表现为该表面的类似形。

在六棱柱的六个侧表面中，前面的三个侧表面在视图中可见，后面的三个侧表面被遮挡，为不可见，应该用虚线表示。但这三个不可见表面与前面的三个可见表面是重合的，根据图线的优先原则，只用粗实线画出前面的棱线，省略后面棱线的虚线。

2. 图 1-4（d）所示画法分析

图 1-4（c）所示为一个类似花瓶的曲面立体图，图 1-4（d）所示为图 1-4（c）的视图。这个曲面体的视图只有一个封闭线框，左右两条曲线是曲面立体的两侧轮廓线，上下两条直线是上下两平面的积聚线，同时也是曲面与平面的交线。视图中间的点画线是这个曲面立体的对称中心线。

第四节　三视图的形成及其对应关系

很多情况下，仅用一个投影面不能完全准确地表达出物体的全部形状和结构。如图 1-5 所示，四个不同物体在同一投影面上的正投影完全相同，即用一个投影不能准确、唯一地表达空间物体形状，因此工程图样中常采用多面正投影来表达空间物体的形状。

一、三面投影及其形成

在工程图中，通常用三个互相垂直的投影面构成三面投影体系，如图 1-6 所示。

在这个投影面体系中，将正立的投影面称为正面投影面，用 V 表示；将垂直于正面投影面的水平投影面称为水平投影面，用 H 表示；将垂直于正面投影面和水平投影面的投影面称为侧面投影面，用 W 表示。正投影面和水平投影面的交线称为 X 轴，侧投影面和水平投影面的交线称为 Y 轴，正面投影面和侧投影面的交线称为 Z 轴。相互垂直的三个轴的交

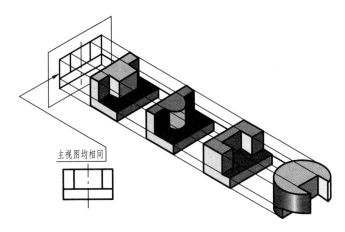

图1-5 四个立体具有相同的投影

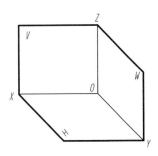

图1-6 三面投影体系

点称为原点，用 O 表示。需要特别注意的是，X 轴的正方向是从右至左，而不是像数学中的坐标轴那样从左到右。

二、三视图的形成

如图1-7（a）所示，将物体放在三个互相垂直的投影面当中，但为了把三个相互垂直的视图画在同一张图纸上，需要将这三个投影面摊平在同一个平面上。通常规定：正立投影面不动，将水平投影面沿 OX 轴向下旋转 $90°$，将侧立投影面绕 OZ 轴向右旋转 $90°$，如图1-7（b）所示，分别摊平在正立投影面上，如图1-7（c）所示。旋转后，OY 轴被分为两处，分别用 OY_H 和 OY_W 表示。

经旋转摊平后的三个视图称为空间物体的三视图。为了简化作图，在三视图中并不画出投影面的边框线和投影面的 V、H、W 代号，如图1-7（d）所示。

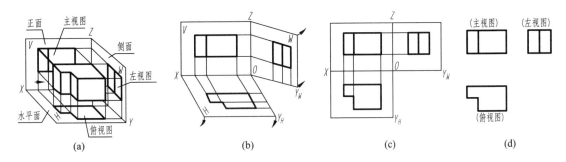

图1-7 三面投影展开后形成三视图

（a）空间立体在三个投影面上投影；（b）三面投影体系展开方向；（c）展开后的三面投影体系；（d）三视图

在机械图中，将物体由前向后在正投影面上做投影，所得到视图称为主视图；将物体由上向下在水平投影面做投影，所得到的视图称为俯视图；将物体由左向右在侧投影面做投影，所得到的视图称为左视图。

三、三视图的投影规律

三视图的基本投影规律有尺寸表达规律、"三等"规律和位置对应规律。掌握三视图的投影规律是正确绘图和读图的基础。

1. 尺寸表达规律

在三视图中，任意一个视图都表达两个方向的尺寸，任意一个尺寸都由两个视图来表达。

物体有长、宽、高三个方向的尺寸大小。通常规定：物体左右之间的距离为长（X），前后之间的距离为宽（Y），上下之间的距离为高（Z）。

从图1-8（a）可看出，一个视图反映物体两个方向的尺寸大小。例如，主视图反映物体的长和高，左视图反映物体的宽和高，俯视图反映物体的长和宽。而物体在一个方向上的尺寸大小都会由两个视图表示，如主、左视图都能表示物体的高，主、俯视图都能表示物体的长，俯、左视图都能表示物体的宽。

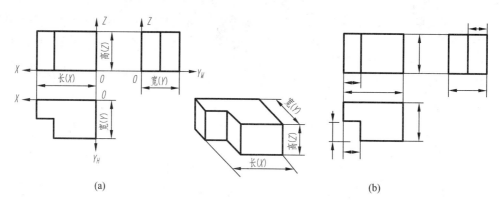

图1-8　三视图的投影关系

（a）对物体长、宽、高方向的规定；（b）三视图间存在"三等"关系

2. "三等"规律

由上述三个投影面展开的过程可知，俯视图在主视图的下方，且对应的长度相等，左、右两端恰好对正，即主、俯视图相应部分的连线是相互平行且垂直于OX轴的直线。同理，左视图与主视图的高度相等且平齐，即主、左视图相应部分在同一条与OZ轴垂直的直线上。左视图与俯视图都反映物体的宽，所以俯视图、左视图的宽度应相等，如图1-8（b）所示。

概括起来，三视图间存在下列关系：主视图和俯视图——长对正；主视图和左视图——高平齐；俯视图和左视图——宽相等。

"长对正、高平齐、宽相等"是三视图的投影特性，简称"三等"关系或"三等"规律。

"三等"规律不仅适用于整个物体的投影，也适用于物体上每个局部，乃至点、线、面的投影。

"三等"规律是绘图和读图时必须遵守的基本规律。绘图时，三个视图的配置必须符合"三等"规律的要求；读图时，应根据"三等"规律来分析和理解图中的内容。

3. 位置对应规律

物体有上、下、前、后、左、右六个方位。以图1-9（a）所示的物体为例，在物体的三视图中，主视图反映物体的上、下和左、右的相对位置关系，俯视图反映物体前、后和左、右的相对位置关系，左视图反映物体前、后和上、下的相对位置关系，如图1-9（b）所示。

从上述分析中还可以得出这样一个规律：相对于主视图来说，在俯视图和左视图中，远离主视图的一侧为物体的前面，靠近主视图的一侧为物体的后面。这个规律称为三视图的位置对应规律。

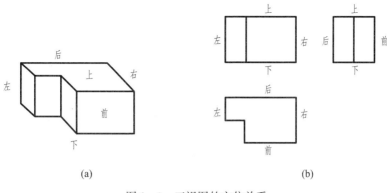

图 1-9 三视图的方位关系

(a) 立体图；(b) 三视图

三视图与物体的方位对应关系在读图和绘图中有特别重要的意义，也是工程制图初学者必须牢记的内容。

第五节 空间平面的三视图

根据平面在三投影面体系中对三个投影面所处位置的不同，可将平面分为一般位置平面、投影面垂直平面和投影面平行平面三类。其中，投影面垂直平面和投影面平行平面统称为特殊位置平面。

为了方便说明，对空间物体及其三面投影的表示方法规定如下：空间物体用大写的拉丁字母表示；物体在水平面的投影，用与之对应的小写拉丁字母表示；物体在正面的投影，用与之对应的小写拉丁字母加"′"表示；物体在侧面的投影，用与之对应的小写拉丁字母加"″"表示。

一、一般位置平面及其投影特性

如图 1-10 所示，△ABC 倾斜于 V、H、W 面，称为一般位置平面。

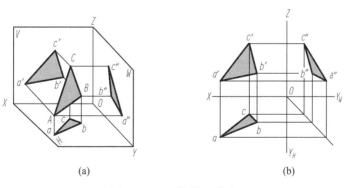

图 1-10 一般位置平面

(a) 立体图；(b) 投影图

图 1-10（b）所示为△ABC 的三面投影，三个投影都是△ABC 的类似形（边数相等），且均不能直接反映该平面对投影面的真实倾角。

由此，可得出一般位置平面的投影特性：它的三个投影都是缩小了的与空间平面相类似的平面图形。

二、投影面垂直平面及其投影特性

只垂直于一个投影面，倾斜于另外两个投影面的平面，称为投影面垂直平面，见表 1-3。投影面垂直平面有三种位置：

铅垂面——垂直于 H 面并与 V、W 面倾斜的平面；

正垂面——垂直于 V 面并与 H、W 面倾斜的平面；

侧垂面——垂直于 W 面并与 V、H 面倾斜的平面。

表 1-3　　　　　　　　　　　投影面垂直平面及其投影特性

名称	铅垂面（⊥H）	正垂面（⊥V）	侧垂面（⊥W）
直观图	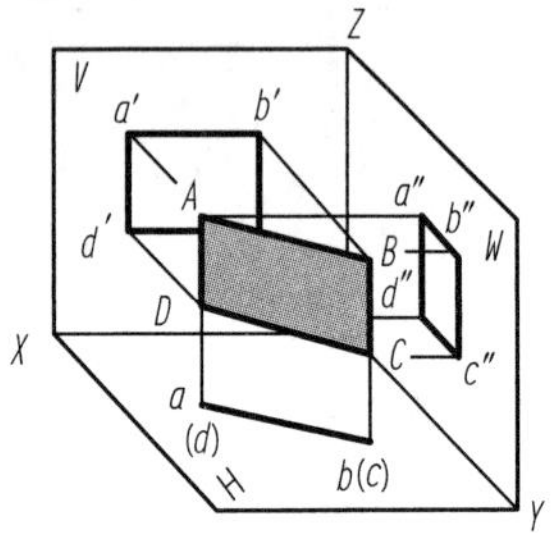	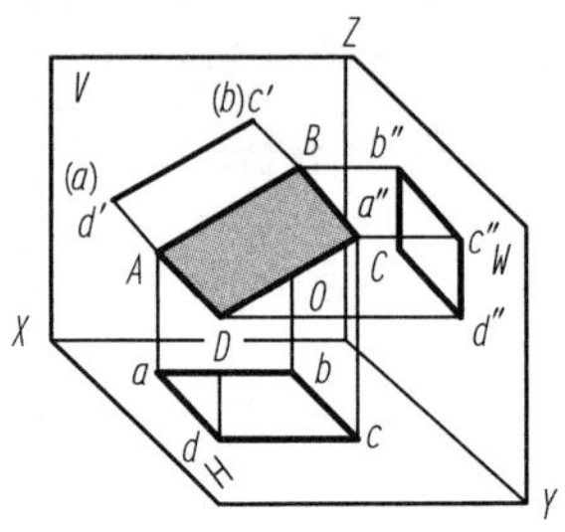	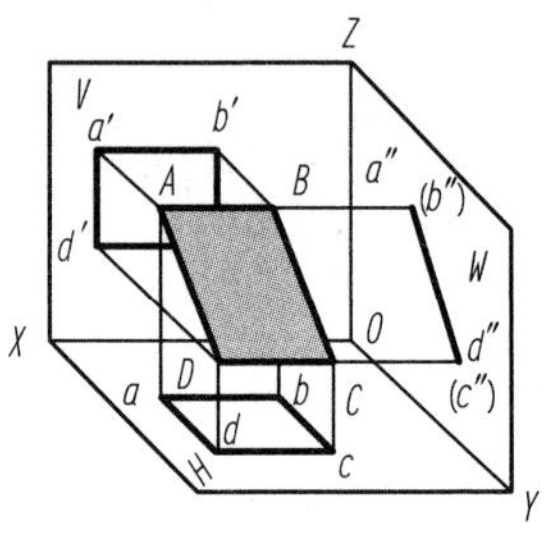
投影图	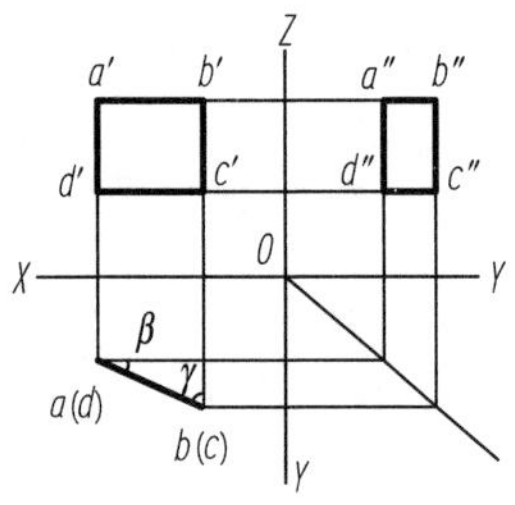	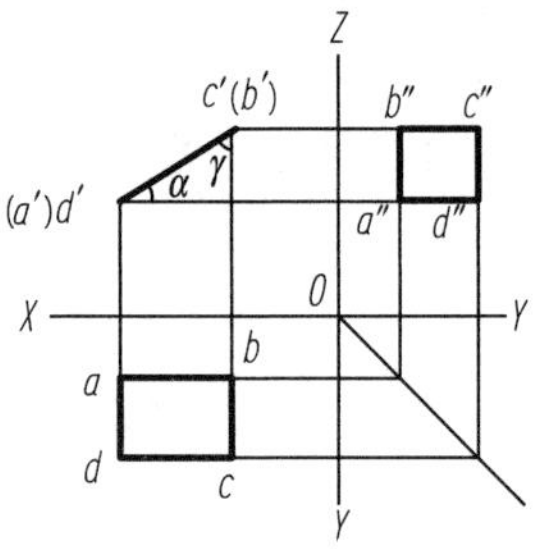	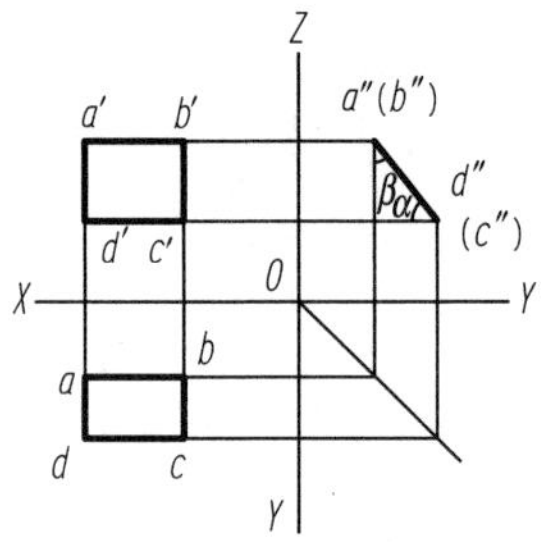
实例	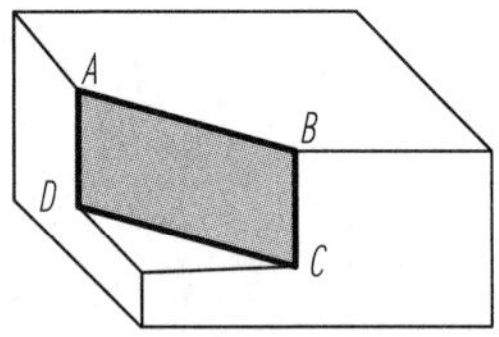	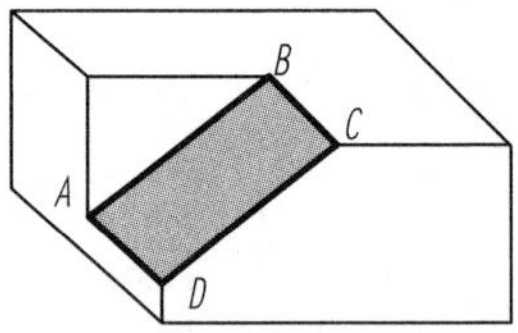	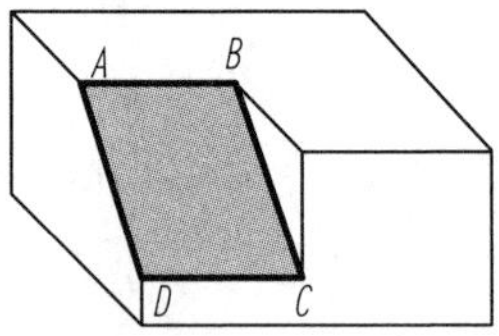
投影特性	1. 水平投影有积聚性 2. 水平投影与 OX 轴的夹角反映 β 角，与 OY 轴的夹角反映 γ 角 3. 正面投影和侧面投影均为类似形	1. 正面投影有积聚性 2. 正面投影与 OX 轴的夹角反映 α 角，与 OZ 轴的夹角反应 γ 角 3. 水平投影和侧面投影均为类似形	1. 侧面投影有积聚性 2. 侧面投影与 OY 轴的夹角反映 α 角，与 OZ 轴的夹角反映 β 角 3. 正面投影和水平投影均为类似形

投影面垂直平面的投影特性如下：

（1）在所垂直的投影面上的投影积聚成与投影轴倾斜的直线，它与投影轴的夹角分别反映该平面对另外两个投影面的真实倾角。

（2）在另外两个投影面上的投影仍为平面图形，是面积缩小的原形的类似形。

三、投影面平行平面及其投影特性

平行于一个投影面，并垂直于另外两个投影面的平面，称为投影面平行平面，见表 1-4。投影面平行平面有三种位置：

水平面——平行于 H 面并垂直于 V、W 面的平面；

正平面——平行于 V 面并垂直于 H、W 面的平面；

侧平面——平行于 W 面并垂直于 V、H 面的平面。

表 1 - 4　　　　　　　　　　　　投影面平行平面及其投影特性

名称	水平面（$//H$）	正平面（$//V$）	侧平面（$//W$）
直观图			
投影图			
实例			
投影特点	1. 水平投影反映实形 2. 正面投影有积聚性，且平行于 OX 轴 3. 侧面投影有积聚性，且平行于 OY 轴	1. 正面投影反映实形 2. 水平投影有积聚性，且平行于 OX 轴 3. 侧面投影有积聚性，且平行于 OZ 轴	1. 侧面投影反映实形 2. 水平投影有积聚性，且平行于 OY 轴 3. 正面投影有积聚性，且平行于 OZ 轴

投影面平行面的投影特性如下：

（1）在所平行的投影面上的投影反映实形。

（2）在另外两个投影面上的投影分别积聚为直线，且平行于相应的投影轴。

四、利用三视图投影分析空间平面的方法

通过上述分析，可以利用一空间平面三个投影的投影规律来判别该平面在空间的位置。

（1）如果一空间平面的三个投影都反映为平面，而且三个投影都是类似形，那么这个空间平面是一般位置的平面。（三个视图都是面）

（2）如果一空间平面的三个投影中有两个投影是直线，而且平行于坐标轴，那么这个空间平面是一个平行平面，平行于投影为平面的那个投影面，反映为平面的投影是空间平面的实形。（两条直线和一个面）

（3）如果一空间平面的三个投影中有一个投影是直线，而且不平行也不垂直于任何坐标轴，另两个投影为平面，那么这个空间平面是垂直平面，垂直于反映为直线的投影面。（两个平面和一斜线）

第二章　简单立体的三视图

无论是电气设备，还是电子元器件，都可以看做是由一些单一几何体（如棱柱、棱锥、圆柱、圆锥、球、圆环等）组合而成的。在分析和识读这些实体的投影时，首先应把一个复杂的实体看做单一几何体的组合投影，先分析单一几何体，再分析它们组合后的投影，最后才能还原出实体的整体形象。

第一节　基本体的三视图

通常把单一的几何形体称为基本体，组合后的形体称为组合体。基本体又分为平面基本体和曲面基本体。在平面基本体中，主要有棱柱和棱锥两大类；在曲面基本体中，主要有圆柱、圆锥、圆球体等轴线垂直于投影面的回转体。

一、平面基本体的投影

立体表面均为平面的立体称为平面基本立体，简称平面立体。平面立体的形状是多种多样的，最常见的有棱柱和棱锥。

平面立体的投影图就是组成平面立体各平面的棱线图，可见的棱线用实线表示，不可见的棱线用虚线表示。

1. 棱柱

棱柱的表面是棱面和底面，棱柱的底面为多边形，相邻两棱面的交线为棱线。棱柱的棱线是相互平行的直线。棱线与底面垂直的棱柱称为正棱柱。

下面以正六棱柱为例说明其投影特性。图 2-1（a）所示为正六棱柱在三面投影体系中的投影情况，图 2-1（b）所示为正六棱柱的三视图。

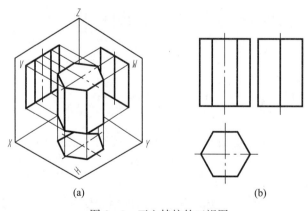

图 2-1　正六棱柱的三视图

(a) 立体图；(b) 三面投影

由于棱柱的上、下两个底面平行于水平投影面，所以俯视图反映实形，主视图和左视图都积聚成水平直线。

正六棱柱的六个棱面都垂直于水平投影面，所以它们的俯视图都积聚在正六边形的六条边上。前、后棱面的主视图是反映实形的长方形，左视图积聚成两条直线。其余四个棱面的主视图和左视图都是长方形的类似形。

因此，当正六棱柱的棱线垂直于投影面时，其三视图的特点是：一个视图反映上、下底面的实形，其他两个视图反映棱线的长度。

绘图时，应先画反映底面实形的视图，再按投影关系画出另外两个视图。由于图形对称，需要用点画线画出对称中心线。读图时，应将反映底面实形的视图作为特征视图，通过另外两个视图中棱线相互平行来判定该物体为一正棱柱。

2. 棱锥

棱柱与棱锥的区别在于，棱锥只有一个底面，且全部棱线交于一点，此点称为锥顶。下面以正三棱锥为例说明其投影特性。

如图 2-2（a）所示，正三棱锥的底面△ABC 为水平面，底面的俯视图为反映实形的三角形，底面在主视图和左视图中积聚为直线。棱面△SAC 为侧垂面，它在左视图中积聚为直线，在主视图和俯视图中为三角形的类似形。棱面△SAB 和△SBC 与三个投影面均倾斜，为一般位置平面。因此，它们在三个视图中均为三角形的类似形。

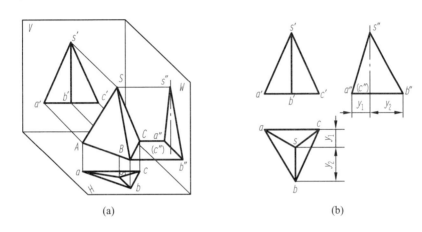

图 2-2　正三棱锥的三视图
(a) 立体图；(b) 三面投影

三棱柱的棱线 SB 为侧平线，棱线 SA、SC 与三个投影面均倾斜，为一般位置直线。三棱柱的三个侧面与底面的交线 AB、BC 平行于 H 面，交线 AC 垂直于 W 面。

由此可得出棱锥的投影特征：当棱锥的底面与投影面平行时，棱锥在与投影面平行的投影面上的投影为多边形，反映棱锥的实际形状特征，其余两个投影为一个或多个三角形的线框。

画正棱锥的三视图时，可先画出反映棱锥形状特征的视图，即底面的投影，再画出锥顶 S 的各面投影，然后连接各顶点的同面投影，即为正棱锥的三视图。（注意：正三棱锥的侧面投影不是等腰三角形）

二、基本回转体的投影

由一条动线（直线或曲线）绕轴线旋转所形成的曲面称为回转面，形成曲面的动线称为母线。由一个动面绕一直线回转形成的几何形体称为回转体，回转体表面是回转面或回转面与平面。最常见的回转体有圆柱体、圆锥体、球体等。

1. 圆柱体

（1）圆柱体的形成。圆柱体的表面有圆柱面和两个底平面。圆柱面可看成由一条直线 AA_1 绕与它平行的轴线 OO_1 旋转而成，直线 AA_1 为母线，如图 2-3（a）所示。圆柱面上任意一条平行于轴线的直线称为圆柱的素线。母线上任意一点的运动轨迹都是圆，称为纬圆。纬圆所在的平面垂直于轴线。

（2）圆柱体的三视图。当圆柱体的轴线垂直于水平投影面时，圆柱面上所有的素线也都垂直于水平投影面。此时，圆柱面在俯视图中积聚在一圆周上，圆柱面在主视图中的轮廓线是圆柱面上最左、最右两条素线的投影；在左视图中的轮廓线是圆柱面上最前、最后两条素线的投影。圆柱体的上、下底面为水平面，故俯视图为圆，而其主、左视图为一条直线。由此可知，圆柱体的一个视图为圆，另外两个视图为大小相同的矩形。

画图时，先画出圆柱体投影为圆的视图，再画出投影为矩形的另外两个视图。因圆柱体是回转体，在投影为矩形的视图上要画出轴线，用点画线表示；在投影为圆的视图上要画出垂直相交的两条点画线，表示圆的中心线，如图 2-3（b）、（c）所示。

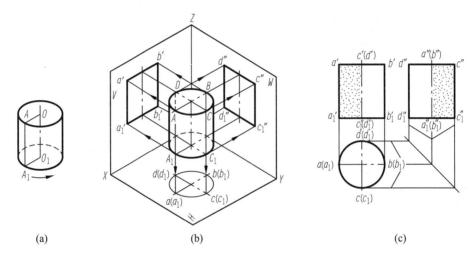

图 2-3　圆柱体的形成、视图及其分析
（a）圆柱体的形成；（b）圆柱体立体视图；（c）圆柱体投影图及分析

（3）轮廓素线的投影和圆柱的投影分析。圆柱面上最左、最右和最前、最后的四条素线分别是其在 V 面和 W 面投影的四条轮廓素线。圆柱面上最左、最右两条素线在俯视图上积聚在横向中心线与圆周的最左、最右交点处，在左视图上与圆柱体的轴线重合，此时只画轴线。圆柱面上最前、最后素线在俯视图上积聚在竖向中心线与圆周的最前、最后交点处，在主视图上与圆柱轴线重合，也只画轴线。

最左和最右两条素线把圆柱面分成前、后两部分。对主视图来说，前半个柱面可见，后半个柱面不可见，则这两条素线是圆柱主视图可见性的分界线，如图 2-4 所示。同理，最前、最后两素线是圆柱左视图的可见性的分界线。

2. 圆锥体

（1）圆锥体的形成。圆锥体表面是圆锥面和一个底平面，如图 2-5（a）所示。圆锥面是由一条和旋转轴 OO_1 相交的直线 SA 旋转而成的。点 S 称为锥顶，直线 SA 称为母线，圆锥面上通过顶点 S 的任意一条直线称为圆锥的素线。

（2）圆锥体的三视图。如图 2-5（b）、（c）所示，当圆锥的回转轴垂直于水平投影面时，圆锥体的俯视图为一个圆；主视图和左视图为等腰三角形线框，其腰线分别是圆锥面上最左、最右或最前、最后素线的投影，底边为圆锥底面圆的投影。

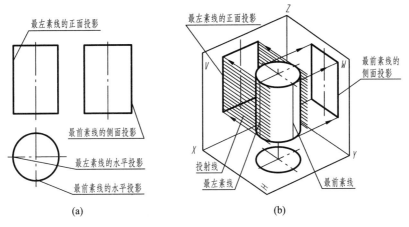

图 2-4　圆柱投影轮廓的分析

(a) 三视图示意；(b) 立体图投影分析

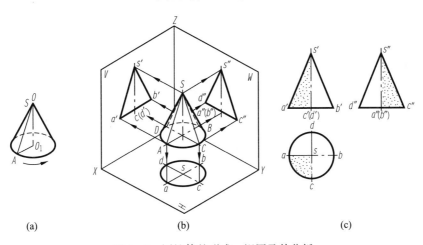

图 2-5　圆锥体的形成、视图及其分析

(a) 圆锥体的形成；(b) 立体图；(c) 三面投影

（3）轮廓素线的投影与锥面的投影分析。与圆柱体类似，圆锥面上最左、最右、最前、最后四条素线的投影，构成圆锥体主、左视图的轮廓线，如图 2-5（b）所示的 SA、SB、SC 和 SD。但应注意，圆锥面的轮廓线在投影为圆的视图上没有积聚性。圆锥面上的投影可见性分析与圆柱面相同。

3. 圆球体

（1）圆球体的形成。如图 2-6（a）所示，一圆母线 A 绕通过圆心的轴线（直径）旋转一周后形成圆球体。

（2）圆球体的三视图。从任何方向投射，圆球体在投影面上的投影均为与圆球直径相等的圆，如图 2-6（b）所示。在三视图中，这三个圆是圆球三个方向轮廓素线的投影。设圆球在平行于正投影面、水平投影面、侧面投影面三个方向的轮廓素线圆分别为 A、B、C。A 在主视图上反映为 a'，在俯视图和左视图上都积聚成一条直线 a 和 a''，并与中心线重合；同样，B 在俯视图上反映为 b，其余两个视图为 b' 和 b''；C 在左视图上反映为 c''，其余两个视图为 c' 和 c，如图 2-6（c）所示。

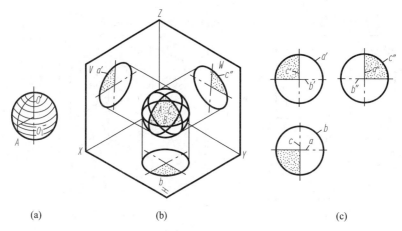

图 2-6　圆球体的形成、视图及其分析

(a) 圆球的形成；(b) 立体图；(c) 三面投影

第二节　基本体的截切

立体的结构形状是多种多样的。由平面立体和曲面立体所围成的结构也是千变万化的。在生产实际中，经常会看到平面立体和回转体的结构，而这些形体有时并非是单一、完整的，往往会出现基本形体被截切的情况，如被平面截切的仪器机箱框架、传动轴上的十字接头等。这些机件是根据结构需要，在基本形体上经切槽、打孔或叠加而成的，如图 2-7 所示。

一、平面截切平面立体

用一个或多个平面截切平面立体，会产生出新的立体。在学习时应从单一平面截切基本立体开始，逐步掌握多个平面截切的分析方法和读图要领。

（一）平面截切的概念、性质和画法

1. 基本概念

立体被平面截切后的形体称为截切体，该平面称为截平面，截切后在立体上所得到的平面图形称为截断面。截断面由封闭的线框组成，此线框称为截交线。平面与立体相交如图 2-8 所示。

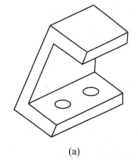

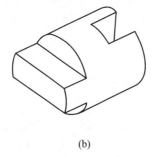

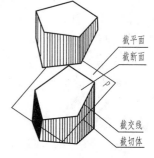

图 2-7　立体截切和相贯线的实例

(a) 框架；(b) 联轴节

图 2-8　平面与立体相交

2. 截交线的性质

立体被平面截切时，立体表面形状的不同和截平面相对于立体的位置不同，所形成的截交线形状也不同，但任何截交线均具有共有性和封闭性。

（1）共有性：截交线是截平面和立体表面的共有线，截交线上任一点都是截平面和立体表面的共有点。

（2）封闭性：任何立体都有一定的范围，所以截交线一般都是封闭的平面图形。

3．画截交线的一般方法

平面立体被截平面截切后所得到的截交线是由直线组成的封闭多边形，其多边形的边数和形状取决于平面立体的形状和截平面的空间位置。平面立体截交线的作图方法和步骤如下：

（1）分析截交线的形状——矩形、三角形、多边形等。

（2）分析截交线的投影特性——积聚性、类似形等。

（3）画出截交线的投影——分别找出截平面与棱线的共有点、截平面与平面的共有线，并连接成多边形。

（二）平面截切棱柱

1．单一平面截切棱柱

设有如图 2-9（a）所示的六棱柱，被一垂直于 V 面的正垂面截切，如图 2-9（b）的主视图所示，被截切后的三面投影如图 2-9（c）所示。

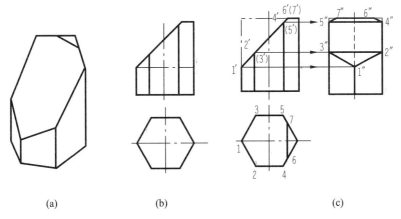

图 2-9　截切六棱柱的三视图

（1）空间及投影分析。由图 2-9（b）可知，六棱柱被正垂面截切，截交线的正面投影积聚为一直线。水平投影除顶面上的截交线外，其余各段截交线都积聚在六边形上。

（2）识读方法。由图 2-9（b）可以看出，该形体的俯视图为一正六边形，主视图由四条相互平行的铅垂线、两条水平线和一条斜线组成。用三等规律对应主、俯视图正六边形的各个端点，在主视图上均反映为铅垂线，说明该物体在截切前应该是一个正六棱柱。

（3）补全视图的画法。由截交线的正面投影可在水平面和侧面相应的棱线上求得截平面与棱线的交点，依水平投影的顺序连接侧面投影各交点，可得截交线的投影，如图 2-9（c）所示。画左视图时，既要画出截交线的投影，又要画出六棱柱轮廓线的投影。判别可见性：俯视图、左视图上截交线的投影均可见，在左视图中后棱线的投影不可见，应画成虚线。

2．多个平面截切棱柱

下面以如图 2-10（a）所示的四棱柱切割体为例，分析物体被多个平面截切时的投影和作图方法。

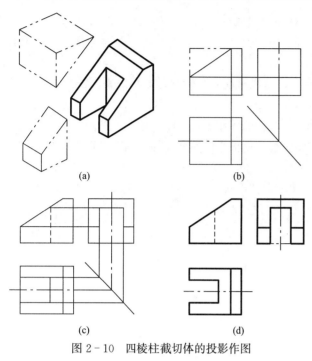

(1) 空间及投影分析。如图 2 - 10 (a) 所示，该截切体是由一个四棱柱被切去一个三棱柱后再开一个槽而形成的。其中一个截切面为正垂面，在 V 面上的投影积聚为一条直线；被开出的槽由两个正平面和一个侧平面截切而成。两正平面在 H 面和 W 面的投影都积聚成直线，在 V 面上的投影反映实形；一侧平面在 V 面和 H 面上的投影积聚成直线。在作图时，要充分利用特殊平面投影的积聚性。

(2) 作图步骤。先画出原四棱柱的三视图，然后作出截切面在主视图上的积聚性投影，再分别求出另外两个投影，如图 2 - 10 (b) 所示；在俯视图上画出切槽形状，然后再分别作出主视图和左视图上的对应图线，如图 2 - 10

图 2 - 10　四棱柱截切体的投影作图

(c) 所示。去除无用的线和作图线，加粗可见线，不可见的线用虚线表示，即可得到四棱柱截切的三视图，如图 2 - 10 (d) 所示。

（三）平面截切棱锥

1. 单一平面截切棱锥

下面以四棱锥被一正垂面 P 截切为例（见图 2 - 11），分析单一平面截切棱锥的投影与作图步骤。

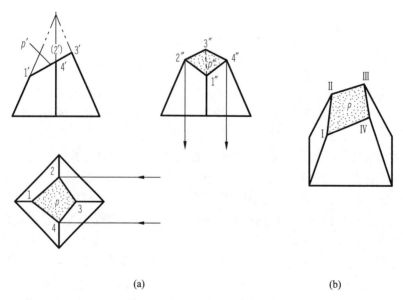

(a)　　　　　　　　　　　　　　　(b)

图 2 - 11　四棱锥被一正垂面截切

(a) 三视图；(b) 立体图

（1）空间及投影分析。因截平面 P 与四棱锥四个棱面完全相交，所以截交线为四边形，它的四个顶点即四棱锥的四条棱线与截平面 P 的交点。截平面垂直于正面投影面，而倾斜于侧面投影面和水平投影面，所以截交线在主视图上积聚成一段直线 p'，而在俯视图和左视图上则为类似形。

（2）作图步骤。先画出完整的正四棱锥的三视图，再画截交线的投影，因截平面 P 的主视图具有积聚性，所以截交线四边形的四个顶点 Ⅰ、Ⅱ、Ⅲ、Ⅳ 的正面投影 $1'$、$2'$、$3'$、$4'$ 可直接得出。根据直线上点的投影特性，可在左视图和俯视图上分别求出 $1''$、$2''$、$3''$、$4''$ 和 1、2、3、4，将同面投影依次相连，即得截交线的侧面投影和水平投影，然后擦去平面 P 被截去的部分。注意在俯视图和左视图上，不要漏画立体棱线的投影，不可见部分用虚线画出。

2. 多个平面截切棱锥

下面以图 2 - 12（a）所示的带切口的正三棱锥为例，分析多个平面截切棱锥的投影及作图方法。

（1）空间及投影分析。由于切口截平面由水平面和正垂面组成，故切口的正面投影具有积聚性。水平截面与三棱锥底面平行，因此它与△SAB 棱面的交线 ⅠⅡ 必平行于底边 AB，与△SAC 棱面的交线 ⅠⅢ 必平行于底边 AC，水平截面的侧面投影积聚成一条直线。正垂截面分别与△SAB、△SAC 棱面交于直线 ⅡⅣ 和 ⅢⅣ。由于组成切口的两个截平面都垂直于正投影面，所以两截面的交线一定是正垂线，画出以上交线的投影即可完成所求的投影。

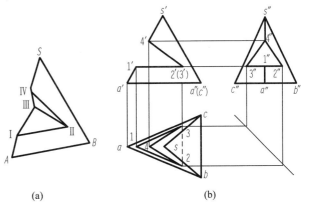

（2）作图步骤。如图 2 - 12（b）所示，由 $1'$ 在 as 上作出 1，过 1 作 $12 // ab$、$13 // ac$，再分别由 $2'$、$(3')$ 在 12 和 13 上作出 2 和 3。由 $1'$、$2'$、$3'$ 和 1、2、3 作出 $1''$、$2''$、$3''$。$1''$、$2''$、$3''$ 在水平截面的积聚投影上。由 $4'$ 分别在 as 和 $a''s''$ 上作出 4 和 $4''$，然后再分别连接 42、43 和 $4''2''$、$4''3''$，即完成切口的水平投影和侧面投影。

图 2 - 12　带切口的正三棱锥
（a）立体图；（b）三视图

整理轮廓线，判别可见性。三棱锥被截切后，棱线 SA 中间 ⅠⅣ 段被截去，故投影中只保留 $a1$ 和 $4s$、$a''1''$ 和 $4''s''$。切口两截面的交线 ⅡⅢ 的水平投影 23 不可见，应连成虚线。

二、平面截切回转体

要掌握平面截切回转体，同样也需要先熟悉单一平面截切基本回转体的情况，再分析多个平面截切回转体。

（一）平面截切圆柱体

1. 单一平面截切圆柱体

单一平面截切圆柱体，根据截平面与圆柱体轴线的相对位置不同，截交线的形状有三种情况，见表 2 - 1。

表 2 - 1		平面与圆柱体的三种截交线	
截平面与圆柱轴线平行	截平面与圆柱轴线垂直	截平面与圆柱轴线倾斜
截交线为矩形	截交线为圆	截交线为椭圆

单一平面截切圆柱体的空间及投影分析,读者可依照本章前面介绍的方法和实例自行分析。

2. 多个平面截切圆柱体

图 2 - 13(a)所示为一开槽圆柱体,图 2 - 13(b)为它的主、俯两视图。下面通过作出它的左视图来分析多个平面截切圆柱体的投影规律。

(1)空间及投影分析。圆柱体上部的槽是由三个截平面形成的,左右对称的两个截平面是平行于圆柱轴线的侧平面。它们与圆柱面的截交线均为两条直素线,与顶面的截交线为正垂线。另一个截平面是垂直于圆柱轴线的水平面,它与圆柱面的截交线为两段圆弧。三个截平面间产生了两条交线,均为正垂线。

(2)作图步骤。在水平投影和正面投影上找出特殊点 1、2、3、4、5、6 和 1′、2′、3′、4′、5′、6′,根据"三等"规律作出 1″、2″、3″、4″、5″、6″,按顺序依次连接各点,结果如图 2 - 13(c)所示。

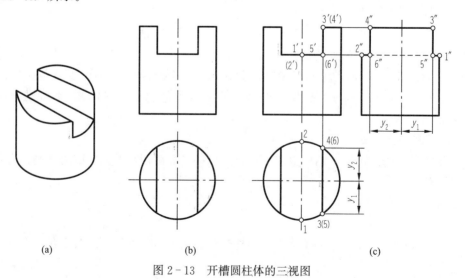

(a)　　　　　　　　(b)　　　　　　　　(c)

图 2 - 13　开槽圆柱体的三视图

　　多个平面截切圆柱体的另一个常见形式是圆筒被多次截切。下面以图2-14为例进行说明。

　　（1）空间及投影分析。方形槽可看成由两个水平面与一个侧平面截切圆筒。两水平面与内、外圆柱面的交线为八条直线，侧平面与内、外圆柱面的交线为四段圆弧。

　　（2）作图步骤。首先画出完整的圆筒俯视图，然后求出方槽与外圆柱面交线投影，如图2-14（c）所示；再求出方槽与内圆柱面交线的投影，如图2-14（d）所示。

　　应注意的问题：圆筒轮廓线的投影，由于内、外圆柱面上最前、最后素线有一段被切掉，所以在俯视图中就产生了前、后两个缺口。因为方槽侧平面被圆孔断开，故在俯视图上为两段虚线，如图2-14（d）所示。

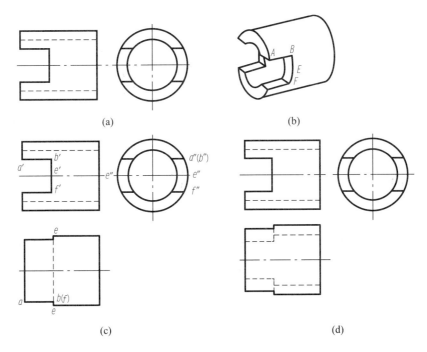

图2-14　开方槽的圆筒

(a) 已知两视图，求第三视图；(b) 立体图；(c) 求出方槽与
外圆柱面的交线的投影；(d) 求出方槽与内圆柱面的交线的投影

（二）平面截切圆锥体

截平面与圆锥体的截切位置和轴线倾角不同，截交线有五种不同的情况，见表2-2。

表2-2　　　　　　　　　　　　　　平面截切圆锥的截交线

截平面垂直于轴线	截平面倾斜于轴线		截平面平行于轴线	截平面过圆锥锥顶
$\theta=90°$	$\theta>\alpha$	$\theta=\alpha$	$\theta=0$ 或 $\theta<\alpha$	

续表

截平面垂直于轴线	截平面倾斜于轴线		截平面平行于轴线	截平面过圆锥锥顶
$\theta=90°$	$\theta>\alpha$	$\theta=\alpha$	$\theta=0$ 或 $\theta<\alpha$	
截交线为圆	截交线为椭圆	截交线为抛物线	截交线为双曲线	截交线为三角形

　　因为圆锥面的各个投影均无积聚性，所以求圆锥的截交线时，可采用辅助平面法，作一辅助平面，利用三面（截平面、圆锥面、辅助平面）共点原理，求截交线上的点。下面举例介绍截切圆锥的作图步骤。

　　已知圆锥体的正面投影和部分水平面投影，求截切圆锥体的水平投影和侧面投影，如图 2-15（a）所示。

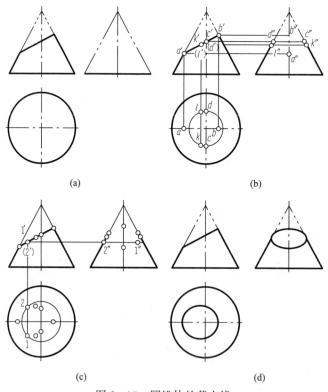

图 2-15　圆锥体的截交线

　　（1）空间及投影分析。圆锥体的轴线为铅垂线，因截平面与圆锥轴线的倾角大于圆锥母线与轴线的夹角，所以截交线为椭圆。由于截平面是正垂面，截交线的正面投影为直线，水平投影和侧面投影均为椭圆。选用辅助水平面作出截交线的水平和侧面投影。

（2）作图步骤。

1）求特殊点。截交线的最低点 A 和最高点 B，是椭圆长轴的端点，它们的正面投影 a'、b' 直接求出，水平投影 a、b 和侧面投影 a''、b'' 按点从属于线的关系求出。截交线的最前点 K 和最后点 L，是椭圆短轴的端点，它们的正面投影为 $a'b'$ 的中点，作辅助水平面求出 k、l 和 k''、l''。圆锥体前后素线与正面投影的交点 c'、d' 可直接求出，水平投影 c、d 和侧面投影 c''、d'' 可按点从属于线的原理求出，如图 2 - 15（b）所示。

2）求一般点。选择适当的位置作辅助水平面，与截交线正面投影的交点为 $1'$、$2'$，其水平投影和侧面投影即可求出，如图 2 - 15（c）所示。

3）光滑连接各点同面投影，求出截切体的水平投影和侧面投影，并补全轮廓线，侧面投影轮廓线画到 k''、l'' 两点，并与椭圆相切，如图 2 - 15（d）所示。

（三）平面截切球体

球体被平面所截切，截交线均为圆。由于截平面的位置不同，其截交线的投影可能为直线，也可能为圆或椭圆，见表 2 - 3。

表 2 - 3　　　　　　　　　　　平面截切圆球的截交线

截平面位置	与正平面平行	与水平面平行	与正平面垂直
截交线形状	圆	圆	圆
立体图			
投影图			

现以图 2 - 16 为例，说明绘制半球面开槽后投影的方法。

1. 空间及投影分析

对称于球面中心的槽是由左、右两个侧平面和水平面构成，由表 2 - 3 可知，这些平面与球面的交线都是圆弧，而平面彼此相交的交线都是直线。

2. 作图步骤

在主视图上，延长侧平面并与半球的水平中心线交于 a'，设侧平面与半球轮廓线的交点为 b'，$a'b'$ 即为侧平面与半

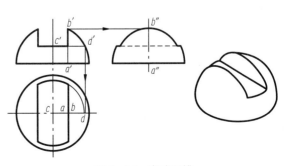

图 2 - 16　半球开槽

球面交线圆的半径；延长水平面并交圆球轮廓线于 d'，水平面与垂直中心线交于 c'，则 $c'd'$ 即为水平面与半球面交线圆的半径。以 $a'b'$ 为半径在左视图上作圆，以 $c'd'$ 为半径在俯视图上作圆，再根据投影关系即可求出其余投影。

第三节　基本体的相贯

两立体相交后形成一个形体称为相贯，相贯的立体称为相贯体，两立体表面的交线称为相贯线。

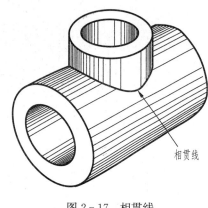

图 2-17　相贯线

例如，在如图 2-17 所示的三通管上，有两个圆柱的相贯线，在其内部还有两个圆柱孔孔壁相交处的相贯线。另外，由于在回转体上穿孔而形成孔口交线、两孔的孔壁交线等，也都是相贯线。

一、相贯线的性质与画法

相贯线的一般性质如下：

（1）相贯线是两立体表面的共有线，也是两相交立体的分界线。相贯线上的所有点都是两相交立体表面一系列共有点的集合。

（2）由于立体的表面是封闭的，因此相贯线在一般情况下是封闭的空间曲线。

（3）相贯线投影的可见性判断：如果一段相贯线同时位于两立体的可见表面上，相贯线的投影是可见的；否则，不可见。

相贯线的作图比较复杂，传统上是先作出相贯线上一些特殊点的投影，例如，回转体轮廓线上的点，对称的相贯线在其对称面上的点，以及最高、最低、最右、最前、最后这些确定相贯线形状和范围的点，然后再通过三等规律求出一般点，从而作出相贯线的投影。随着计算机技术的发展，现在已经很少用手工方法绘制相贯线。根据国家标准的规定，相贯线可以用简化画法表示，所以本节只介绍相贯线的简化画法及对相贯线各种情况的识读。

二、平面立体与回转体相贯

平面立体可以看成是若干个平面围成的实体，所以相贯可以归结为平面与立体的截交线，如前所述的平面立体截切体和曲面立体截切体。

下面以一个正四棱柱与圆柱正相贯（见图 2-18）为例，来分析平面立体与圆柱体相贯的相贯线投影。

1. 空间及投影分析

正四棱柱由四个棱面围成。这四个棱面分别与圆柱面相贯，两个棱面与圆柱轴线平行，截交线为两段平行直线；另两个棱面与圆柱轴线垂直，截交线为两段圆弧。将这些截交线连接起来即为相贯线。

相贯线的侧面投影积聚在圆弧 $5''6''1''$（$4''3''2''$）上，水平投影则积聚在矩形 123456 上。因此，只需求出相贯线的正投影。

2. 相贯线的画法

由于相贯线的水平投影及侧面投影已知，所以这里只考虑相贯线的正面投影。相贯线的正面投影也是按照投影的三等规律来绘制的。绘图时，先找出相贯线的一些特殊点，分别将各特殊点投影到正面投影上，然后顺序连接起来，即得相贯线的正面投影，结果如图 2 - 18 所示。

三、两圆柱体正相贯

两直线垂直相交称为正交，两圆柱体轴线正交时的相贯称为正相贯。

1. 两圆柱正相贯的投影分析

如图 2 - 19 所示，由于两圆柱的轴线分别为铅垂线和侧垂线，两轴线垂直相交，其相贯线的水平投影和侧面投影积聚在两圆柱投影为圆的圆周上，其正面投影为一条近似圆弧的弧线。

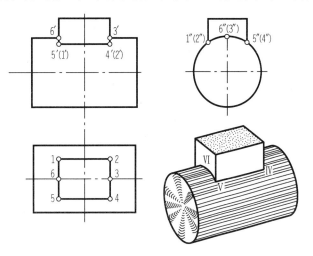

图 2 - 18　正四棱柱与圆柱正相交

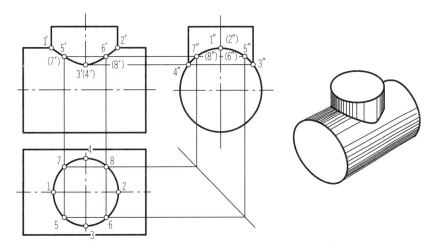

图 2 - 19　两个不等径圆柱体轴线正交的相贯线

2. 两圆柱正相贯的手工绘图方法

图 2 - 19 所示为两圆柱正相贯时相贯线的手工绘图方法。在正相贯两圆柱的正面投影中，先找出一些特殊点，如最左、最右、最前、最后四点，将其按"三等"规律在主视图中画出，如图 2 - 19 中的 1、2、3、4 点；然后再找一些一般点，如图 2 - 19 中的 5、6、7、8 点，仍按"三等"规律在主视图上画出；将这些点平滑连接，即为它们的相贯线。按照这种作图方法，点选得越多，所绘制的图形越精确。

3. 相贯线的简化画法

由于相贯线作图复杂，国家标准中规定了相贯线的简化画法。两圆柱正相贯的简化画法是用圆弧或直线来表示相贯线的正面投影。

(1) 两圆柱半径相近时相贯线的简化画法。当两圆柱直径相差不大时，如小圆柱直径不大于大圆柱直径的 0.7 倍，可用圆弧代替相贯线的正面投影，如图 2 - 20 所示。作图时，以大圆柱半径为相贯线的半径，相贯线的圆心在小圆柱的轴线上。画法如下：以 1′或 2′为圆心，以大圆柱的半径 R 为半径画弧，与小圆柱的轴线相交于 O；再以 O 为圆心，R 为半径画弧，即可得到相贯线的近似投影。

注意，相贯线的圆弧是向大圆柱的轴线弯曲的。

（2）两相贯圆柱半径相差较大时相贯线的简化画法。如图2-21所示，圆柱上钻有小孔，由于小孔直径与圆柱直径相差较大，相贯线的正面投影接近于直线，可用直线（即大圆柱轮廓线）代替相贯线。

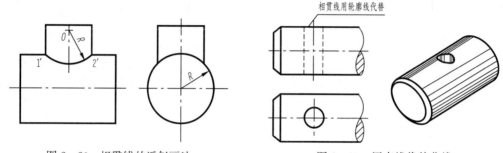

图2-20 相贯线的近似画法　　　图2-21 用直线代替曲线

4. 两圆柱正相贯的其他情况

两轴线垂直相交的圆柱是在零件中最常见的结构形式，它们的相贯线一般有如图2-22所示的三种形式。

图2-22（a）所示为两实心圆柱相交，其中铅垂圆柱直径较小，相贯线是上下对称的两条封闭的空间曲线。图2-22（b）所示为圆柱孔与实心圆柱相交，相贯线也是上下对称的两条封闭的空间曲线。图2-22（c）所示为两圆柱孔相交，相贯线同样是上下对称的两条空间封闭曲线。

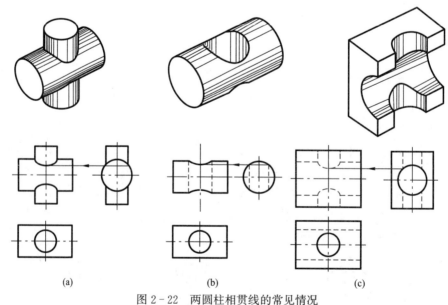

(a)　　　　　　　(b)　　　　　　　(c)

图2-22 两圆柱相贯线的常见情况

(a) 两外表面相交；(b) 外表面与内表面相交；(c) 两内表面相交

四、相贯线的特殊情况

在一般情况下，两回转体的相贯线是封闭的空间曲线，但在特殊情况下相贯线可能是平面曲线。

（1）两回转体共轴相贯。两回转体有一个公共轴线相贯时，它们的相贯线都是平面曲线——圆，见表2-4。因为两回转体的轴线都平行于正立投影面，所以它们相贯线的正面投影为直线，其水平投影为圆或椭圆。两回转体共轴相贯的情况在电气电子工程中应用较为广泛，如图2-23所示。

表2-4   两 回 转 体 共 轴 线 相 贯

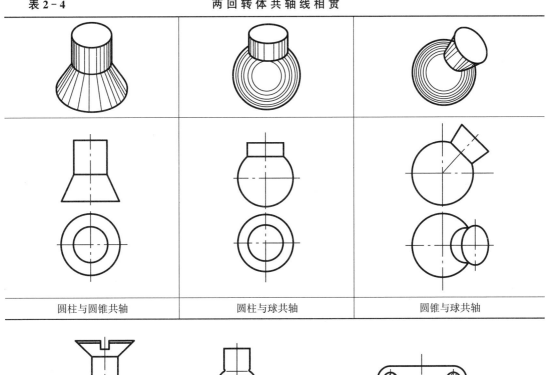

圆柱与圆锥共轴	圆柱与球共轴	圆锥与球共轴

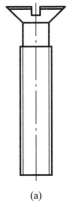  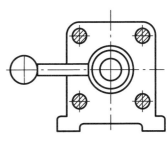

(a)   (b)   (c)

图2-23 同轴相贯体应用示例

(a) 螺钉；(b) 绝缘子；(c) 手柄

（2）两回转体共切于球。图2-24（a）所示为圆柱与圆柱相贯共切于球，图2-24（b）所示为圆柱与圆锥相贯共切于球，都属于两回转体相贯，并共切于球，则它们的相贯线都是平面曲线——椭圆。因为两回转体的轴线都平行于正立投影面，所以它们相贯线的正面投影为直线，其水平投影为圆或椭圆。注意，其切于球的球体是假想的，在绘图时不要画出球的轮廓。

（3）轴线平行的两圆柱的相贯线是两条平行的素线，如图2-25所示。

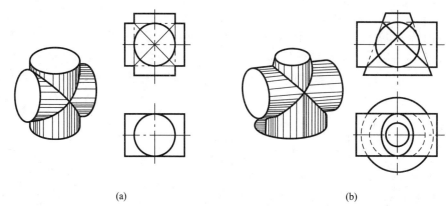

图 2 - 24　两回转体共切于球

（a）圆柱与圆柱相贯共切于球；（b）圆柱与圆锥相贯共切于球

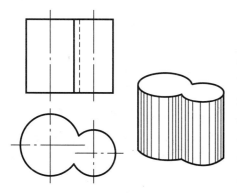

图 2 - 25　轴线平行的两圆柱的相贯线

五、影响相贯线的因素

影响相贯线的因素主要有三个：两相贯立体的形状，两相贯立体的相对大小，两相贯立体的相对位置。

两圆柱相贯时，相贯线的形状取决于它们直径的相对大小和轴线的相对位置。垂直相贯两圆柱直径变化时对相贯线的影响见表 2 - 5。这里特别指出，当相贯（也可不垂直）的两圆柱面直径相等，公切一个球面时，相贯线是相互垂直的两椭圆，且椭圆所在的平面垂直于两条轴线所确定的平面。相贯两圆柱轴线相对位置变化时对相贯线的影响见表 2 - 6。

表 2 - 5　　　　　　　轴线垂直相贯的两圆柱直径相对变化时对相贯线的影响

两圆柱直径的关系	水平圆柱较大	两圆柱直径相等	水平直径较小
相贯线的特点	上下两条空间曲线	两个互相垂直的椭圆	左右两条空间曲线
投影图			

表 2 - 6　　　　　　　相贯两圆柱轴线相对位置变化时对相贯线的影响

两轴线垂直相交	两轴线垂直交叉		两轴线平行
	全贯	互贯	

当圆柱与圆锥轴线垂直相贯，圆柱直径发生变化时，相贯线的形状也会发生改变。圆柱与圆锥轴线垂直相贯圆柱直径变化时对相贯线的影响见表 2-7。

表 2-7　　　　　　圆柱与圆锥轴线垂直相贯圆柱直径变化时对相贯线的影响

两圆柱直径的关系	圆柱贯穿圆锥	圆柱与圆锥公切于球	圆锥贯穿圆柱
投影图			

下面举例说明两回转体相贯时相贯线的一般情况。

图 2-26（a）所示为圆柱与圆锥正相贯时相贯线的画法。

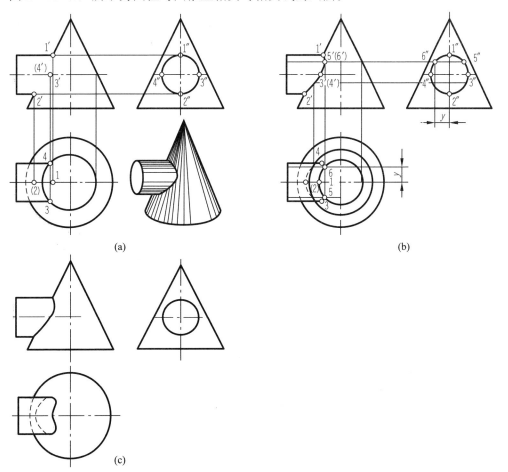

(a)　　　　　　　(b)

(c)

图 2-26　圆柱和圆锥正相贯时相贯线的投影

（a）求特殊点；（b）求一般点；（c）相贯轮廓线

1. 空间投影及分析

从图 2-26 (a) 的已知条件可以看出，由于圆柱从左边全部穿进圆锥，所以相贯线是一条闭合的空间曲线。又由于这两个曲面立体有公共的前后对称面，所以相贯线也前后对称，前半相贯线与后半相贯线的正面投影将互相重合。于是可想象出圆柱和圆锥相贯线的大致形状。由于圆柱面的侧面投影有积聚性，相贯线的侧面投影也必定重合在其上，则问题可归结为已知圆锥面上相贯线的侧面投影，求作它的正面投影和水平投影，可利用积聚性取点，也可用辅助平面法求解。下面采用辅助平面法求解，并具体说明作图过程。

2. 作图过程

(1) 求特殊点。由于圆柱体和圆锥体的正面投影转向轮廓线在同一水平面上，因此它们的交点 1′、2′ 是相贯线最高点 Ⅰ 和最低点 Ⅱ 的正面投影，其水平投影 1、2 和侧面投影 1″、2″ 可由点、线的从属关系求出。过圆柱体的最前、最后素线作辅助平面，该辅助平面的正面投影和侧面投影均积聚为直线，且与圆柱体轴线重合，则辅助平面与圆柱体、圆锥体交线的正面投影和侧面投影也必定重影于辅助平面的投影上。辅助平面与圆柱体交线的水平投影为圆柱体水平投影的轮廓线，与圆锥体交线的水平投影是圆，它们在水平投影的交点 3、4 就是相贯线上最前点 Ⅲ 和最后点 Ⅳ 的水平投影，也是相贯线水平投影可见与不可见部分的分界点。将 3、4 分别投影在交线的正面投影和侧面投影上，即得其正面投影 3′、4′ 和侧面投影 3″、4″，如图 2-26 (a) 所示。

(2) 一般点。在圆柱体轴线的正面投影 1′ 点和 2′ 点之间作一个辅助水平面。这个辅助水平面与圆柱体、圆锥体交线的正面投影和侧面投影均为直线。这个辅助水平面与圆柱体的交线为一个矩形，与圆锥体的交线为一个圆，矩形与圆的交点分别为 Ⅴ、Ⅵ，即为相贯线上一般点的水平投影。Ⅴ、Ⅵ 点的水平投影为 5、6，正面投影为 5′、6′，侧面投影为 5″、6″，如图 2-26 (b) 所示。为了尽可能准确地画出相贯线，应该用同样的方法再求出若干个一般点。

(3) 连相贯线，判别可见性。顺次连接正面投影各点，得相贯的正面投影，其可见部分与不可见部分重合。水平投影中圆柱下半部分面上的点为不可见，3、4 为分界点，3、1、4 点连接得到的相贯线是可见的；3、2、4 点连接得到的相贯线是不可见的，画成虚线。圆柱体水平投影转向轮廓线应画到 3、4 两点，圆锥底圆被圆柱遮挡应补画成虚线，正面投影中在圆柱主视转向轮廓线投影之间不画圆锥主视转向轮廓线的投影。完成三面投影，如图 2-26 (c) 所示。

第三章　复杂立体三视图的识读

大多数机器设备零件都可看做是由一些基本形体组合而成的组合体，这些基本体可以是完整的几何形体，如棱柱、棱锥、圆柱、圆锥、球、圆环等，也可以是不完整的几何体或它们的组合，如图3-1所示。

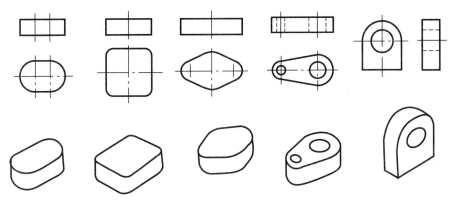

图3-1　常见基本形体

第一节　复杂立体的构成方法

由基本形体组成的复杂形体称为组合体。组合体是最接近真实机械零件的立体，对组合体实例的分析是理解机械零件图的基础。

一、复杂立体常见的组合形式

组合体的常见组成方式有叠加型、切割型和复合型三种形式，其中复合型居多，如图3-2所示。

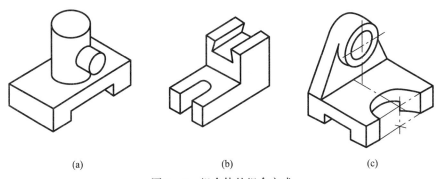

（a）　　　　　　　　　　　（b）　　　　　　　　　　　（c）

图3-2　组合体的组合方式

（a）叠加型；（b）切割型；（c）复合型

二、组合体表面间的相对位置关系与表达规则

无论以何种方式构成的组合体，其基本形体的相邻表面都存在一定的相互关系。组合体

表面间的相互关系有以下几种：

（1）平齐。相邻两形体的表面互相平齐连成一个平面，结合处没有界线，在视图上不画出两表面的界线，如图3-3（b）中的主视图所示。

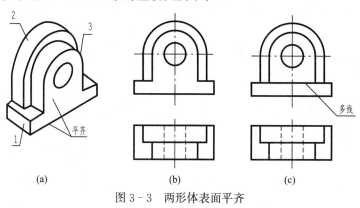

图3-3 两形体表面平齐
（a）立体图；（b）正确；（c）错误

（2）相错。两形体表面不共面，而是相错，在主视图上要画出两表面间的界线，如图3-4（b）所示。

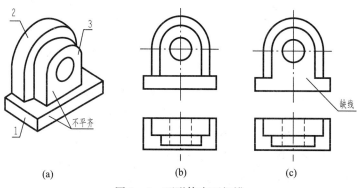

图3-4 两形体表面相错
（a）立体图；（b）正确；（c）错误

（3）相切。形体表面相切，平面与曲面光滑过渡，在视图上相切处不应画线，如图3-5所示。

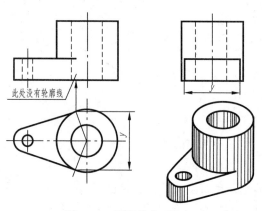

图3-5 两形体表面相切

(4) 相交。两形体表面相交，相交处应画出交线，如图 3-6 所示。

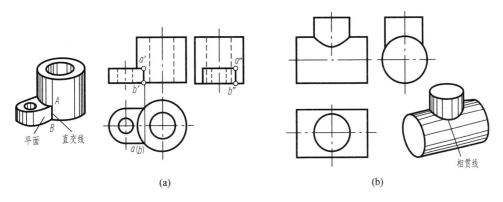

图 3-6　两形体表面相交
(a) 平面与曲面相交；(b) 两曲面相交

第二节　复杂立体的分析方法

一、形体分析法读图

读图的基本方法是形体分析法，主要用于分析组合式立体。这种读图方法的思路和步骤如下：先将视图分为若干线框（也就是将立体分成若干个部分），再运用投影规律想象出各个线框所表示的立体形状及位置，最后综合起来想象出组合体的整体形状。该过程可概括如下：看视图、分线框，对投影、识形体，定位置、想整体。

下面以图 3-7 (a) 所示组合体三视图为例，说明用形体分析法读图的具体方法和步骤。

1. 看视图、分线框

分线框时以粗实线围成的线框为主，例如在主视图中分出Ⅰ、Ⅱ、Ⅲ、Ⅳ、Ⅴ五个线框，如图 3-7 (a) 所示（根据需要也可在其他视图中分线框）。

2. 对投影、识形体

按照三视图的投影规律，将主视图中所分的线框，依次对应到俯、左视图上，即可想象出各个线框所表示的立体形状。例如，将图 3-7 (b) 主视图中的矩形线框Ⅰ对应到俯视图是拱形线框；对应到左视图是矩形线框，三个视图联系起来可知俯视图是特征视图，即线框Ⅰ是以俯视图中的拱形线框为草图沿着高度方向拉伸而成的拱形体，如图 3-7 (b) 所示。

线框Ⅱ所表示的立体是叠加于拱形体之上的圆柱，圆柱与拱形体柱面同轴，俯视图中的小圆表示通孔，如图 3-7 (c) 所示。

线框Ⅳ所表示的立体是叠加于拱形体之上并在右面与之保持平齐的直立拱形体，该拱形体的左视图为特征视图，即以左视图中的拱形线框为草图沿着长度方向拉伸而成，如图 3-7 (d) 所示。

线框Ⅴ所表示的圆柱体其轴线与直立拱形体的柱面轴线同轴、半径相等，叠加于直立拱形体右侧，如图 3-7 (e) 所示。

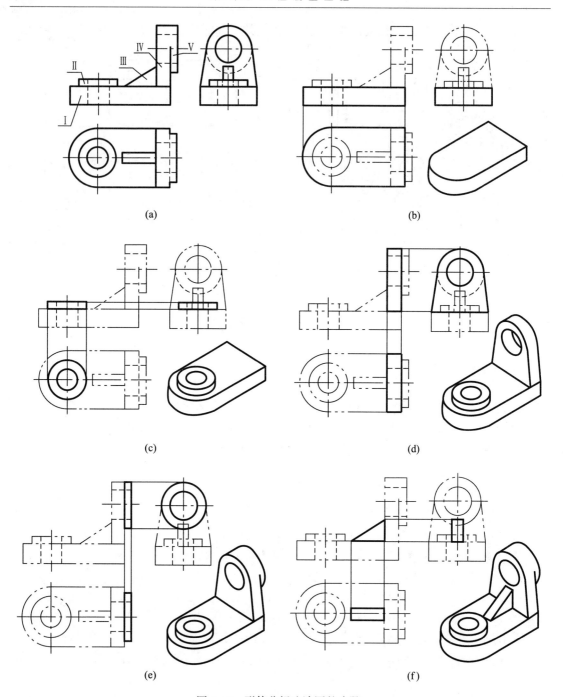

图 3-7　形体分析法读图的步骤

(a) 看视图、分线框；(b) 对投影想出线框Ⅰ形状；(c) 想出线框Ⅱ形状和位置；
(d) 想出线框Ⅳ形状和位置；(e) 想出线框Ⅴ形状和位置；(f) 想出线框Ⅲ形状和位置

　　线框Ⅲ所示立体的主视图为特征视图，该立体是以主视图中的三角形线框为草图沿着宽度方向拉伸形成一个三棱柱。它置于两个拱形体的对称面上，将两者连接，如图 3-7（f）所示。

3. 综合起来想整体

按照上述分析方法将每部分的形状和位置关系确定后，综合起来想象出组合体的整体形状，如图 3 - 7（f）中的立体图所示。

二、线面分析法读图

线面分析法读图主要用于分析切割型立体。这种读图方法的思路和步骤如下：比较已知的几个视图外轮廓线的复杂程度和特点，确定一个成形特征视图，利用该视图想象出切割前的原始形状；利用其他视图分析切割特征及成形的过程；利用直线和平面的投影特性分析切割体各个表面在不同投影面上的投影，进而复原视图中各个线框所表示的平面或曲面的实际形状和位置关系；最后综合想象切割体的整体形状。该过程可概括为分析特征想原形，分析切割定过程，分析线面定形状。

下面以图 3 - 8（a）所示切割体（压块）的三视图为例，说明用线面分析法读图的具体方法和步骤。

1. 分析特征想原形

确定特征视图想象原始形状。

由图 3 - 8（a）可看出，三个视图的外轮廓均由直线围成，可知该立体为平面立体。

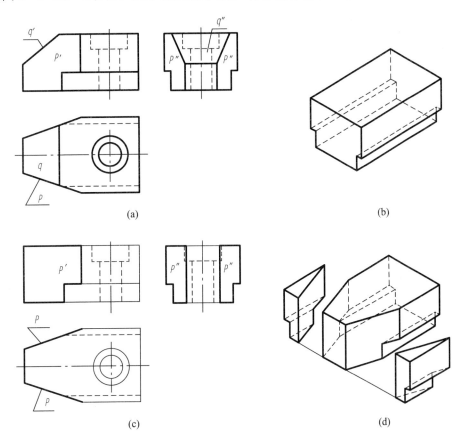

图 3 - 8　线面分析法读图的步骤（一）

（a）压块的三视图；（b）原始形状；（c）两个 P 平面的投影；（d）两个铅垂面切割

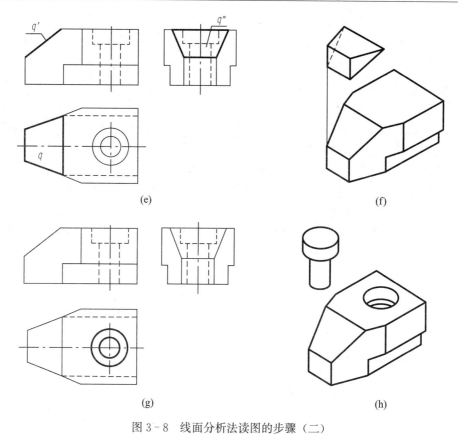

图 3-8　线面分析法读图的步骤（二）

(e) P 平面的投影；(f) 正垂面切割；(g) 分析两个同心圆；(h) 挖去两个同心圆柱后的形状

主、俯、左三个视图的外轮廓分别由 5、6、8 条线段围成。由于左视图的外轮廓相对复杂，压块的原始形状可看做是以特征视图左视图的外轮廓作为草图，沿着长度方向拉伸而成的柱体。该柱体由上下 4 个水平面、前后 4 个正平面和左右 2 个侧平面围成，如图 3-8 (b) 所示。

2. 分析切割定过程

确定立体被切割次数和新平面的位置。

利用左视图确定原始形状后，通过观察分析俯视图可知柱体被前后两个铅垂面（P 平面）切掉两部分，如图 3-8 (c)、(d) 所示。

观察分析主视图可知在第一次切割的基础上，柱体又被一个正垂面切掉左上角，如图 3-8 (e)、(f) 所示。

3. 分析线面定形状

分析截切后立体各表面形状。

(1) 由以上对切割过程的分析可知，俯视图中的直线 p 为铅垂面，按投影关系对应到主、左视图时可知前后两个平面是七边形，如图 3-8 (a) 所示。

(2) 主视图中的直线 q' 为正垂面，按投影关系对应到俯、左视图时，可知该正垂面是梯形平面，如图 3-8 (a) 所示。

(3) 俯视图中的两个同心圆，按投影关系对应到主、左视图时，是相同的两个图形，如

图 3-8（g）所示，由此可知是在压块上顶面挖去两个同心圆柱而形成的阶梯孔。

将截切后形成的各个新表面的形状和位置确定后（一个正垂面、两个铅垂面），再对被截切的原表面形状进行分析（如顶面截切前是矩形，截切后变为六边形）。通过综合分析，最后想象复原的压块空间形状，如图 3-8（h）所示。

三、层次分析法读图

层次分析法是线面分析法中的一种思考方法，其本质上是一种逻辑推理的方法。有些组合体上的某些部分互相遮挡，投影重合，层次错落，读图时很难直接读懂。因此，需要进行逻辑推理分析，列出几种可能性，对照已知视图，去掉不合理部分，取其合理部分。

下面以图 3-9 所示的组合体为例，说明用层次分析法读图的方法。

（1）形体分析。该组合体为上圆下方的切割型组合体。

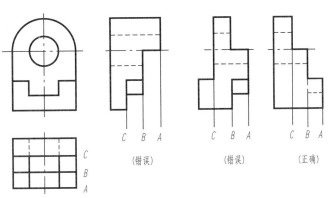

图 3-9　层次分析法读图

（2）层次分析。根据视图中图线和线框含义，由俯视图的三条图线 A、B、C 和主视图的三个线框之间的投影对应关系，可以看出主视图上的三个线框都是正平面，但前后关系不能确定，需分层次识读。因此，在已知俯视图上分出 A、B、C 三个层次，逐个进行逻辑推理。根据主视图设最高位置半圆弧线框为 A 层，则左视图中 A 层凸出，下层 B、C 凹入，那么俯视图中 B、C 层投影应是虚线，与题目不符。若主视图中间线框为 A 层，则俯视图上两条虚线不符合投影关系，此方案错误。若主视图最底线框为 A 层，即凸出，则方槽、半圆柱孔、圆孔均符合投影关系，此方案正确。

（3）作图。根据以上分析，左视图可正确画出。

第三节　复杂立体的读图

一、读图要点

根据对上述方法的说明和运用，可归纳为以下几点：

（1）组合体的读图要把几个视图结合起来看，切忌只看一个视图就主观断定其形状。一般说来，一个视图往往不能确定物体形状，必须结合相邻的投影来确定。

（2）善于找出有形状特征和位置特征的投影，确定各部分形体的形状和相互位置。

（3）利用图样中的虚实线，分清层次。

（4）判断图样中的斜线是直线的投影还是有积聚性的平面的投影，用线面分析法检查对应投影中的类似图形是否正确无误。

总之，组合体的看图一般以形体分析法为主，线面分析法、层次分析法为辅。由整体分解为局部，再由局部归纳起来想象出整体形状。初学者必须逐步熟悉和掌握这些方法。

二、立体的构型分析举例

［例3-1］　根据图3-10（a）所示的主、俯视图，试想象出物体形状，并补画左视图。

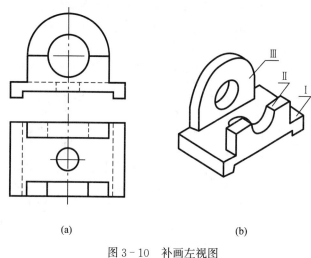

由两个视图补画第三视图，是识绘图的综合训练，也是培养和提高识图能力的方法之一。补画第三视图，一般分两步走：首先，读懂两视图并想象出物体的形状；然后，在读图的基础上，按投影规律画出第三视图。具体步骤如下：

（1）看懂视图并想象出物体形状。

1）采用形体分析法，从主视图入手，联系俯视图，把整体分解为Ⅰ、Ⅱ、Ⅲ部分。

2）读懂视图，想象出各部分和整体形状，如图3-10（b）所示。

　（a）　　　　　　　　（b）

图3-10　补画左视图

（2）补画左视图。

根据"长对正，高平齐，宽相等"的规律，分别画出各部分的左视图。具体画法如图3-11所示。

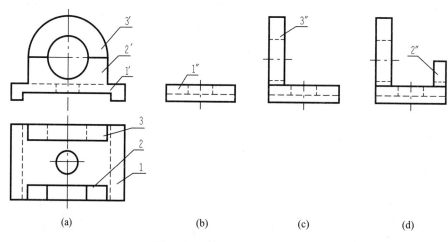

　（a）　　　　（b）　　　　（c）　　　　（d）

图3-11　补画左视图的步骤

［例3-2］　如图3-12所示，已知机座的主、俯两视图，补画左视图。

读懂机座的主视图和俯视图，想象出它的形状。从主视图着手，按主视图上的封闭实线线框，可将机座大致分成三部分：底板、圆柱体、右端与圆柱面相交的厚肋板。

再进一步分析细节，如主视图的虚线和俯视图的虚线表示的形体。通过逐个对照投影的方法知道，主视图右边的虚线表示直径不同的阶梯圆柱孔，左边的虚线表示一个长方形槽和上下挖通的缺口。

在形体分析的基础上，根据三部分在俯视图上的对应投影，综合想象出机座的整体形状，逐步画出第三视图。具体作图步骤如图3-12所示。

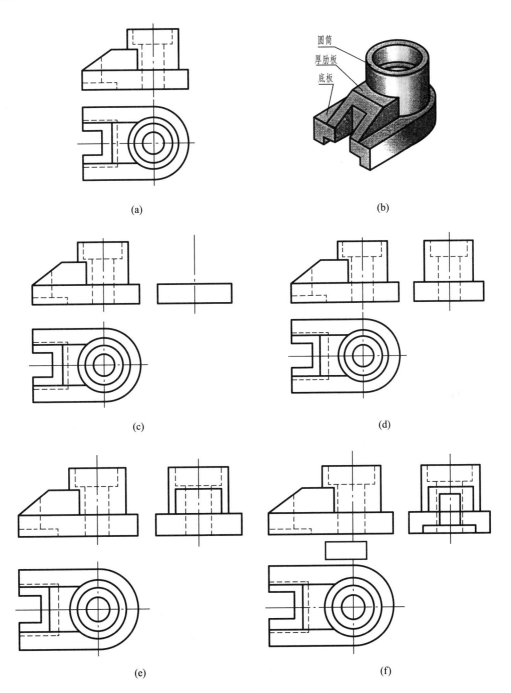

图 3 - 12　补画机座的左视图

（a）已知主、俯两视图，补画左视图；（b）机座的结构形状；（c）补画底板；

（d）补画圆筒；（e）补画厚肋板；（f）补画长方形槽及缺口

由此可知，读懂已知的两视图，想象出零件的形状，是补画第三视图的必要条件，读图和绘图是密切相关的。在整个读图过程中，一般以形体分析法为主，边分析、边作图、边想象，这样就能较快地读懂组合体的视图，想象出整体形状，正确地补画第三视图。

第四节　立 体 的 轴 测 图

用正投影图来表达物体的形状和大小，具有很强的可测量性，可以指导生产和加工，但它缺乏立体感，直观性较差，不易读懂，因此，生产中常用一种立体感较强的轴测图来表达物体的形状。

一、轴测图的概念

轴测图是将物体连同其参考直角坐标系，沿不平行于任一投影面的方向，将其投影在单一投影面上所得到的图形。

图 3 - 13 所示 P 面为轴测投影面，P 面上的图形为轴测投影，即轴测图。

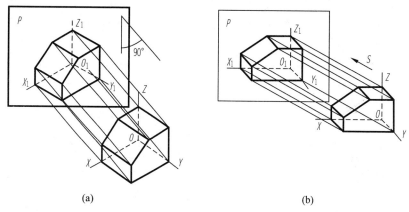

图 3 - 13　轴测图的形成

（a）正等轴测图；（b）斜二轴测图

图 3 - 13 中确定立体位置的空间直角坐标轴 OX、OY、OZ 的投影 O_1X_1、O_1Y_1、O_1Z_1，称为轴测轴，轴测轴之间的夹角 $\angle X_1O_1Y_1$、$\angle Y_1O_1Z_1$、$\angle Z_1O_1X_1$ 称为轴间角。

轴测轴 O_1X_1、O_1Y_1、O_1Z_1 上的单位长度与相应直角坐标轴 OX、OY 和 OZ 上的单位长度之比分别为 X、Y 和 Z 轴的轴向伸缩系数，分别用 p、q、r 表示：

$$p=O_1X_1/OX,\ q=O_1Y_1/OY,\ r=O_1Z_1/OZ$$

轴间角和轴向伸缩系数是轴测图的两个基本参数。在绘制轴测图时，视图上所有点和线的尺寸都必须沿坐标轴方向量取，并乘上相应的轴向伸缩系数，再画到相应的轴测轴方向上去，"轴测"两字便由此而来。

常用的轴测图有两种。当投射方向垂直于轴测投影面，且三个轴向伸缩系数都相等时，称为正等轴测图，如图 3 - 13（a）所示。当投射方向倾斜于轴测投影面，有两个轴向伸缩系数相等时，称为斜二轴测图，如图 3 - 13（b）所示。

轴测图可根据已确定的轴间角，按表达清晰和作图方便来安排，而 Z 轴通常画成铅垂位置。在轴测图中，应用粗实线画出物体的可见轮廓。为了使图形清晰，除非特别必要，通常不画出物体的不可见轮廓。

二、正等轴测图

正等轴测图的三个轴间夹角相等，都是 $120°$。通常 Z_1 轴垂直布置，X_1、Y_1 轴分别与水平线呈 $30°$。三根轴的轴向伸缩系数相等，$p=q=r=0.82$。为避免计算，一般把系数简化

为 $p=q=r\approx1$，如图 3-14 所示。用简化系数画出的轴测图，比用轴向伸缩系数画出的轴测图放大了 1.22 倍，但不影响物体的形状和立体感。

[例 3-3] 已知正六棱柱的正投影图，如图 3-15（a）所示，画正等轴测图。

1. 投影分析

因正六棱柱的顶面和底面都是处于水平位置的正六边形，取顶面的中心为原点，并确定 X 轴和 Y 轴，棱柱轴线为 Z 轴，如图 3-15（a）所示。

2. 作图步骤

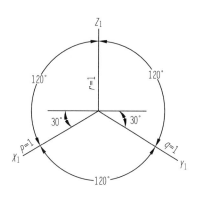

图 3-14　正等轴测图的轴间角和轴向伸缩系数

（1）作轴测轴，并在其上量得 1_1、4_1 和 a_1、b_1，如图 3-15（b）所示。

（2）通过 a_1、b_1 作 X 轴的平行线，量得 2_1、3_1 和 5_1、6_1，连成顶面，如图 3-15（c）所示。

（3）由点 6_1、1_1、2_1、3_1 沿 Z 轴量得 H，得 7_1、8_1、9_1、10_1，如图 3-15（d）所示。

（4）连接 7_1、8_1、9_1、10_1，如图 3-15（e）所示。

（5）擦去不必要的作图线，加粗可见轮廓线，结果如图 3-15（f）所示。

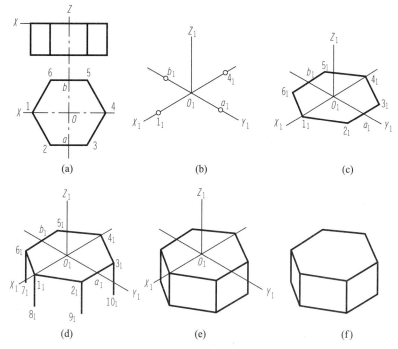

图 3-15　正六棱柱正等轴测图的画法

三、斜二轴测图

将坐标面 XOZ 的直线平行于轴测投影面，OX、OZ 的投影就是它们本身，即为轴测轴，它们之间的夹角总是 90°，轴向伸缩系数 $p=r=1$。斜二轴测图中，Y_1 的方向一般取 O_1Y_1 与水平呈 45°，Y_1 的轴向伸缩系数为 1/2。斜二轴测图的轴间角和轴向伸缩系数如图 3-16 所示。

斜二轴测图的优点在于，物体上平行于坐标面 XOZ 的直线、曲线和平面图形在斜二轴测图中都反映实长和实形，这一点在很多情况下对于绘制物体的轴测投影是很方便的。

[例 3-4]　圆台两个视图如图 3-17 (a) 所示，画圆台的斜二轴测图。

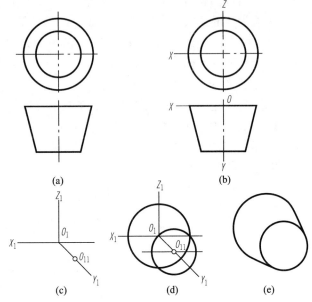

图 3-17　圆台斜二轴测图的画法

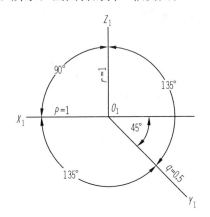

图 3-16　斜二轴测图的轴间角
与轴向伸缩系数

在正投影图中，取圆台大圆端面的圆心为坐标原点，Y 轴与圆台轴线重合。

绘制斜二轴测图的轴测轴：按圆台高度的一半，即高度乘轴向伸缩系数（0.5），在 Y_1 轴上截取圆台小圆端面的圆心 O_{11} 为圆心；分别以 O_1 和 O_{11} 为圆心，以圆台上、下面直径为直径画圆；画出此两圆的外公切线；最后擦去不必要的作图线，加深可见轮廓线，完成斜二轴测图。作图步骤如图 3-17 所示。

第二单元　电气与电子设备图

第四章　设备零件图通用表达方法

在实际生产中，电气电子设备及元器件的结构、形状是各种各样的，仅采用三个视图往往不能将它们表示清楚。因此，国家标准《机械制图 图样画法》（GB/T 4458.1—2002 和GB/T 4458.6—2002）及《技术制图 简化表示法》（GB/T 16675.1—2012 和 GB/T 16675.2—2012）中规定了各种表达方法。本章将依据图样画法的有关标准，介绍视图、剖视图、断面图和一些简化画法。

第一节　视　　图

根据中华人民共和国国家标准的有关规定，用正投影法绘制出物体的图形称为视图。视图主要用于表达物体的可见部分，必要时才画出其不可见部分。视图分为基本视图、斜视图、局部视图和旋转视图。

一、基本视图及默认位置

制图标准中规定，以正六面体的六个面为基本投影面，将零件放在空的正六面体内，将零件分别向六个基本投影面投射，所得的视图称为基本视图，如图 4-1 所示。

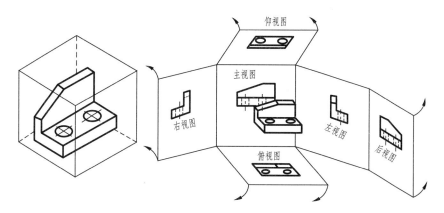

图 4-1　六个基本投影面及其展开图

在基本视图中，除前面介绍过的主视图、俯视图和左视图之外，还有从右向左投影得到的右视图，从下向上投影得到的仰视图，从后向前投影得到的后视图。

当六个视图按图 4-2 所示的位置配置时，称为默认位置。

六个基本视图之间仍符合"长对正、高平齐、宽相等"的投影关系和以下规律：以主视图为基准，左、右、仰、俯视图中靠近主视图的面为物体的后面，远离主视图的面为物体的前面。

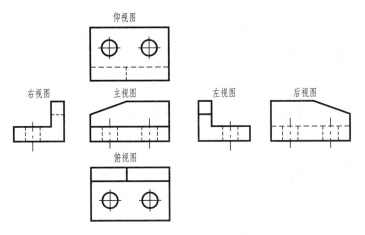

图 4-2　六个基本视图的配置

　　实际应用中，并不是任何物体都需要用六个基本视图来表达，而是根据物体结构形状的特点，选用必要的基本视图。

　　为了便于看图，视图一般只画出零件的可见部分，必要时才画出其不可见部分。图 4-3 所示为一个阀体的视图和轴测图，采用了四个基本视图，并在主视图中用虚线画出了显示阀体的内腔结构及各个孔的不可见投影，由于将这四个基本视图对照起来阅读，已能清晰完整地表达出阀体各部分的结构和形状，因此，在左、右俯视图中就省略了一些不必要的虚线。

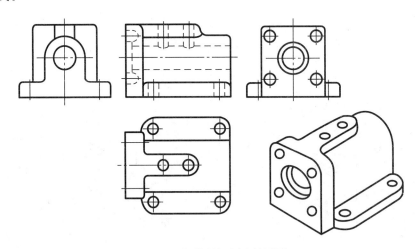

图 4-3　阀体的视图和轴测图

二、非基本视图

　　除六个基本视图按默认位置配置以外，工程上还采用其他的表达方法，这些表达方法称为非基本视图。

　　1. 向视图

　　位置可自由配置的视图称为向视图。向视图的实质是离开默认位置的基本视图。

　　向视图要在视图的上方标出视图的名称"×"（×为大写拉丁字母），并在相应视图附近用箭头指明投影方向，标上同样的字母，如图 4-4 所示。

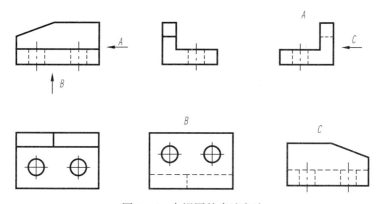

图 4-4　向视图的表达方法

图 4-4 中，视图 A 实际为右视图，视图 B 为仰视图，而视图 C 为后视图，具体运用中称为×向视图，即图 4-4 中有 A 向视图、B 向视图和 C 向视图三个向视图。

向视图也可以用在视图下方标注图名的方法来表达。这些标有图名的视图，其摆放位置常根据需要布置。图 4-5 所示为某变电站的建筑图，图名标在视图的下方，其名称也与机械图不同。

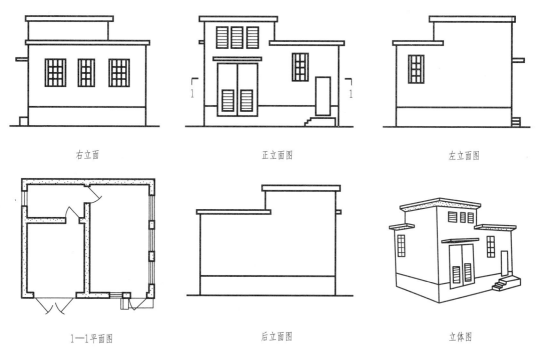

图 4-5　某变电站的建筑图

2. 斜视图

将物体向不平行于任何基本投影面投射所得的视图称为斜视图。斜视图用来表达物体上倾斜结构的真实形状。如图 4-6（a）所示的三视图中，其倾斜结构的表面在左、俯视图中均不反映实形。可将该倾斜结构投影在平行于倾斜表面的辅助投影面上，如图 4-6（b）所示，而后将辅助投影面旋转到与正立投影面重合的位置，即得 A 向斜视图。

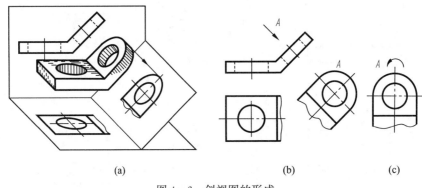

(a)　　　　　　　　　　(b)　　　　(c)

图 4-6　斜视图的形成

斜视图通常只用于表达该物体倾斜部分的实形，其余部分不必全部画出，而用波浪线断开。斜视图的命名标注如图 4-6（b）所示。

斜视图一般按投影关系配置，必要时也可配置在其他适当位置，此时应在该斜视图的上方画出旋转符号，如图 4-6（c）中的"$A\frown$"，箭头表示旋转方向。

斜视图在电气电子工程中也会经常用到。图 4-7 所示绝缘子上斜拉板的视图 A 就是斜视图。

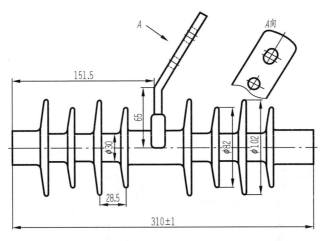

图 4-7　绝缘子上斜拉板的斜视图

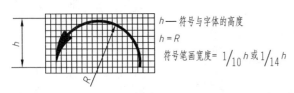

图 4-8　旋转符号的画法和规格

旋转符号的画法和规格如图 4-8 所示。

3. 旋转视图

若机件的倾斜部分具有回转轴线，可以假想将物体的倾斜部分旋转到与某一选定的基本投影面平行后，再向该投影面投影所得到的视图，称为旋转视图。

旋转视图一般不标注，但需要用点画线画出旋转后的位置，如图 4-9 所示。

4. 局部视图

将物体的某一部分向基本投影面投影所得到的视图称为局部视图。当物体在某个方向有部分形状需要表示，但又没有必要画出整个基本视图时，可采用局部视图进行表达。如图 4 - 10 所示，当画出其主、俯两视图后，仍有左右两侧凸台和左侧肋板厚度没有表达清楚，在这种情况下，再画出完整的左视图和右视图，显然没有必要，因此，图 4 - 10 (b) 中只画出表达该部分结构的局部视图，即 A 向和 B 向局部视图。

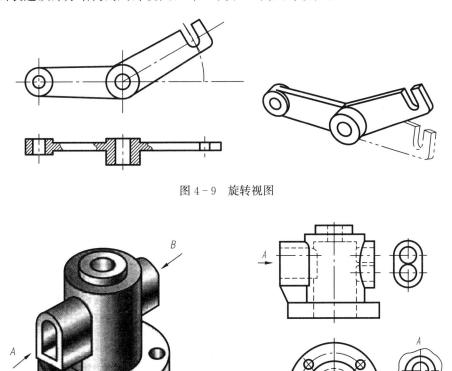

图 4 - 9　旋转视图

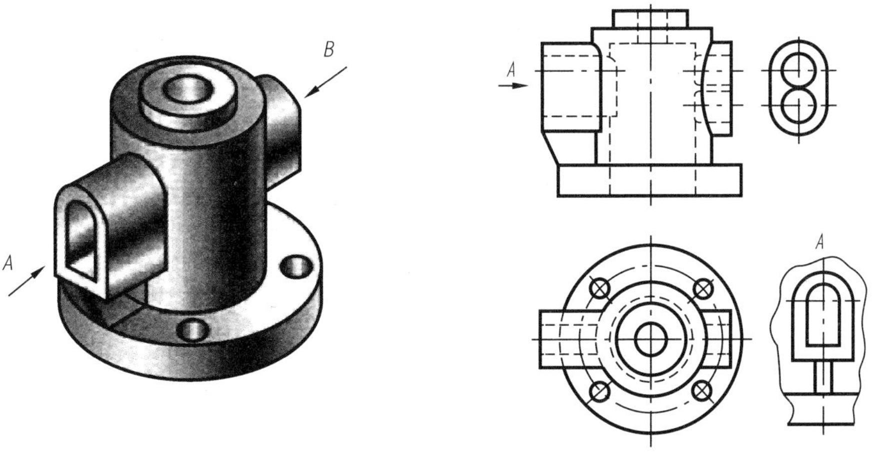

(a)　　　　　　　　　　　　(b)

图 4 - 10　局部视图示例

应注意，局部视图的默认配置位置与其他视图的默认位置相反，局部视图的默认位置是在相关视图的附近。如图 4 - 10 中的 B 向局部视图，其视图位置配置在主视图相关位置的附近，且遵从三等规律，这个位置就称为局部视图的默认位置。

当局部视图按投影关系配置，中间又没有其他图形隔开时，可省略标注。如图 4 - 10 (b) 所示，局部视图 A 配置在任意位置，故需要标注，而另一局部视图（即 B 向视图）配置在主视图的右侧，两视图的对称线同处在同一水平线上，中间又没有其他视图隔开，故可省略标注。

局部视图的断裂边界用波浪线画出。当所表达的结构完整且外轮廓线封闭时，波浪线可省略，如图 4 - 10 (b) 中 B 向视图所示。用波浪线作为断裂线时，波浪线不应超过断裂物体的轮廓线，应画在物体的实体上，如图 4 - 11 所示。

为了节省绘图时间和图幅，对称物体的视图也可按局部视图绘制，在不致引起误解的前提下，对称机件的视图可只画一半或 1/4，但需在对称中心线的两端分别画出两条与之垂直的平行短细实线（对称符号），如图 4-12 所示。

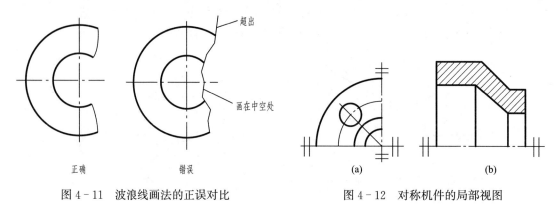

图 4-11　波浪线画法的正误对比　　　　　图 4-12　对称机件的局部视图

第二节　剖　视　图

当物体内部结构比较复杂时，视图上就会出现大量的虚线，会造成看图困难，如图 4-13 所示。为了解决这个问题，国家标准规定了剖视图的表达方法。

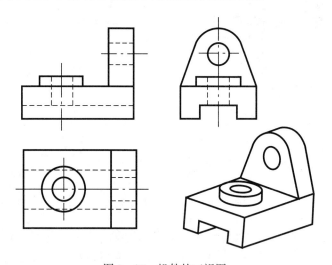

图 4-13　机件的三视图

一、剖视图的基本概念

假想用剖切平面剖开物体，将处于观察者和剖切面之间的部分移出，而将其余部分向投影面投影所得的图形称为剖视图。如图 4-14 所示，图中用正平面作剖切平面，通过物体的对称面将物体剖开，移去前半部分，原来看不见的内部结构就可以清楚地显示出来，再将这部分进行投影，于是在主视图上就得到了剖视图。

画剖视图时，剖切面与物体的接触部分，应画上剖面符号，以区分机件上被剖切到的实体部分和未剖切到的空心部分。根据各种物体所使用的不同材料，国家标准规定了各种材料的剖面符号，见表 4-1。

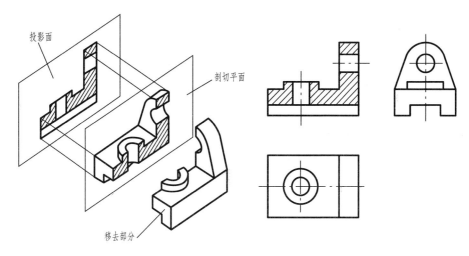

图 4 - 14　剖视图的基本概念

表 4 - 1		常见材料的剖面符号（摘自 GB/T 4457.5—2013）	
金属材料（已有规定剖面符号者除外）		木质胶合板（不分层数）	
线圈绕组元件		基础周围的泥土	
转子、电枢、变压器、电抗器等的叠钢片		混凝土	
非金属材料（已有规定剖面符号者除外）		钢筋混凝土	
型砂、填砂、粉末冶金、砂轮、陶瓷刀片、硬质合金刀片等		砖	
玻璃及供观察用的其他透明材料		格网（筛网、过滤网等）	
木材	纵剖面	液体	
	横剖面		

注　1. 剖面符号仅表示材料的类别，材料的名称和代号必须另行注明。

　　2. 液面用细实线绘制。

　平行斜线也可作为一般剖面符号，当不需要特别指明被剖切物体是何种材料时，可用在

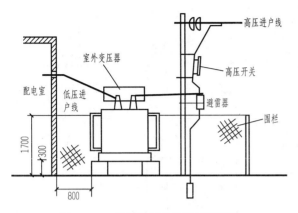

图 4-15 通用符号表示房屋的墙体

任何材料构成的物体上。图 4-15 中左侧的配电室为建筑结构，其墙体为建筑材料构成，但由于该图的重点是描述电气设备的安装，而不是要表达建筑结构的建构方法，所以墙体的剖面符号采用了通用剖面符号。

通用剖面符号一般表达为与主要轮廓或剖面区域的对称线呈 45°、互相平行、间距相等的细实线（又称剖面线），如图 4-16 所示。在同一物体的各个剖视图和断面图中，所有剖面线的倾斜方向应一致，间隔应相等。

反之，如果两相邻物体均被剖切，可以用剖面符号的方向、间隔和角度的不同加以区别，如图 4-17 所示。

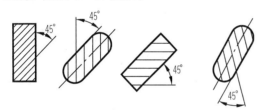

图 4-16 剖面线的角度

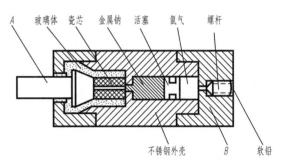

图 4-17 用剖面线区别不同零件的自复式熔断器

二、剖视图注意事项

（1）剖视图是假想将物体剖开后再投影，而实际上物体仍是完整的，因此其他图形的表达应按完整的物体画出。如图 4-14 所示的机械零件，在主视图上作了剖视，俯视图仍要按完整零件进行表达。

（2）剖切面一般平行于投影面且尽量通过较多的内部结构和轴线或对称中心线，目的在于清楚、真实地表达出物体的内部结构。

（3）剖切面后面的所有可见轮廓线都应在剖视图上表达出来。如图 4-18 所示的错误表达便是有些可见轮廓线被遗漏了。

（4）剖视或视图上已表达清楚的结构形状，在其他剖视或视图上的投影为虚线时，一般不再画出。只有当不足以表达清楚物体的形状时，为了节省一个视图，才在剖视图上画出虚线。如图 4-19 所示，用虚线表示底板的厚度，目的是节省左视图。

三、剖视图的标注

剖视图标注的目的是表示出剖切面的位置及投影方向，使看图者容易找出各视图之间的对应关系。一个完整的标注应包括三方面的内容：剖切面的位置、投影方向及剖视图的名称，如图 4-20 所示。

（1）在相应的视图上，用剖切符号表示出剖切面的位置。剖切符号为一对短粗实线，剖切符号不能与图中轮廓线相交，如图 4-20 中的俯视图所示。

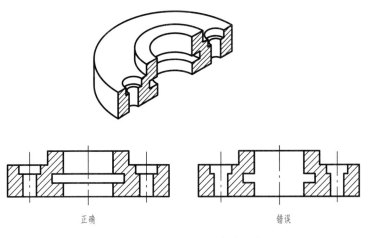

正确　　　　　　　　　　　　　　错误

图 4 - 18　剖视图可见轮廓线的表达

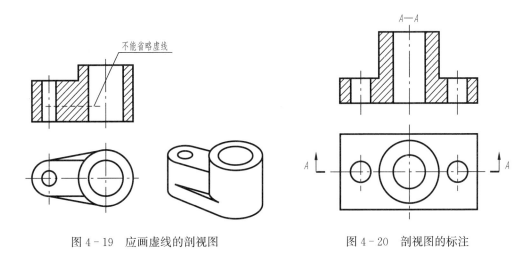

图 4 - 19　应画虚线的剖视图　　　　　　　图 4 - 20　剖视图的标注

（2）用箭头表示投射方向。在表示剖切符号的两端加箭头表示投射方向，箭头的位置和画法见图 4 - 20。

（3）用字母表示剖视图的名称。在剖视图上方用字母标出剖视图的名称"×—×"，如图 4 - 20 中的主视图所示，在另一视图中表示剖切位置的符号旁注上相同的字母，如图 4 - 20 中的俯视图所示。

四、剖切方法

根据物体结构的特点，GB/T 17452—1998 规定了三种剖切方法。

1. 单一平面剖切

（1）平行于某一基本投影面的剖切平面。如图 4 - 14 所示，当用单一的剖切平面剖切时，剖切平面通过物体的对称面。剖视图按默认位置配置，中间又没有其他图形隔开时可省略标注。

（2）不平行于任何基本投影面的剖切平面。假想用不平行于任何基本投影面的平面剖切的方法称为斜剖。

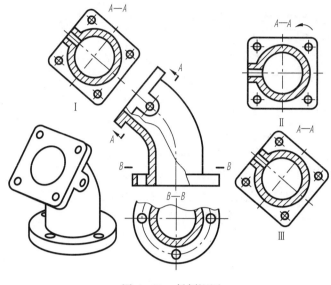

图 4-21　斜剖视图

如图 4-21 所示，当倾斜部分的内形及相关外形在基本视图上不能反映实形时，可用一平行于倾斜部分且垂直于某一基本投影面的平面剖切，剖切后再投影到与剖切平面平行的辅助投影面上，这样得到的剖视图称为斜剖视图，如图 4-21 中的 A—A 剖视图。

斜剖视图适用于物体中具有倾斜部分，而这部分内、外形状均须表达的情况。

斜剖视图必须标注出剖切符号、箭头、字母，并在斜剖视图的上方标注"×—×"，如图 4-21 中的"A—A"。

斜剖视图的位置配置在箭头所指的方向，并符合投影关系，如图 4-21 中的 I 所示，必要时也允许平移到其他适当的地方，如图 4-21 中的 III 所示。若将图形旋转后画出，应在剖视图的上方标注出旋转符号（同斜视图），剖视图的名称应靠近旋转符号的箭头端，如图 4-21 中的 II 所示。

2. 阶梯剖

用几个平行于某一基本投影面的剖切平面进行剖切的方法称为阶梯剖。有些物体的内部结构层次较多，用一个剖切面剖开不能将其内部结构都显示出来，在这种情况下，可用一组互相平行的剖切面依次剖切需要剖开的部位，再向投影面进行投影，如图 4-22 所示。

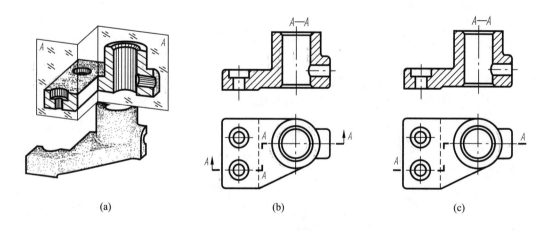

(a)　　　　　　　(b)　　　　　　　(c)

图 4-22　阶梯剖视
(a) 阶梯剖切示意图；(b) 完整标注的剖视图；(c) 简化标注的剖视图

阶梯剖多用于表达物体上不在同一平面内的孔、槽、空腔等形状。

阶梯剖在剖切平面的起始、转折和终止处，要用带字母的剖切符号标注，在剖视图的上方应标注图名，如图 4-22（b）所示。剖视图若按投影关系配置，箭头可以省略，当转折处的地方有限，又不致引起误解时，允许省略标注字母，如图 4-22（c）所示。

阶梯剖视图注意事项：

（1）剖切平面的转折处不应与图上轮廓线重合，如图 4-23（a）俯视图所示。

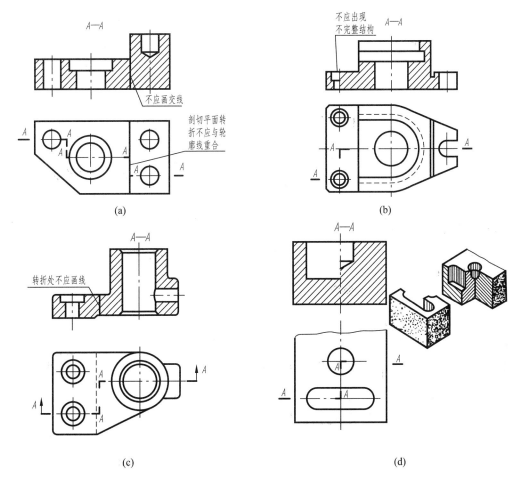

图 4-23　阶梯剖视的错误画法和特殊画法

（a）、（b）、（c）错误画法；（d）特殊画法

（2）在剖视图上不应出现不完整要素，如图 4-23（b）中的主视图所示。

（3）在剖视图上不应出现两个剖切平面转折处的投影，如图 4-23（c）中的主视图所示。

（4）剖切平面转折处是直角，且各个平行剖切平面不能相互遮挡。

（5）当物体上的两个要素在图形上具有公共对称中心线或轴线时，可以以对称中心线或轴线为界各画一半的方法进行表达，如图 4-23（d）所示。

3. 旋 转 剖

如图 4-24 所示的物体，为了能表达凸台内的长圆孔、沿圆周分布的四个小孔、中间的大孔等内部结构，仅用一个剖切平面不能完整表达，但是由于该物体具有回转轴线，可以采用两个相交的剖切平面，其交线（正垂线）与回转轴重合，使两个剖切平面通过所要表达的孔、槽来剖开物体，然后将与投影面倾斜的部分绕回转轴旋转到与侧投影面平行的位置，再进行投影，这样，在剖视图上就可以将所要表达的孔、槽内部情况表达清楚。假想用两个相交的剖切平面（交线垂直于某一基本投影面）剖开物体的方法称为旋转剖。

对于具有回转中心，而其孔、槽等又不在同一平面内的物体，需要表达其内形时，适宜用旋转剖，如法兰、手轮、皮带轮等盘盖类零件。

旋转剖标注方法与阶梯剖相同，如图4-24所示。如果转折处地方太小，在不致引起误解的情况下可以省略字母。如果是按投影关系配置，中间又没有其他图形隔开，可以省略箭头。

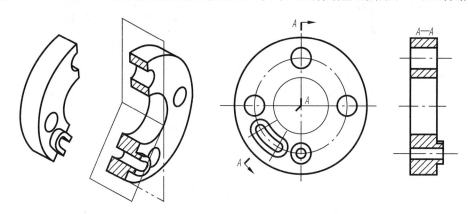

图4-24　用两相交的剖切平面剖切

旋转剖视图注意事项：

（1）相交剖切平面的交线垂直于某一投影面，通常为基本投影面。

（2）剖视图是按先剖切后旋转的方法绘制出来的。

（3）位于剖切平面后与所表达的结构关系不甚密切的结构，或一起旋转容易引起误解的结构，一般仍按原来的位置投射。

（4）位于剖切平面后与被切结构有直接联系且密切相关的结构，或不一起旋转难以表达清楚的结构，应先旋转后投射。

（5）当剖切平面后，产生不完整要素，该部分的表达按不剖处理。

五、剖视图的种类

1. 全剖视图

用剖切面完全地剖开物体的剖视图称为全剖视图。

图4-14所示为用单一剖切平面剖切获得的全剖视图，图4-21所示为用斜剖获得的全剖视图，图4-22所示为用阶梯剖的方法获得的全剖视图，图4-24所示为用旋转剖获得的全剖视图。由此可见，上述几种剖切方法均可获得全剖视图。

全剖视图主要用于表达内腔结构比较复杂、外形比较简单的不对称物体。但外形简单而又对称的物体，为了剖开后图形清晰，便于标注尺寸，也可采用全剖视图。如图4-25（a）所示，右视图采用了全剖视图的表达方法。

2. 半剖视图

当物体具有对称平面时，在垂直于对称平面的投影面上投影所得的图形，可以对称中心线为界，一半画成剖视图，另一半画成外形视图，这样画出的图形称为半剖视图，如

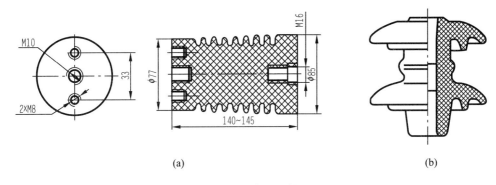

图 4-25　绝缘子的剖视图

(a) 全剖视图；(b) 半剖视图

图 4-25 (b) 所示。

　　图 4-25 所示两个绝缘子都是回转体结构，图 4-25 (a) 采用全剖形式，尽管也可以让读者想到其外部结构，但不够直观；图 4-25 (b) 采用半剖形式，内部结构和外部结构都直观、清晰地表达了出来。

　　半剖视图适用于物体内外形状都需要表达清楚，而该图形又对称的情形。图形基本对称时，也采用半剖视图。

　　如图 4-26 所示的机件内部结构形状和外部形状都比较复杂，如果主视图采用全剖视，则机件前方的凸台被剖去，不能表达它的形状。但这个机件左右对称，所以在垂直于对称平面的投影面上的图形，即主视图可以对称中心线为界，画成半剖视图。由于该图形是取外形轮廓视图和剖视图各一半合并起来的，这样就在同一图形上清楚地表达了机件的外部特征和内部结构形状，如图 4-27 所示。

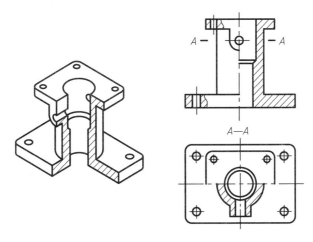

图 4-26　半剖视图

　　该机件前后方向也对称，因此在俯视图上也采用了半剖视，剖切平面是一个通过凸台孔轴线的水平面。这样既表达了顶板形状及小圆孔的位置，也表达了圆筒体及凸台。

　　半剖视图注意事项：

　　(1) 半剖视图中，外形轮廓视图与剖视图的分界线是点画线。

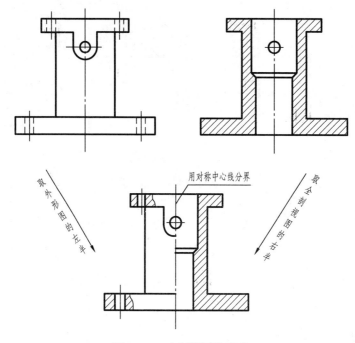

图 4 - 27　半剖视图的形成

（2）由于图形对称，物体的内部形状已由剖视部分表示清楚，因此，在另外半个外形轮廓视图中就不再绘制表示内部结构的虚线。

（3）半剖视图中剖视部分的位置通常按以下原则配置：当对称线为垂直直线时，剖视部分在对称线右侧；当对称线为水平直线时，剖视部分在对称线下方。

3. 局部剖视图

用剖切面局部剖开物体所得的剖视图称为局部剖视图。

局部剖视图是一种比较灵活的表达方法，不受图形是否对称的限制，剖切位置和剖切范围可视需要决定。当物体只有局部内部形状需要表达（如图 4 - 28 中所示机件左边部分的阶梯孔）又要保留物体的某些外形，且物体又不对称，不适宜采用半剖视图时，可以采用局部剖视图来表达。例如，轴、手柄等实心杆件上有孔、键槽时，通常采用局部剖视图，如图 4 - 29所示。

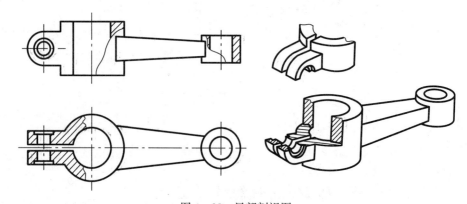

图 4 - 28　局部剖视图

局部剖视图注意事项：

（1）局部剖视图与外形轮廓视图分界线是波浪线，与局部视图波浪线的画法要求相同，波浪线不应超出实体范围，如图4-11所示。

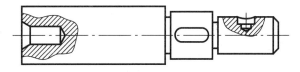

图4-29　局部剖视图表示实心杆件上的孔

（2）在同一视图中，采用局部剖视图的数量不宜过多，否则会使图形支离破碎，影响图面清晰。

（3）当局部剖视的剖切位置比较明显时，一般不必标注。

六、剖视轴测图的剖面线

轴测图是在一个投影面上表达立体的一种图示方法，如图4-30（b）、（d）所示。

剖视轴测图中的剖面线画法与三视图不同，即使是同一立体，剖面线的方向也可能是相反的，如图4-30（c）、（d）所示，在读轴测剖视图时应特别注意。剖视轴测图中剖面线方向规则见图4-30（e）、（f）。

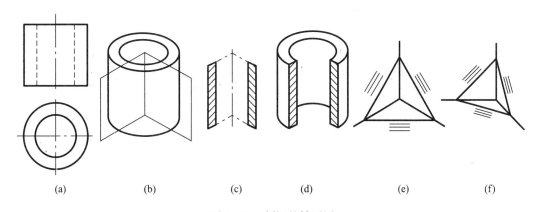

（a）　　　　　（b）　　　　　（c）　　　　　（d）　　　　　（e）　　　　　（f）

图4-30　剖视的轴测图

（a）投影图；（b）外形等轴测；（c）断面；（d）剖视图；（e）正等测剖面线方向；（f）斜二测剖面线方向

第三节　断　面　图

断面图常用来表达零件上的肋、轮辐、轴上键槽等长条形物体的断面形状。

一、断面图的概念

假想用剖切平面将物体的某处切断，仅画出断面形状的图形称为断面图，如图4-31（a）所示。

断面与剖视图的区别：断面仅仅画出物体被剖切处断面的图形，如图4-31（a）所示；而剖视图还要画出剖切平面后面物体结构的投影，如图4-31（b）所示。

二、断面的种类

根据断面图配置的位置，分为移出断面和重合断面两种。

1. 移出断面

画在外形轮廓视图外的断面，称为移出断面。移出断面的轮廓线用粗实线绘制。为了便于读图，移出断面应尽量配置在剖切符号或剖切平面的迹线（即剖切平面与投影面的交线，

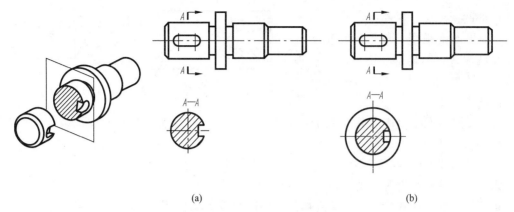

图 4 - 31　断面图与剖视图的区别
(a) 断面图；(b) 剖视图

用细点画线表示)的延长线上，如图 4 - 31 (a) 所示；必要时也可将移出断面配置在其他适当位置，如图 4 - 32 所示。

　　当剖切平面通过回转面形成的孔或凹坑的轴线时，这些结构按剖视方法的要求绘制。如图 4 - 32 (a) 所示，两个剖面在圆孔和锥坑的对称中心处，圆周轮廓线应画成封闭的。当剖切平面通过非回转面形成的孔或凹坑时的表达如图 4 - 32 (b) 所示。

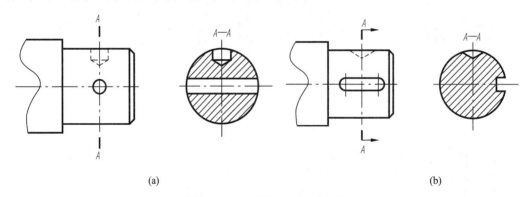

图 4 - 32　移出断面的画法示例
(a) 通孔与盲孔的断面图；(b) 方槽与锥孔的断面图

　　由两个或多个相交平面剖切所得的移出断面，中间应断开，如图 4 - 33 所示。
　　当剖切平面通过非圆孔会导致出现完全分离的两个断面时，这些结构按剖视绘制，如图 4 - 34 所示。

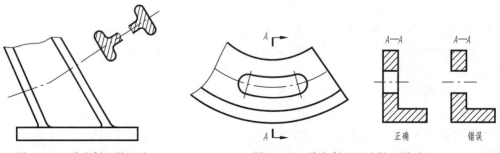

图 4 - 33　移出断面的画法　　　　　　图 4 - 34　移出断面画法的正误对比

2. 重合断面

画在外形轮廓视图之内的断面，称为重合断面，如图4-35所示。重合断面的轮廓线为细实线，当外形轮廓视图的轮廓线与重合断面图形重叠时，外形轮廓视图的轮廓线必须连续画出，不可间断，如图4-35所示。

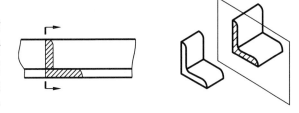

图4-35　重合断面

三、断面的标注

断面图一般应用剖切符号表示剖切位置，用箭头表示投影方向，并注上字母，在断面图上方应用同样的字母标出相应的断面图名称"×—×"，如图4-32所示。

当符合一定相关条件时，可省略相关标注项目。移出断面标注示例见表4-2。

表4-2　　　　　　　　　　　　移出断面图的标注示例

断面类型	断面图的位置		
	在剖切平面迹线的延长线上	按基本视图的位置配置	其他位置
对称移出断面	省略标注	省略箭头	省略箭头
不对称移出断面	省略字母	省略箭头	不能省略

断面图不仅用于表达机械零件，也常用于电气工程中的安装图中。图4-36所示为某变电站断面图。

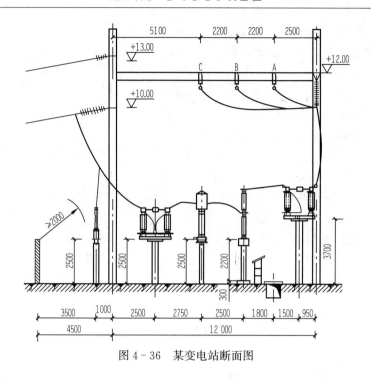

图 4 - 36　某变电站断面图

第四节　简　化　画　法

为了简化画图，提高绘图效率，GB/T 16675.1—2012 规定了技术制图中的一些简化画法。

一、局部放大图

当按一定比例画出物体的视图后，如果其中一些微小结构表达不够清晰，又不便标注尺寸时，可以用大于原图形所采用的比例单独画出这些结构，这种图形称为局部放大图，如图 4 - 37 所示。

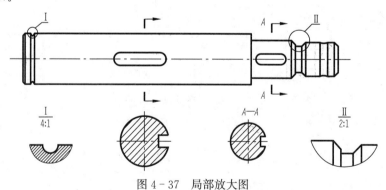

图 4 - 37　局部放大图

局部放大图可以画成视图、剖视图、断面图，它与被放大部位的表达方法无关。

画局部放大图时，在原图上要把所要放大部分的图形用细实线圈出，并尽量把局部放大图配置在被放大部位附近。当图上有多处放大部位时，要用罗马数字依次标明放大部位，并在局部放大图上方标注出相应的罗马数字和采用的比例。若只有一处放大部位时，则只需在放大图上方注明所用的比例。

二、肋板、轮辐的表达规则

对于机件上的肋板、轮辐、薄壁等，如按纵向剖切，这些结构都不画剖面符号，而用粗实线将它与其邻接部分分开，但当这些结构不按纵向剖切时，仍需画出剖面符号，如图 4-38 所示。

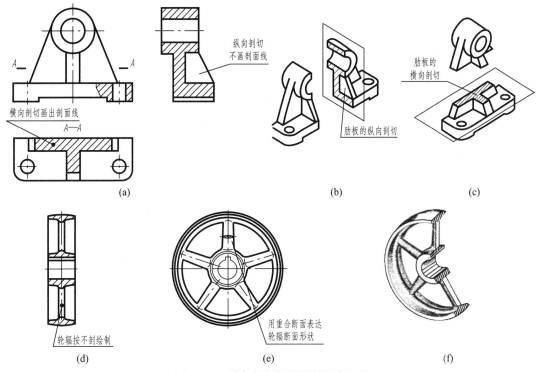

图 4-38　肋与轮辐剖视图的规定画法

三、均匀分布结构的画法

在剖视图中，当剖切平面不通过呈辐射状均匀分布的肋板、孔等结构时，其剖视图应按图 4-39 所示方法绘制，即未剖到的孔，画成剖到的；肋板不对称的，画成对称的。

若干直径相同且均匀分布的孔，允许画出其中的一个或几个，其余的只需表示出其中心位置，但在图中应注明总数。

法兰盘上的孔均匀分布时，允许按局部视图表示，如图 4-40 所示。

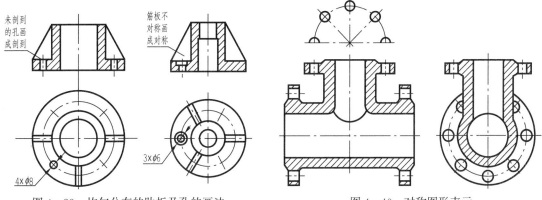

图 4-39　均匀分布的肋板及孔的画法　　　　　　图 4-40　对称图形表示

在不致引起误解时，对于对称机件的视图可只画一半或四分之一，并在对称中心线的两端画出两条与其垂直的平行细实线，如图 4-41 所示。

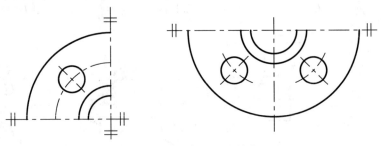

图 4-41　对称机件视图的简化画法

四、断开的画法

像轴、杆类较长的物体沿长度方向的形状一致或按一定规律变化时，可断开后缩短绘制（标注尺寸时仍按实际长度标注），如图 4-42 所示。

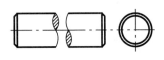  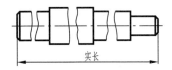

图 4-42　较长机件的断开缩短画法

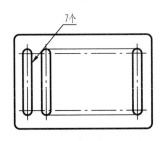 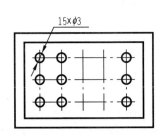

图 4-43　具有相同结构物体的简化画法

五、相同结构要素的画法

当物体上具有若干相同的结构要素（如孔、槽），并按一定规律分布时，只需要画出几个完整的结构要素，其余的可用细实线连接或画出它们的中心位置，但图中必须注明结构要素的总数，如图 4-43 所示。

六、相贯线的省略画法

在不致引起误解时，图形中的过渡线、相贯线的投影可以简化，如图 4-44（a）所示；也可采用模糊画法表示相贯线的投影，如图 4-44（b）所示。

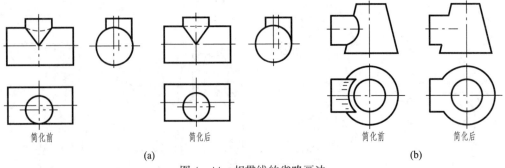

图 4-44　相贯线的省略画法

物体上的较小结构，如果在一个视图中已表达清楚，在其他视图中可以简化。如图 4 - 45 所示，键槽处截交线的投影简化为与圆柱轮廓线平齐，右部小圆孔与圆柱的相贯线简化为直线。

七、机件上小平面的表示法

当图形不能充分表达平面时，可用平面符号（两条相交的细实线）表示，如图 4 - 46 所示。

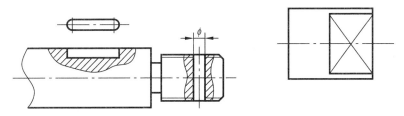

图 4 - 45　较小结构的简化画法　　　　图 4 - 46　机件上小平面的画法

八、剖面符号的省略画法

在不致引起误解的情况下，剖面符号可省略，如图 4 - 47（a）所示；也可以用涂黑表示，如图 4 - 47（b）所示，或用点阵代替通用剖面线，但点的间距应按剖面区域的大小进行选择，如图 4 - 47（c）所示。

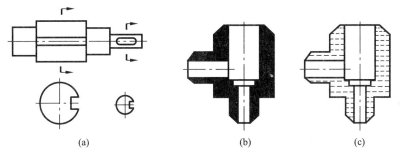

　　　　　　（a）　　　　　　　　　（b）　　　　　　（c）

图 4 - 47　剖面符号的省略画法
（a）省略剖面符号；（b）涂黑；（c）点阵

第五节　第三角投影法简介

根据国际标准化组织（ISO）的规定，第一分角和第三分角等效使用。为了便于进行国际技术交流，供读者在阅读国外图纸资料时参考，下面简要介绍第三角投影的画法。

一、第三角投影的概念

三个相互垂直的平面将空间划分为八个分角。分别称为第一分角、第二分角、第三分角……第八分角，如图 4 - 48 所示。

国家标准规定，工程图样采用第一分角画法，本书中所有图样的画法，除另有说明外，均按第一分角的画法介绍。

第三角投影法是将物体置于第三分角内，使投影面处于观察者与物体之间（假设投影面是透明的，并保持人—面—物的位置关系）而得到正投影的方法，如图 4 - 49（a）所示，投影面展开后所得的三视图如图 4 - 49（b）所示。

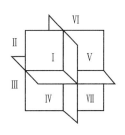

图 4 - 48　八个分角的划分

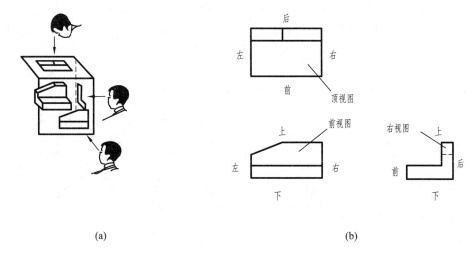

(a)   (b)

图 4-49 第三分角投影法与第三角三视图的展开

（a）第三角投影示意图；（b）第三角视图

二、第三角投影法与第一角投影法的比较

第一角投影法是将物体置于投射中心和投影面之间，其位置关系为投射中心—物体—投影面，如图 4-50 所示。而第三角投影法是将投影面置于投射中心和物体之间，其位置关系为，投射中心—投影面—物体。若假定投影面是透明的，则相当于观察者隔着玻璃看物体。

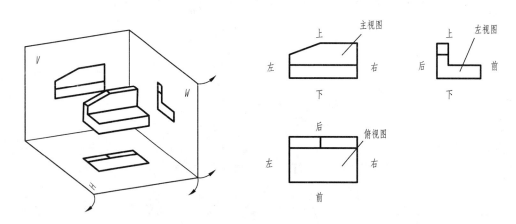

图 4-50 第一分角投影

采用第一角画法和第三角画法所得的视图既有相同之处也有不同之处。

1. 相同之处

（1）采用的都是正投影法。

（2）视图名称相同。

（3）相应视图之间的对应关系相同，即"长对正、高平齐、宽相等"。

2. 不同之处

（1）由于投影面的展开方向不同，所以视图的配置关系不同。

（2）目前中国、英国、德国等国家采用第一分角画法，简称 E 法或欧洲画法；美国和日本采用第三角画法，简称 A 法或美国画法。

（3）ISO 标准规定，当采用上述两种方法时，必须在标题栏中专设的格内画出相应的辨别标记，如图 4 - 51 所示。由于我国规定只采用第一角画法，所以无需标出辨别标记。

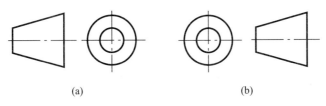

（a）   （b）

图 4 - 51　识别符号

（a）第一角画法识别符号；（b）第三角画法识别符号

在电子工程图中，由于许多元器件都出自美国，所以有很多元器件的三视图都采用第三角画法。在工程实践中，许多元器件生产厂家并没有很好地遵守使用辨别标记的规定，视图中并未标明是采用何种画法，但只要读者掌握了识读三视图的方法和技巧，不难辨别出所采用的画法。

第五章　电气电子设备图通用规范

电气电子设备图是由多个零件组装在一起的装配图，也称装配图，其表达方法由国家标准规定。

第一节　电气和电子设备装配图

装配体的工程图样称为装配图。装配图是用来表示设备或部件的组成部分及其工作原理、各零件之间的装配关系及主要零件基本结构的工程图样。

图 5-1 所示为某微调电容器装配图，图中用主、俯两个视图表达了电容器的装配结构，主视图采用全剖的表达方式。从图 5-1 中可以看出一张完整的装配图应具有以下内容。

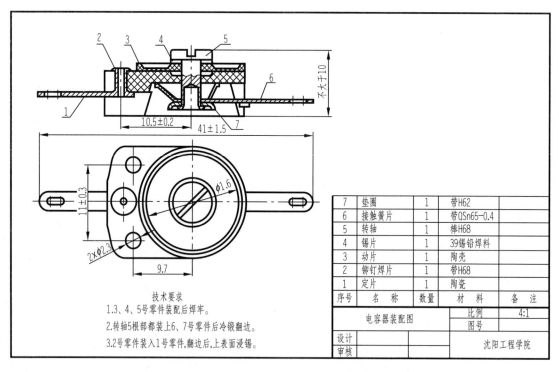

图 5-1　微调电容器装配图

（1）一组视图：用来表达电气电子设备或部件的工作原理、各零件之间的相对位置和装配关系及主要零件的基本结构。

（2）必要的尺寸：用以表示设备或部件性能规格的尺寸，包括零件间的配合尺寸、安装尺寸、外形尺寸、其他重要尺寸等。

（3）技术要求：常用文字或符号说明设备或部件在装配、检验、调试等方面应达到的质量要求等。

（4）零件的编号、明细栏和标题栏：在装配图上要按一定顺序将各零件进行编号，并指明它们所在的位置，在明细栏中相应地列出每个零件的序号、名称、数量、材料等。在标题栏中指明设备或部件的名称、图号、比例及有关人员的签名等。

第二节　电气电子设备图的国家标准简介

电气电子工程图样要具有通用性，这就需要对图样的各个方面都做出统一的规定。电气电子设备图是机械图的一部分，具有一致性。但因使用的场合不同，所以又有所区别。

国家标准对工程图样的表达方法做了统一的规定，设计、生产和管理部门都必须严格遵守。

例如 GB/T 14689—2008，GB 是"国标"的汉语拼音缩写，T 表示该标准是推荐标准，后面的数字 14689 是国家标准的编号，2008 是标准发布的年份，也称版本号。

由国际标准化组织制定的标准，记为 ISO 标准。我国于 1978 年参加国际标准组织，目前我国国家标准的许多内容已经与 ISO 标准相同。在电气电子图样中，我国的国家标准还与 IEC 国际标准相一致。

一、图纸幅面及格式
图纸幅面及格式由 GB/T 14689—2008 规定。

1. 图纸幅面

图纸幅面即图纸的大小及长宽比例关系。图纸幅面由纸型代号字母 A 和相应的幅面尺寸代号组成，即 A0、A1、A2、A3、A4。幅面尺寸代号的几何含义实际上是 0 号幅面的对折次数。例如，A1 中的 1，表示将 A0 幅面图纸长边对折裁切一次所得的幅面；A4 中的 4，表示将 A0 幅面图纸对折裁切 4 次所得的幅面。

在绘制图样时，应优先采用表 5-1 所规定的基本幅面。基本幅面共有五种，其尺寸关系如图 5-2 所示。

表 5-1　　　　　　　　　图纸幅面代号和尺寸　　　　　　　　mm

幅面代号		A0	A1	A2	A3	A4
幅面尺寸 宽（B）×长（L）		841×1189	594×841	420×594	297×420	210×297
周边尺寸	a	25				
	c	10			5	
	e	20			10	

在绘制电气工程图时，常需要用到特殊幅面的图纸。图 5-2 给出了加长幅面图纸的加长规则，加长幅面的尺寸由基本幅面的短边以整数倍增加后得出。例如，幅面代号为 A3×3 时，尺寸为 $B×L=420×891$。

2. 图框格式

图框是图纸内最外面的线框，图中的图形、文字等均应在图框内绘制和书写。图框线要用粗实线绘制。

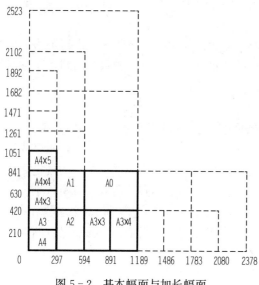

图 5-2 基本幅面与加长幅面

国家标准规定，图框的格式分为有装订边和无装订边两种类型。在使用时，同一产品的图样只能采用同一种格式。

图框格式如图 5-3 和图 5-4 所示，周边尺寸 a、c、e 按照表 5-1 中的规定选取。加长幅面的图框尺寸，按照选用的基本幅面大一号的图框尺寸确定。例如 A3×3 的图框尺寸，按 A2 图框尺寸确定。

3. 标题栏、会签栏与明细表

（1）标题栏、会签栏。标题栏是用于填写图样名称、图号、张次、更改和有关人员签名等内容的表格。标题栏的位置一般在图纸的右下方，与图框线重合，如图 5-4 所示。标题栏中的文字方向为看图方向。会签栏位于标题栏的左侧。

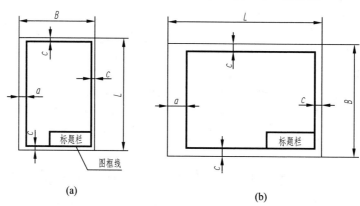

(a)   (b)

图 5-3 需要装订图样的图框格式

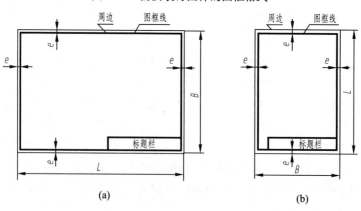

(a)   (b)

图 5-4 不需要装订图样的图框格式

标题栏的格式和尺寸由 GB/T 10609.1—2008 规定，如图 5-5 所示。

为了提高学生手工绘图的效率，建议在教学中采用简化的标题栏，样式和尺寸如图 5-6

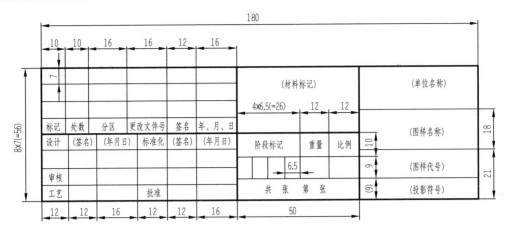

图 5-5 标题栏的格式

所示。简化标题栏的外框线用粗实线绘制,内框线用细实线绘制。

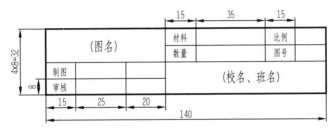

图 5-6 制图教学中推荐的标题栏格式

(2)明细栏。明细栏是电气和电子设备中全部零件、部件的目录。

1)明细栏中零件序号必须与图中所注的零部件序号一致。

2)明细栏一般配置在装配图中标题栏的上方,如图 5-7 所示。明细栏必须要有表头,表头在明细栏的最下方,零件序号按自下而上的顺序排列。当由下而上延伸的位置不足时,可紧靠在标题栏或会签栏的左侧再由下向上延续。

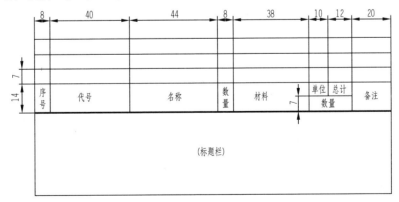

图 5-7 明细栏

3)对于标准件,应在零件名称一栏中填写规定的标记。

4)明细栏的左右框线用粗实线绘制,其余用细实线绘制。

4. 图纸幅面分区

为了便于确定图上各部分图形的位置，方便阅读、补充和更改，可以对图纸进行分区，如图 5-8 所示。

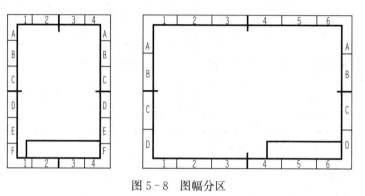

图 5-8　图幅分区

进行图幅分区必须遵守以下规则：

（1）分区数应为偶数。每一分区的长度为 25～75mm。

（2）垂直方向分区的代号用大写拉丁字母顺序编写，水平方向分区的代号用阿拉伯数字顺序编写。分区编号的顺序应从图纸的左上角开始连续编写。

图幅分区后，相当于在图纸上建立了一个坐标，图上某个图形元素或连线的位置可由此"坐标"唯一地确定下来。例如，A6 表示垂直方向为 A，水平方向为 6 的分区；34/F3 表示编号为 34 图纸中的 F3 分区。

（3）图纸的分区编号应写在图框的外面。

5. 对中符号与方向符号

为了使图样在复制和缩微摄影时定位方便，可在图纸的各边中点处画出对中符号。对中符号用粗实线绘制，线宽不小于 0.5mm，长度从周边伸入图框内约 5mm，如图 5-9（a）所示。对中符号的位置误差应不大于 0.5mm。当对中符号伸入标题栏时，伸入标题栏部分省略不画，如图 5-9（b）所示。

在使用预先印制好的图纸时，由于图框位置不可更改，允许将图纸逆时针旋转 90°作为看图方向，如图 5-9 所示。此时，为了明确看图方向与标题栏方向不一致，可在图纸下边的对中符号处，用细实线绘出一个等边三角形▽作为方向符号，如图 5-9 所示。方向符号的画法如图 5-10 所示。

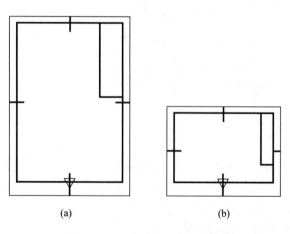

(a)　　　　　　(b)

图 5-9　对中符号和方向符号

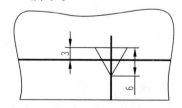

图 5-10　方向符号的画法

二、比例

绘制图样时所采用的比例，是图样中图形要素的线性尺寸与实际物体相应要素的线性尺寸之比，比例的国家标准由 GB/T 14690—1993《技术制图比例》规定。比值为 1 的比例，即 1∶1，称为原值比例；比值大于 1 的比例，如 2∶1 等，称为放大比例；比值小于 1 的比例，如 1∶2 等，称为缩小比例。

实物的图样必须按比例画出，选用比例的数值应优先从表 5-2 中所规定的第一系列中选取，必要时也允许选取表 5-3 第二系列的比例。

表 5-2　　　　　　　　　　　　第 一 系 列 比 例

种　类	比　例
原值比例	1∶1
放大比例	$2∶1$, $5∶1$, $1\times10^n∶1$, $2\times10^n∶1$, $5\times10^n∶1$
缩小比例	$1∶2$, $1∶5$, $1∶1\times10^n$, $1∶2\times10^n$, $1∶5\times10^n$

注　n 为正整数。

表 5-3　　　　　　　　　　　　第 二 系 列 比 例

种　类	比　例
放大比例	$2.5∶1$, $4∶1$, $2.5\times10^n∶1$, $4\times10^n∶1$
缩小比例	$1∶1.5$, $1∶2.5$, $1∶3$, $1∶4$, $1∶6$, $1∶1.5\times10^n$, $1∶2.5\times10^n$, $1∶3\times10^n$, $1∶4\times10^n$, $1∶6\times10^n$

注　n 为正整数。

为了能从图样上直观地得到实物大小的真实概念，应该尽量采用原值比例绘图。绘制大而简单的物件可以采用缩小比例，绘制小而复杂的物件可以采用放大比例，不论采用缩小或放大的比例绘图，图纸上标注的尺寸均为物件的实际尺寸。图 5-11 所示为同一物件采用不同比例所画出的图形。

绘制同一物体的各个视图时应尽量采用相同的比例，比例一般应标注在标题栏内。比例符号用"∶"表示，如 2∶1、1∶2 等。当某个视图需要采用不同比例时，必须另行标注在视图名称的下方或右侧，如 $\dfrac{\mathrm{I}}{5∶1}$、$\dfrac{A—A}{5∶1}$、$\dfrac{A}{1∶100}$、

$\dfrac{墙板位置图}{1∶200}$、平面图 1∶100 等。

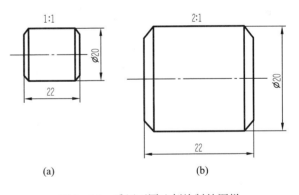

图 5-11　采用不同比例绘制的图样

三、字体

工程图中的文字（如汉字、数字和字母）样式由 GB/T 14691—1993《技术制图字体》规定。

字体的大小用字号表示，字体的号数为字体的高度（单位为 mm）。国家标准规定的字体高度为 1.8、2.5、3.5、5、7、10、14、20。如果需要书写更大的字体，其字体高度应按 $\sqrt{2}$ 的比例递增。国家标准推荐电气图中字体的最小高度应不小于 2.5mm。电气图中字体最小高度见表 5-4。

表 5-4	电气图中字体最小高度				mm
图纸幅面代号	A0	A1	A2	A3	A4
字体最小高度	5	3.5	2.5	2.5	2.5

用做指数、分数、注脚和尺寸偏差的数值，一般采用比正常字号小一号字体。字号的宽度约等于字体高度的2/3。

1. 汉字

工程图样中使用的汉字为长仿宋体字，并应采用《汉字简化方案》中规定的简化字。汉字的高度 h 不应小于3.5mm，其字宽一般为 $h/\sqrt{2}$。在计算机绘图中，一般近似取汉字的宽高比为 $1:1.4$。

2. 字母和数字

字母和数字可写成斜体或直体。斜体字字头向右倾斜，与水平基准线呈 $75°$。

四、图线

国家标准中规定了15种基本线型、基本线型的变形和图线的组合。各类图线名称、形式、代号、宽度及应用见表1-1。

基本图线适用于各种技术图样。图5-12所示为机械图中常用图线应用举例。

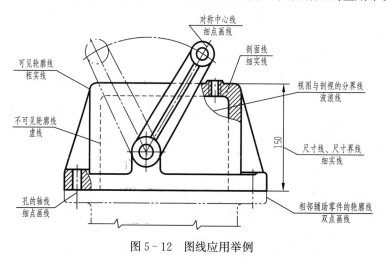

图5-12 图线应用举例

第三节 电气电子设备图的尺寸标注

尺寸标注是电气电子设备图中的重要内容。在电气电子设备图中，并非注出全部尺寸，而是以包装运输、安装调试及运行维护中的实际需要为准。

一、尺寸的组成和注法

一个完整的尺寸标注应由尺寸界线、尺寸线、尺寸线终端和尺寸数字四部分组成。

1. 尺寸界线

尺寸界线用细实线绘制，并应由图形的轮廓线、轴线或对称中心线处引出。也可利用轮廓线、轴线或对称中心线作尺寸界线。尺寸界线一般应与尺寸线垂直，并超出尺寸线终端2mm左右。尺寸标注示例见表5-5。

表 5-5　　　　　　　　　尺寸的组成及注法

标注内容	示　例	说　明
尺寸的组成	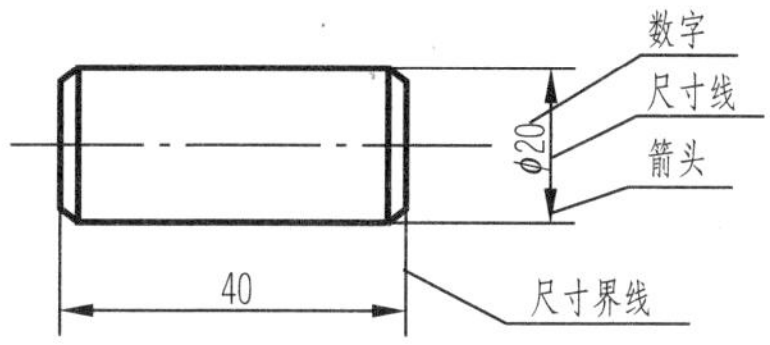 数字 尺寸线 箭头 $\phi20$ 40 尺寸界线	一个完整的尺寸由尺寸界线、尺寸线、尺寸线终端和尺寸数字各要素组成
尺寸线	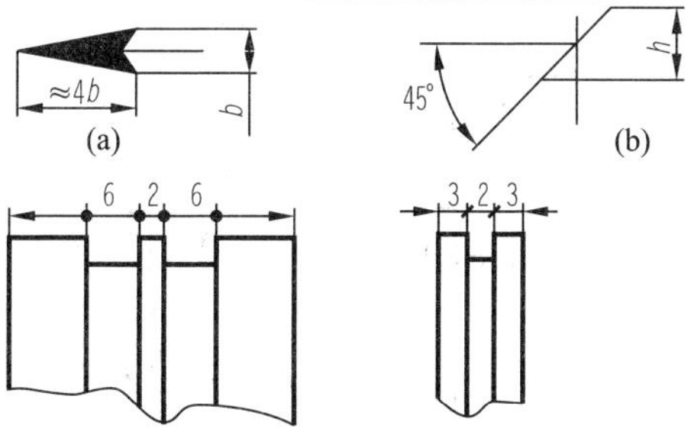 $\approx4b$　b (a) 45°　h (b) 6　2　6 3　2　3 (c)	尺寸线用细实线绘制。其终端形式箭头和斜线分别如图（a）和图（b）所示。图中 h 为字体高度。 当没有足够的位置画箭头时，可以用小圆点或斜线来代替，如图（c）所示。 当尺寸线终端采用斜线形式时，尺寸线与尺寸界线必须相互垂直，并且同一图样中只能采用一种尺寸线终端形式
	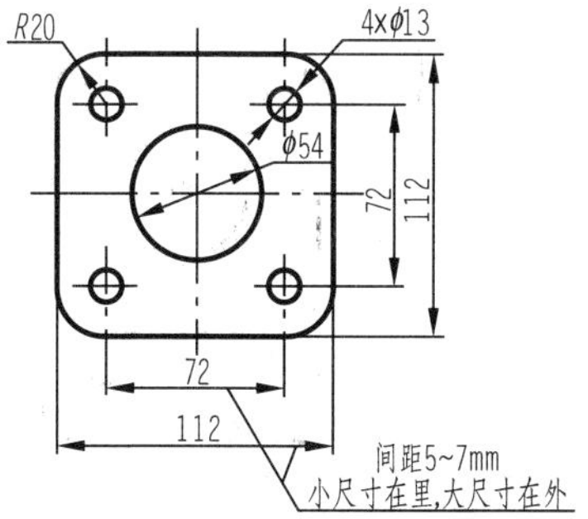 $R20$　$4\times\phi13$ $\phi54$ 72　112 72 112 间距5~7mm 小尺寸在里,大尺寸在外	尺寸线必须与所标注的线段平行，大尺寸要注在小尺寸外面，其间隔及两平行尺寸的间隔为 5~7mm。 尺寸线不能用其他图线来代替，也不允许画在其他图线的延长线上。 尺寸线间或尺寸线与尺寸界线之间应尽量避免相交
尺寸数字	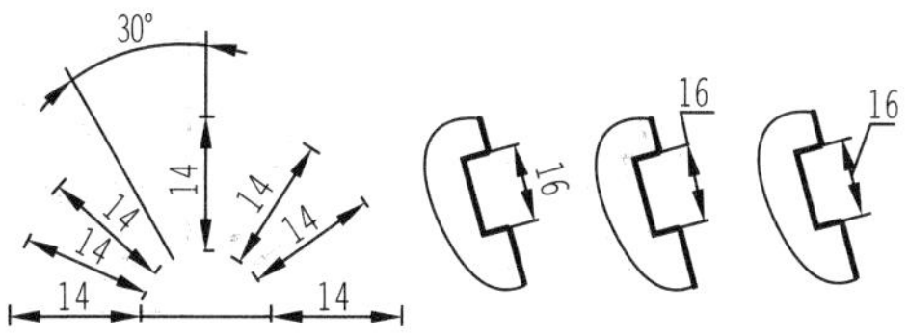 30° 14　14　14　14　14　14 (a) 16　16　16 (b)	线性尺寸的数字一般注写在尺寸线的上方，也允许注写在尺寸线的中断处。线性尺寸数字的注写方向如图（a）所示，并尽量避免在图（a）所示 30°范围内标注尺寸。当无法避免时，可按照图（b）所示的形式标注。 尺寸数字一律以标准字体书写，一般以 3.5 号字为宜
	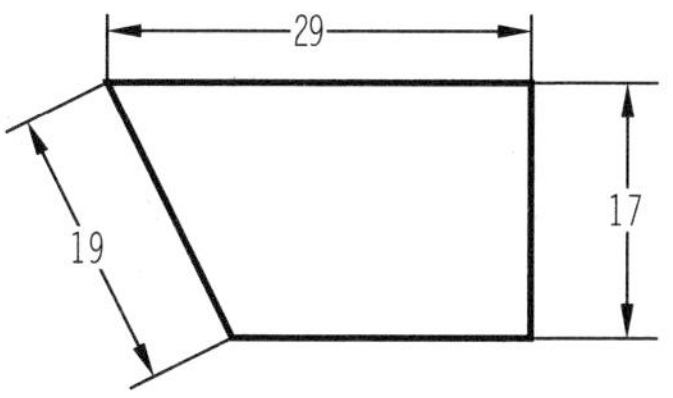 29 19　17	在不至于引起误解时，对于非水平方向的尺寸，其数字可水平地注写在尺寸线的中断处，如图中的 19、17。 在同一图样中，应尽量采用同一标注形式
	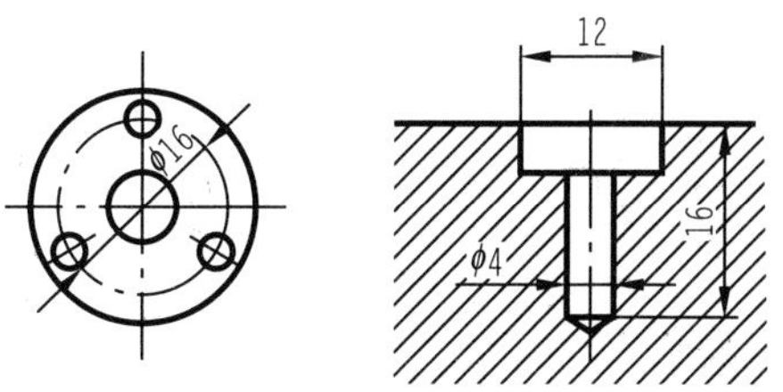 12 $\phi16$　16 $\phi4$	尺寸数字不可被任何图线所通过，否则必须把图线断开

续表

标注内容	示　例	说　明
尺寸界线	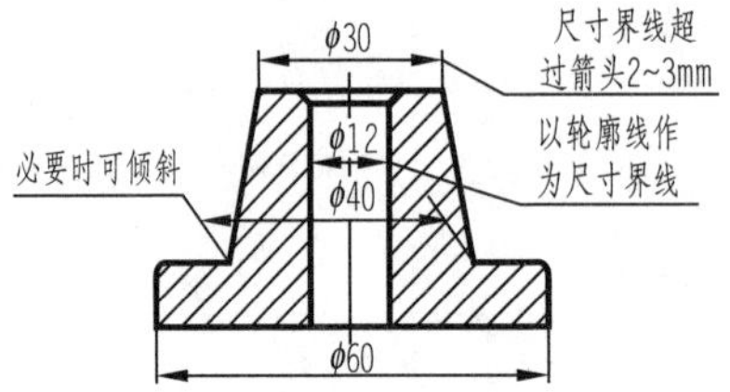	尺寸界线用细实线绘制，并应由图形的轮廓线、轴线或对称中心线处引出，也可直接利用轮廓线、轴线或对称中心线作尺寸界线。 尺寸界线一般应与尺寸线垂直，必要时才允许倾斜。 尺寸线长度一般以超出尺寸线终端 2mm 左右
圆弧	直径尺寸 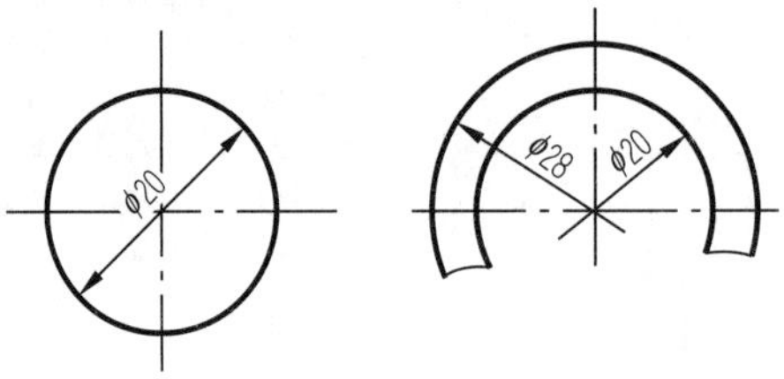	标注圆或大于半圆的圆弧时，尺寸线必须通过圆心，以圆周为尺寸界线，尺寸数字前加注直径符号 ϕ
	半径尺寸 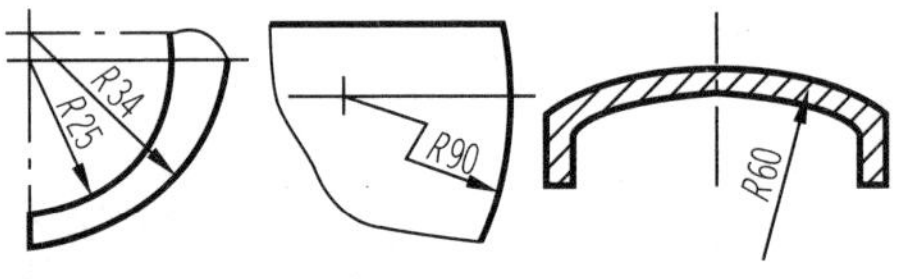 (a)　　(b)　　(c)	标注小于或等于半圆的圆弧时，尺寸线自圆心引向圆弧，只画一个箭头，尺寸数字前加注半径符号 R［见图（a）］。 当圆弧的半径过大或在图纸范围内无法标注其圆心位置时，可采用折线形式［见图（b）］，若圆心位置不需注明，则尺寸线可只画靠近箭头的一段［见图（c）］
小尺寸	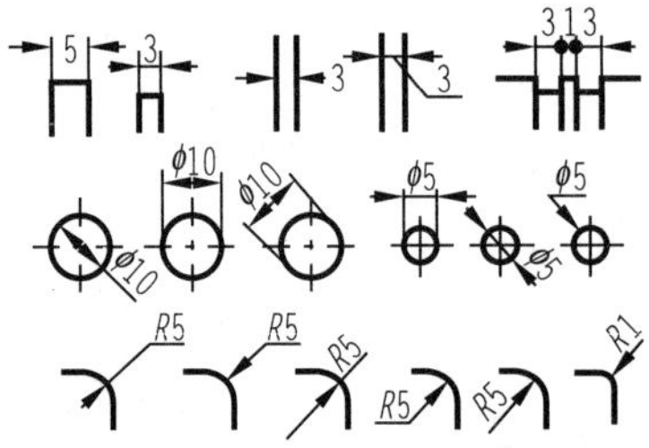	在没有足够的位置画箭头或注写数字时，箭头可画在外面，或用小圆点代替两个箭头；尺寸数字也可采用旁注或引出标注
球面	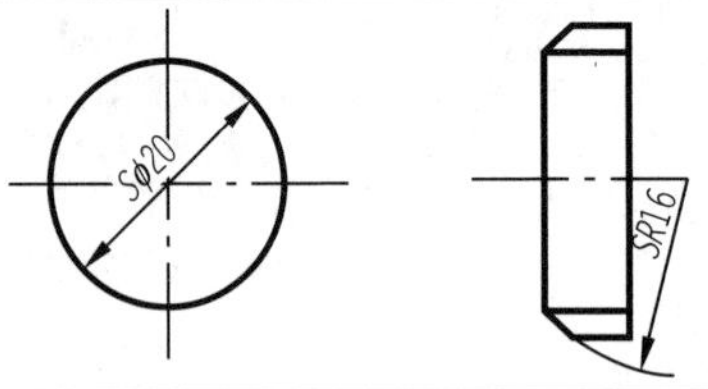	标注球面的直径或半径时，应在尺寸数字前分别加注符号 S 或 SR。在不至于引起误解情况下，也可省略符号 S
角度	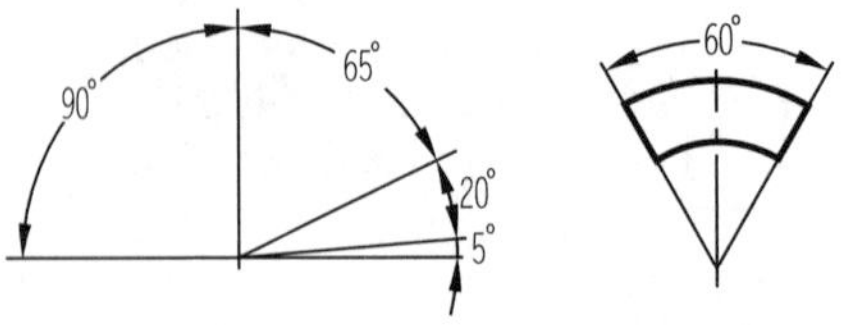	尺寸界线应沿径向引出，尺寸线画成圆弧，圆心是角的顶点。尺寸数字一律水平书写，一般注写在尺寸线的中断处，必要时也可写在尺寸线上方或引出标注
弦长和弧长	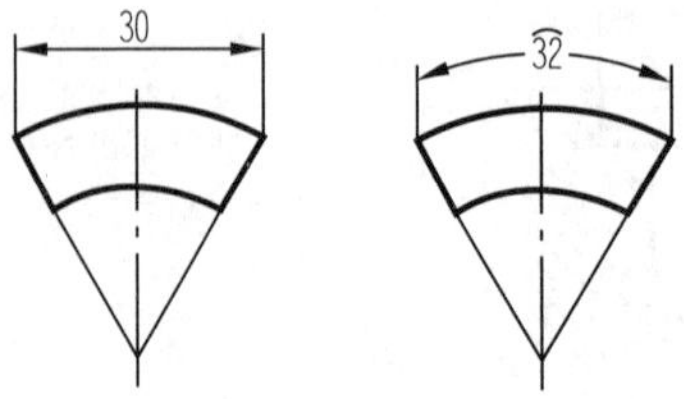	标注弦长和弧长时，尺寸界线应平行于弦的垂直平分线。弧长的尺寸线为同心弧，并在尺寸数字上方加注符号⌒

2. 尺寸线

尺寸线用细实线绘制。尺寸线必须单独画出，不能与任何图线重合或在其延长线上。

3. 尺寸线终端

尺寸线终端有箭头和斜线两种形式。箭头适用于各种类型的图样，箭头尖端与尺寸界线接触，不得超出，也不得有空隙。斜线用中粗实线绘制。参见表 5-5 中的尺寸线图例，图中 h 为字体高度。当尺寸线终端采用斜线形式时，尺寸线一般要与尺寸界线相互垂直，并且同一图样中只能采用一种尺寸线终端形式。

4. 尺寸数字

线性尺寸的数字一般应注写在尺寸线的上方，也允许注写在尺寸线的中断处，同一图样中只能采用同一种注法。同一图样中尺寸数字的大小应保持一致，位置不够时可引出标注。尺寸数字不可被任何图线所通过，冲突时应将图线断开而保持尺寸数字的完整。

国家标准规定，不同类型的尺寸允许用符号表示。表 5-6 和表 5-7 给出了尺寸标注中常见的符号、缩写词及尺寸简化注法。

表 5-6　　　　　　　　　　　　　常见符号和缩写词

名称	符号或缩写词	名称	符号或缩写词
直径	ϕ	45°倒角	C
半径	R	深度	↓
球直径	$S\phi$	沉孔或锪平	⊔
球半径	SR	埋头孔	∨
厚度	t	均匀分布	EQS
正方形	□		

表 5-7　　　　　　　　　　　　　尺寸简化注法

编号	简化后	简化前	说明
1	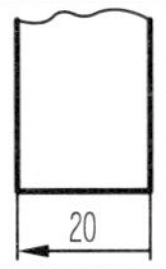	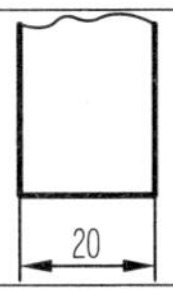	标注尺寸时，可以使用单边箭头
2	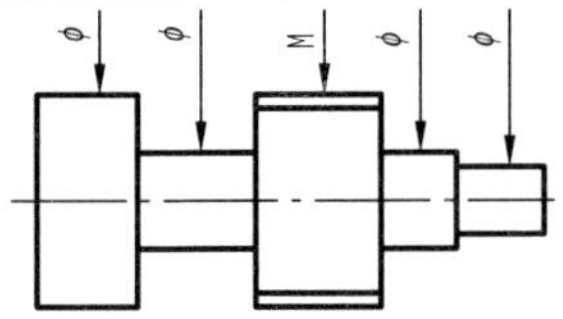	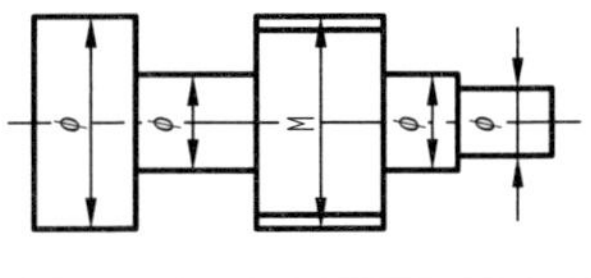	标注尺寸时，可以采用带箭头的指引线
3	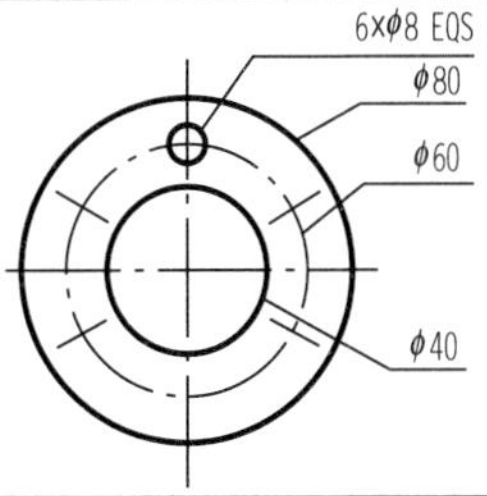	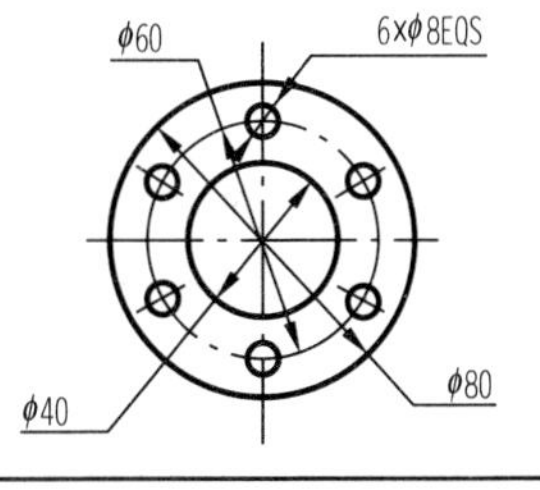	均匀分布的相同直径的小孔尺寸标准可以采用"6×ϕ8 EQS"的形式

续表

编号	简化后	简化前	说明
4	$\phi 28, \phi 44, \phi 60$ $\phi 14, \phi 28, \phi 42$	$\phi 28$　$\phi 60$　$\phi 44$ $\phi 42$　$\phi 28$　$\phi 14$	一组同心圆或尺寸较多的台阶孔的尺寸，可用共用的尺寸线和箭头一次表示（尺寸之间用逗号分开）
5	$R20, R14, R10$ $R10, R14, R20$	$R14$　$R20$　$R10$	一组同心圆弧或圆心位于一条直线上的多个圆弧的尺寸，可共用尺寸线和箭头依次表示

二、零件的尺寸标注

零件在视图中标注尺寸的基本要求如下：

正确——尺寸注法要符合国家标准的规定；

完整——尺寸必须注写齐全，既不遗漏，也不重复；

清晰——标注尺寸布置的位置要恰当，尽量注写在最明显的地方，便于读图；

合理——所注尺寸应能符合设计、制造、装配等工艺要求，并使加工、测量、检验方便。

1. 零件尺寸的种类

零件尺寸有定形尺寸、定位尺寸和总体尺寸三类。

（1）定形尺寸。确定零件各部分形状、大小的尺寸称为定形尺寸。如图 5-13 所示的零件高 10、两孔直径 $2\times\phi 10$、外圆半径 $R10$ 等都是定形尺寸。

（2）定位尺寸。确定零件各结构之间相对位置的尺寸。如图 5-13 所示的尺寸 25 就是两个孔的定位尺寸。

（3）总体尺寸。确定零件总长、总宽和总高的尺寸称

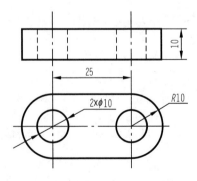

图 5-13　不注总长尺寸的示例

为总体尺寸。如图 5－13 所示的零件总高 10。

　　但当零件一端为回转体时，不标注该方向的总体尺寸，如图 5－13 所示的零件不注总长。有时总体尺寸被某个形体的定形尺寸所取代，该方向则只标注一次。如图 5－13 的尺寸 10，既是零件的高度也是该方向的总高。

　　2. 标注零件尺寸应注意的问题

　　截交线或相贯线上不能标注尺寸。由于截交线是由基本体的形状、大小和截面的位置所确定的，因此只需标注基本体的定形尺寸和截面的定位尺寸即可，但若截切面是曲面时，还需标注截切面本身的定形尺寸；相贯线是由两相贯体的形状、大小和相互位置所确定的，因此，只需标注两基本体的定形尺寸和定位尺寸，如图 5－14 所示。

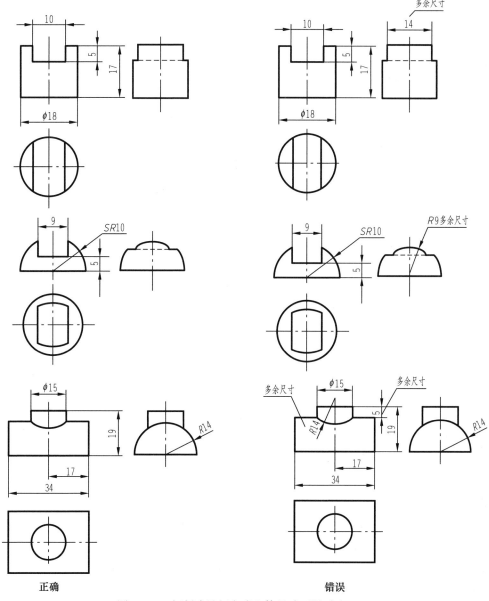

图 5－14　切割式及相交式立体尺寸正误对比（一）

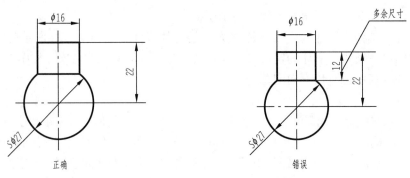

图 5-14　切割式及相交式立体尺寸正误对比（二）

3. 零件图尺寸标注的合理性

零件图中标注的尺寸是加工和检验零件质量的重要依据。在组合体一章中已经阐明了尺寸标注的四个原则，即正确、完整、清晰和合理。其中，合理指的是尺寸标注要满足设计要求，以保证机器的质量，同时尺寸标注还要满足工艺要求，以便于加工和检验。

在这里，我们将重点讲述如何使零件尺寸标注满足合理性的要求。

(1) 确定合理的尺寸基准。标注或度量尺寸的起点称为尺寸基准。一般零件有三个尺寸基准，即长、宽、高各有一个基准。回转体零件有两个基准，即轴向基准和径向基准。

轴向基准：是指确定回转体沿轴线方向长度尺寸的基准，一般为某个平面。

径向基准：是指确定回转体直径尺寸大小的基准，也就是轴线。

基准面：确定尺寸基准的平面，常见的有零件的对称平面、底板的安装面、重要的端面，装配的结合面等。

基准线：是指确定尺寸基准的作图线，通常为回转体的轴线、对称图形的对称中心线等。

辅助基准：在某方向上有时需要多个尺寸基准才能满足尺寸标注的需要，这些基准中除一个为主基准之外，其他的基准就是该方向上的辅助基准。在图 5-15 中，轴承座上中心孔的径向尺寸需要从圆心开始标注，圆心左右方向的对称中心线也是确定整个零件长度方向的尺寸基准。但圆心在高度方向的对称中心线则不是零件高度方法的尺寸基准，因而是一个辅助基准。同样，右图轴的左端面要确定轴的总长和轴上左端第一段的长度（轴向）尺寸，因而也是一个辅助基准。由此可见，零件图的辅助基准常常与加工工艺有关，因而辅助基准也是一个工艺基准。

尺寸标注要合理地选择基准，从基准出发标注定形、定位尺寸。

图 5-15 所示为常见的尺寸基准。

(2) 确定合理的标注形式。尺寸标注与零件加工中的测量有很大关系，一般在加工过程中，加工人员和检验人员都是按照图纸上尺寸标注的形式来进行测量。由于加工好的零件尺寸存在着尺寸误差，因此，标注是否合理，直接影响了零件的加工精度。为了使零件的重要尺寸不受其他尺寸误差的影响，对重要的尺寸要从基准出发直接注出。

图 5-16 所示为常见的尺寸注法。

图 5-16 (a) 所示为坐标（基线式）注法。即所有轴向尺寸都从一个基准出发直接注出，不需要计算。其优点是回转体上每一段从轴肩到基准面的尺寸精度，都不受其他尺寸的影响。缺点是两个相邻轴肩间的轴向尺寸受两次测量误差的影响。

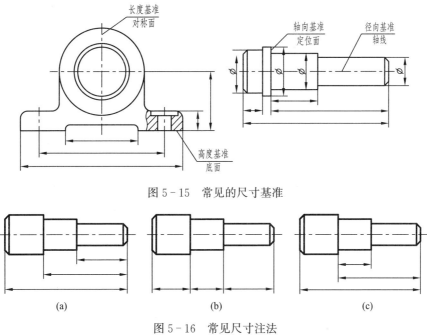

图 5-15 常见的尺寸基准

图 5-16 常见尺寸注法

(a) 坐标注法；(b) 链状注法；(c) 综合注法

图 5-16 (b) 所示为链状注法。其优点是回转体上每一段的轴向尺寸都不受其他尺寸的影响。但它的总长度和各肩到端面的长度都要通过计算才能得出，而且要受多次测量误差的影响。这是链状注法的缺点。

图 5-16 (c) 所示为综合注法。综合注法吸取了坐标式和连续式两种标注方法的优点，在零件的尺寸标注中是使用最多的方法。

(3) 不能注成尺寸封闭链。如图 5-17 (a) 所示，尺寸在同一方向首尾相接组成封闭形式，称为尺寸的封闭链。若 B 段的尺寸是重要尺寸，按此标注法测量，B 段的实际尺寸将受到尺寸 A 和 C 的影响而难以保证。为避免这种情况发生，我们可以将不重要的尺寸 A 去掉，这样，尺寸 B 和 C 的误差都积累在不注尺寸的部位上 A，因而图 5-17 (b) 所示为合理的尺寸标注方法。

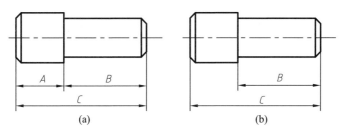

图 5-17 不能注成封闭链

(4) 尺寸标注要便于加工和测量。尺寸标注时还应考虑便于加工和测量，如图 5-18 和图 5-19 所示。

三、孔的尺寸注法

孔是电气电子设备中最常见的结构。孔的标注包括孔的定形尺寸和定位尺寸两部分。

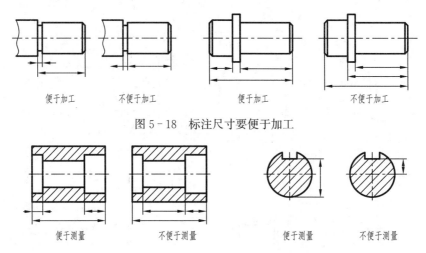

图 5-18　标注尺寸要便于加工

图 5-19　标注尺寸要便于测量

1. 孔的定形尺寸标注

常见孔的尺寸标注见表 5-8。

表 5-8　　　　　　　　　　　　　　常 见 孔 的 尺 寸 标 注

序号	类型	旁注法		普通注法	说明
1	光孔	4×φ4▽10	4×φ4▽10	4×φ4	4×φ4 表示直径为 4，均匀分布的 4 个光孔
2		4×φ4H7▽10 孔▽12	4×φ4H7▽10 孔▽12	4×φ4H7	光孔深为 12；钻孔后需精加工至 φ4H7，深度为 10
3	螺孔	3×M6-7H	3×M6-7H	3×M6-7H	3×M6 表示直径为 6，均匀分布的 3 个螺孔，7H 为中径和小径的公差带
4		3×M6-7H▽10	3×M6-7H▽10	3×M6-7H	深 10 为螺孔的深度
5		3×M6-7H▽10 孔▽12	3×M6-7H▽10 孔▽12	3×M6-7H	需要注出钻孔深度时，应明确标出孔深尺寸

续表

序号	类型	旁注法		普通注法	说明
6	沉孔	6×φ7　∨φ13×90°	6×φ7　∨φ13×90°	90°　φ13　6×φ7	锥形沉孔的直径 φ13 及锥角 90° 均需注出
7	沉孔	4×φ6.4　⊔φ12▼4.5	4×φ6.4　⊔φ12▼4.5	φ12　4.5　4×φ6.4	柱形沉孔的直径 φ12 及深度 4.5 均需标注
8		4×φ9　⊔φ20	4×φ9　⊔φ20	φ20⊔　4×φ9	锪平 φ20 的深度不需标出,一般锪平到不出现毛坯面为止

同一图形中有几组尺寸数值相近而又重复的孔,可以采用以下方法标注:

(1) 采用标记(如涂色)的方法来区别不同的孔,如图 5-20 所示。

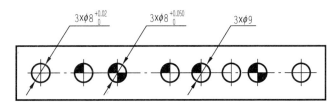

图 5-20　用涂色标记的方法标注孔的尺寸

(2) 用标注字母的方法来区别不同的孔,如图 5-21 所示。

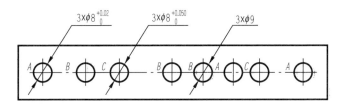

图 5-21　用标注字母的方法标注孔的尺寸

(3) 孔的数量可直接标注在图形上,也可用列表的形式来表示,如图 5-22 所示。

2. 孔的定位尺寸标注

(1) 由同一基准出发标注孔的定位尺寸。由同一基准出发确定孔的位置,可采用单向箭头来标注(见图 5-23),也可采用坐标的形式列表标注(见图 5-24)。

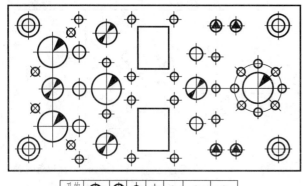

孔的标记	⊕	⊗	⊕	⊕	⊗	⊕	⊕
数量	4	4	5	4	10	8	9
尺寸	φ14	φ10	φ6	φ5	φ3	M4-7H	M3-7H

图5-22 用列表标注孔的尺寸

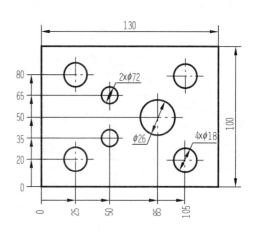

图5-23 用单向箭头标注同一基准孔的尺寸

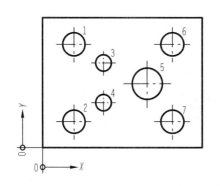

孔的编号	X	Y	φ
1	25	60	18
2	25	20	18
3	50	65	12
4	50	35	12
5	85	50	26
6	105	80	18
7	105	20	18

图5-24 坐标法列表标注孔

（2）等距等径孔的尺寸标注。元件图中等间距、等直径孔（或槽）的尺寸标注可采用"数量×距离"的方法来标注，如图5-25所示。

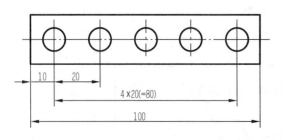

图5-25 等间距、等大小孔的标注

四、电气电子设备装配图上的尺寸

电气电子设备装配图上的尺寸有以下五类：

（1）表示电气设备或部件规格大小的尺寸。

（2）表示零件间的装配关系的尺寸，包括配合尺寸、相对位置尺寸，在装配时用以保证设备或部件的工作精度和性能要求的尺寸。

（3）表示设备或部件的总长、总宽和总高的尺寸。

（4）将设备或部件作为整体安装到地基或其他设备上所需要的尺寸。

（5）在装配图上有时还需要注出如装配时的加工尺寸、设计时的计算尺寸等一些重要尺寸。

第四节　图样标注与标注符号

电气电子设备图中，除尺寸标注外，还常标有各种技术要求标注符号。

一、平面符号

当图形不能充分表达平面时，可用平面符号表示。平面符号是两条相交的细实线，如图 5-26 所示。平面符号可用来表示零件上的小平面，如图 5-26（a）所示；在平面布置图中也可作为设备的简化符号，如图 5-26（b）所示。

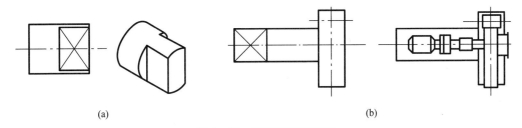

图 5-26　平面符号的用法

（a）机件上小平面的画法；（b）用于表示设备

二、零件序号

为了便于读图、装配、图样管理及做好生产准备工作，必须对每个不同的零件、部件进行编号，这种编号称为零件的序号，同时要将零件序号填写在明细栏（表）内。

零件、部件编号时应遵守以下各项规定：

（1）相同的零件、部件用一个序号，一般只标注一次。

（2）指引线（细实线）应自所指零件的可见轮廓内引出，并在指引线末端画一圆点。

（3）序号写在横线上方或圆内，如图 5-27 所示。序号字号应比图中尺寸数字大一至两号。同一图中，编号的形式应一致。

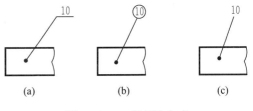

图 5-27　一般标注方式

（4）各指引线不允许相交。当通过有剖面线的区域时，指引线不应与剖面线平行。

（5）一组紧固件或装配关系清楚的零件组可采用公共指引线。图 5-28 所示公共指引线都是符合标准规定的。

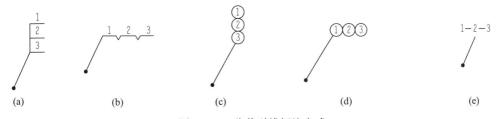

图 5-28　公共引线标注方式

（6）编写序号时要排列整齐、顺序明确，因此规定，按水平或垂直方向排列在直线上，并依顺时针或逆时针方向顺序排列。

三、表面粗糙度

任何物体的表面都不能做到绝对光滑，均存在着间距较小的峰谷（见图 5 - 29）。在工

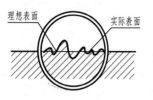

图 5 - 29　显微镜下
的零件表面

程上，把物体表面具有较小间距的峰谷所组成的微观几何形状特性，称为表面粗糙度。

零件表面粗糙度的评定有表面粗糙度高度参数轮廓算术平均偏差（Ra）、表面粗糙度高度参数轮廓微观不平度十点高度（Rz）、轮廓最大高度（Ry）三项参数。在常用的参数范围内（Ra 为 $0.025\sim6.3\mu m$、Rz 为 $0.100\sim25\mu m$）在工程实践中人们多使用 Ra 参数。

1. 轮廓算术平均偏差 Ra

如图 5 - 30 所示，轮廓算术平均偏差 Ra 的定义是：在零件表面的一段取样长度 l 内，轮廓偏距 y 的绝对值的算术平均值。公式表示为

$$Ra = \frac{1}{l}\int_0^t |y(x)|\,\mathrm{d}x$$

或近似为

$$Ra = \frac{1}{n}\sum_{i=1}^{n} |y_i|$$

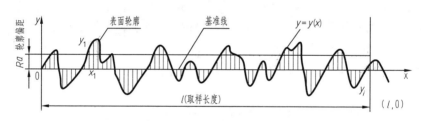

图 5 - 30　轮廓算术平均偏差 Ra

GB/T 3505—2009《产品几何技术规范（GPS）　表面结构　轮廓法　表面结构的术语、定义及参数》中规定了 Ra 的数值及其对应的取样长度 l 和评定长度 l_n，见表 5 - 9。

表 5 - 9　　　　　　　　　　Ra 及 l、l_n 值（摘自 GB/T 3505—2009）

Ra（μm）	第一系列	0.012	0.025	0.05	0.100	0.20	0.40	0.80
		1.60	3.2	6.3	12.5	25	50	100
	第二系列	0.008	0.010	0.016	0.020	0.032	0.040	0.063
		0.080	0.125	0.160	0.25	0.32	0.50	0.63
		1.00	1.25	2.0	2.5	4.0	5.0	8.0
		10.0	16.0	20	32	40	63	80
	注：优先选用第一系列							

Ra（μm）	$\geq0.008\sim0.02$	$>0.02\sim0.1$	$>0.1\sim2.0$	$>2.0\sim10.0$	$>10.0\sim80$
取样长度 l	0.08	0.25	0.8	2.5	8.0
评定长度 l_n	0.4	0.25	4.0	12.5	40

设计时优先选用第一系列。对零件表面实测的 Ra 值在不超过图纸上规定的 Ra 值时为合格，若测量 Ra 的取样长度为表 5-10 中的数值时，则 l 值在图中省略不注。

2. 轮廓最大高度 Ry

在取样长度 l 内，轮廓峰顶线和轮廓谷底线之间的距离即为 Ry。

3. 微观不平度十点高度 Rz

微观不平度十点高度 Rz 是指在取样长度 L 内，5 个最大的轮廓峰高的平均值和 5 个最大轮廓谷深的平均值之和。

表面粗糙度对零件的配合性质、强度、耐磨性、抗腐蚀性、密封性有很大影响。一般来说，凡零件上有配合要求或有相对运动的表面，其表面就要求光滑，Ra 值就要求小。但 Ra 值越小，加工成本越高。所以，在满足使用要求的前提下，应尽量选用较大的 Ra 值，以降低成本。不同表面粗糙度的外观情况、加工方法及应用举例见表 5-10。

表 5-10　　　　　不同表面粗糙度的外观情况，加工方法及应用举例

Ra（μm）	表面外观情况	主要加工方法	应用、举例
50	明显可见刀痕	粗车、粗铣、粗刨、钻、粗纹锉刀、粗砂轮加工	粗糙度值大的加工表面，一般很少应用
25	可见刀痕		
12.5	微见刀痕	粗车、刨、立铣、平铣、钻	不接触表面、不重要的接触面，如螺钉孔、倒角、机座底面等
6.3	可见加工痕迹	精车、精铣、精刨、铰、镗、粗磨等	无相对运动的零件接触面，如箱、盖、套筒要求紧贴的表面、键和键槽工作表面；相对运动速度不高的接触面，如支架孔、衬套、带轮轴孔的工作表面
3.2	微见加工痕迹		
1.6	看不见加工痕迹		
0.8	可辨加工痕迹方向	精车、精铰、精拉、精镗、精磨等	要求很好密合的接触面、如与滚动轴承配合的表面、锥销孔等；相对运动速度较高的接触面，如滑动轴承的配合表面、齿轮轮齿的工作面等
0.4	微辨加工痕迹方向		
0.2	不可辨加工痕迹方向		
0.10	暗光泽面	研磨、抛光、超级精细研磨等	精密量具的表面、极重要零件的摩擦表面，如汽缸的内表面、精密机床的主轴颈等
0.05	亮光泽面		
0.025	镜状光泽面		
0.012	雾状镜面		
0.006	镜面		

在零件图中，每个表面一般只标注一次表面粗糙代号，其符号的尖端必须从材料的外部垂直指向零件表面。可注在可见轮廓线、尺寸线、尺寸界线或引出线上，代号的数字与尺寸数字方向相同。

常见表面粗糙度符号及参数标注示例见图 5-31。其中，参数值越大，表示表面越粗糙。

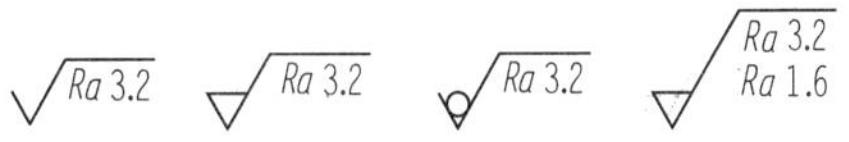

$$\sqrt{Ra\,3.2} \quad \sqrt{Ra\,3.2} \quad \sqrt{Ra\,3.2} \quad \sqrt{\genfrac{}{}{0pt}{}{Ra\,3.2}{Ra\,1.6}}$$

图 5-31　表面粗糙度及参数标注示例

四、尺寸公差

尺寸公差是机械零件图和装配图的技术要求，也是检验产品质量的技术指标。

在加工中，零件的尺寸和形状不能做到绝对的准确，允许有一个变动量，这个允许尺寸的变动量称为公差。

1. 尺寸公差

尺寸公差（简称公差）有两种表示方法。

（1）绝对值表示法。用允许误差的绝对值直接表示。例如 $\phi 30^{+0.05}_{-0.002}$，公称尺寸为 $\phi 30$，最大尺寸 $30+0.05=30.05$，最小尺寸 $30-0.002=29.998$。

（2）标准公差（IT）。在 GB/T 1800.1—2009 和 GB/T 1800.2—2009 中所规定的任一公差（字母 IT 为"国际公差"的符号）。同一公差对于所有公称尺寸的一组公差被认为具有同等精度。

标准公差分 20 个等级。等级代号由 IT 和数字组成：IT01、IT0、IT1、IT2、…、IT18。其中，IT01 为最高等级，IT18 为最低等级。等级越高，表示尺寸精度越高。

标准公差数值由公称尺寸和公差等级决定。公称尺寸至 500mm 的标准公差等 IT01 和 IT0 的公差数值规定见表 5-11。

表 5-11　　　　标准公差数值（摘自 GB/T 1800.1—2009）

公称尺寸 (mm)		标准公差等级																		
		IT01	IT0	IT1	IT2	IT3	IT4	IT5	IT6	IT7	IT8	IT9	IT10	IT11	IT12	IT13	IT14	IT15	IT16	IT17	IT18
大于	至	μm													mm						
—	3	0.3	0.5	0.8	1.2	2	3	4	6	10	14	25	40	60	0.10	0.14	0.25	0.40	0.60	1.0	1.4
3	6	0.4	0.6	1	1.5	2.5	4	5	8	12	18	30	48	75	0.12	0.18	0.30	0.48	0.75	1.2	1.8
6	10	0.4	0.6	1	1.5	2.5	4	6	9	15	22	36	58	90	0.15	0.22	0.36	0.58	0.90	1.5	2.2
10	18	0.5	0.8	1.2	2	3	5	8	11	18	27	43	70	110	0.18	0.27	0.43	0.70	1.10	1.8	2.7
18	30	0.6	1	1.5	2.5	4	6	9	13	21	33	52	84	130	0.21	0.33	0.52	0.84	1.30	2.1	3.3
30	50	0.6	1	1.5	2.5	4	7	11	16	25	39	62	100	160	0.25	0.39	0.62	1.00	1.60	2.5	3.9
50	80	0.8	1.2	2	3	5	8	13	19	30	46	74	120	190	0.30	0.46	0.74	1.20	1.90	3.0	4.6
80	120	1	1.5	2.5	4	6	10	15	22	35	54	87	140	220	0.35	0.54	0.87	1.40	2.20	3.5	5.4
120	180	1.2	1.5	3.5	5	8	12	18	25	40	63	100	160	250	0.40	0.63	1.00	1.60	2.50	4.0	6.3
180	250	2	2	4.5	7	10	14	20	29	46	72	115	185	290	0.46	0.72	1.15	1.85	2.90	4.6	7.2
250	315	2.5	2.5	6	8	12	16	23	32	52	81	130	210	320	0.52	0.81	1.30	2.10	3.20	5.2	8.1
315	400	3	3.5	7	9	13	18	25	36	57	89	140	230	360	0.57	0.89	1.40	2.30	3.60	5.7	8.9
400	500	4	4.5	8	10	15	20	27	40	63	97	155	250	400	0.63	0.97	1.55	2.50	4.00	6.3	9.7

注　公称尺寸小于或等于 1mm 时，无 IT14～IT18。

（3）极限偏差。极限尺寸减去其基本尺寸所得的代数差。最大极限尺寸与最小极限尺寸减基本尺寸所得的代数差，分别为上偏差和下偏差，统称为极限偏差。孔的上、下偏差分别用大写字母 ES 和 EI 表示；轴的上、下偏差分别用小写字母 es 和 ei 表示。

（4）基本偏差。确定公差相对零线位置的那个极限偏差称为基本偏差。它可以是上偏差或下偏差，一般为靠近零线的那个偏差，图 5-32 所示为下偏差。

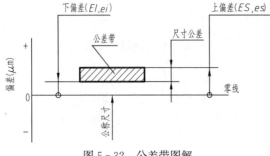

图 5-32　公差带图解

（5）图样上标注公差配合的方法。用国家标准规定的代号表示允许误差的范围。例如 $\phi18H7$，其中公称尺寸为 $\phi18$，尺寸公差代号为 H，公差等级为 7。装配图中，也会遇到两个相互配合的轴与孔同时标注的情形，如 $\phi18/p6$。其中，公称尺寸是 18，孔的公差和等级的代号是 H7，轴的公差代号和等级是 p6。图样上标注公差配合的方法如图 5 - 33 所示。

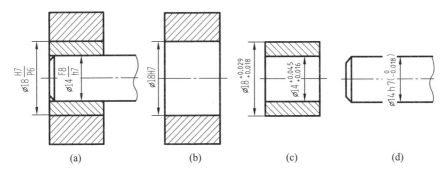

图 5 - 33　图样上标注公差配合的方法

2. 配合

基本尺寸相同的、相互结合的孔与轴的公差带之间的关系，称为配合。

根据使用要求不同，国标规定配合分为三类：间隙配合、过盈配合和过渡配合。

（1）间隙配合。如图 5 - 34（a）所示，孔与轴配合时，孔的公差带在轴的公差带之上（此时孔的尺寸减去轴的尺寸的代数差为正值），具有间隙的配合。

（2）过盈配合。如图 5 - 34（b）所示，孔与轴配合时，孔的公差带在轴的公差带之下（此时孔的尺寸减去轴的尺寸的代数差为负值），具有过盈的配合。

（3）过渡配合。如图 5 - 34（c）所示，孔与轴配合时，孔的公差带与轴的公差带相互交叠，可能具有间隙或过盈的配合。

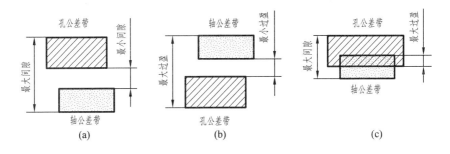

图 5 - 34　三种配合
（a）间隙配合；（b）过盈配合；（c）过渡配合

3. 配合制

同一极限制的孔和轴组成配合的一种制度称为配合制。国家标准规定了两种配合制：基孔制和基轴制。图 5 - 35 所示为基本偏差系列示意。

（1）基孔制配合。基本偏差为一定的孔的公差带，与不同基本偏差的轴的公差带形成各种配合的一种制度。基孔制配合的孔为基准孔，其基本偏差代号为 H，下偏差为零，上偏差是正值。图 5 - 36 所示为用基孔制配合得到的各种配合。

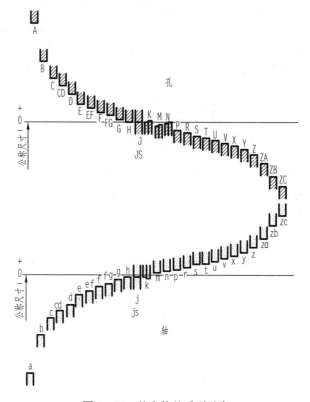

图 5-35　基本偏差系列示意

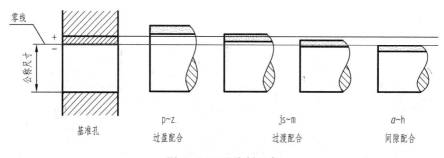

图 5-36　基孔制配合

基孔配合中，基本偏差 a～h 用于间隙配合，基本偏差 j～zc 用于过渡配合和过盈配合。

（2）基轴制配合。基本偏差为一定的轴的公差带，与不同基本偏差的孔的公差带形成各种配合的一种制度。基轴制配合的轴为基准轴，其基本偏差代号为 h，上偏差为零，下偏差是负值。图 5-37 所示为用基轴制配合得到的各种配合。

基轴制配合中：基本偏差 A 至 H 用于间隙配合；基本偏差 J 至 ZC 用于过渡配合和过盈配合。

（3）极限与配合的查表。零件图上的公差注法和装配图上的配合注法均应符合国家标准相关规定。互相配合的孔与轴，按公称尺寸和公差带代号可以通过查阅 GB/T 1800.1—2009 的表格获得极限偏差数值。

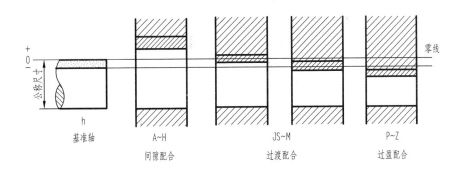

图 5-37　基轴制配合

例如，查表写出 $\phi30\dfrac{H8}{f7}$ 的偏差数值：

$\phi30H8$ 基准孔的偏差，可由附表 14 中查得。在附表中由尺寸段大于 24 至 30 横行和孔的公差带代号 H8 的纵列相交处查得 0，单位为 μm；再查表 5-12 由尺寸段大于 18 至 30 横行和标准公差的 IT7 的纵列相交处查得 -33，单位为 μm。最后应写成 $\phi30^{+0.033}_{0}$。

$\phi30f7$ 间隙配合轴的极限偏差，可由附表 13 中查得。在附表中由尺寸段大于 24 至 30 横行和轴的公差带代号 f7 的上偏差纵列相交处查得 -20，单位为 μm；再查表 5-12 由尺寸段大于 18 至 30 横行和标准公差的 IT7 的纵列相交处查得 -41，单位为 μm。最后应写成 $\phi30^{-0.020}_{-0.041}$。

五、几何公差

几何公差是指零件的实际形状和实际位置对理想形状和理想位置的允许变动量。

几何公差标注符号如图 5-38 所示。

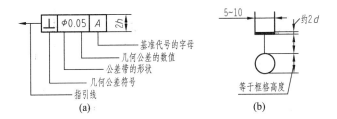

图 5-38　几何公差标注符号
(a) 几何公差代号；(b) 基准代号

几何公差特征项目及符号见表 5-12。

表 5-12　　　　　　　　　　　　几何公差特征项目及符号

公　差		特征项目	符号	有或无基准要求
形状	位置	直线度	—	无
		平面度	▱	无
		圆度	○	无
		圆柱度	⌀	无

续表

公　差		特征项目	符号	有或无基准要求
形状或位置	轮廓	线轮廓度	⌒	有或无
		面轮廓度	⌓	有或无
位置	定向	平行度	//	有
		垂直度	⊥	有
		倾斜度	∠	有
	定位	位置度	⊕	有或无
		同轴（同心）度	◎	有
		对称度	≡	有
	跳动	圆跳动	↗	有
		全跳动	↗↗	有

　　标注几何公差时，指引线要指向被测要素的轮廓线上；当被测要素是轴线时，指引线的箭头应与该要素尺寸线的箭头对齐，否则，指引线所指的即为任意素线。基准要素是轴线时，要将基准符号与该要素的尺寸线对齐。

　　几何公差标注与识读示例见表5—13。

表 5 - 13　　　　　　　　　　　　几何公差标注与识读示例

分类	特征项目及符号	标注示例	识读说明
形状公差	直线度 —	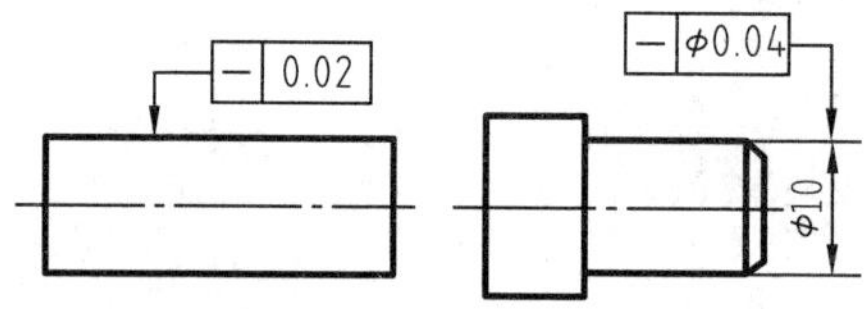	1. 圆柱表面上任一素线的直线度公差为0.02mm（左图） 2. $\phi10$ 轴线的直线度公差为 $\phi0.04$mm（右图）
	平面度 ▱	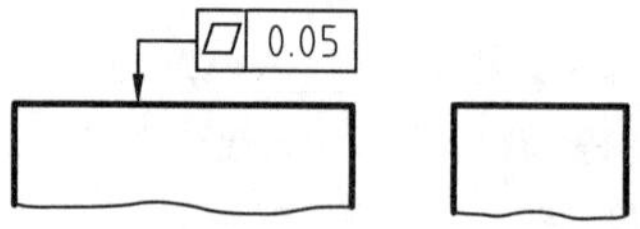	实际平面的形状所允许的变动全量（0.05mm）
	圆度 ○	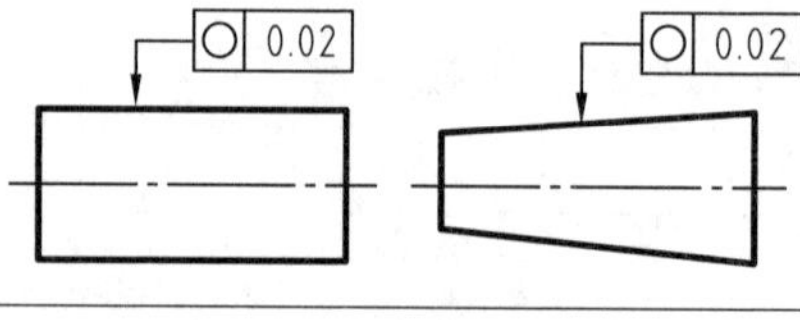	在垂直于轴线的任一正截面上实际圆的形状所允许的变动全量（0.02mm）
	圆柱度 ⌭	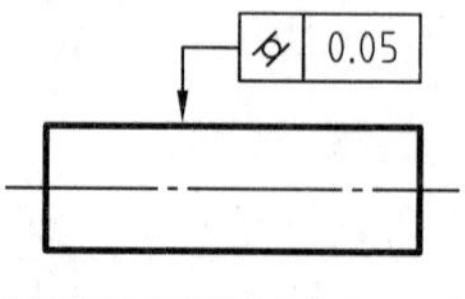	实际圆柱面的形状所允许的变动全量（0.05mm）

分类	特征项目及符号	标注示例	识读说明
形状或位置公差	线轮廓度 ⌒	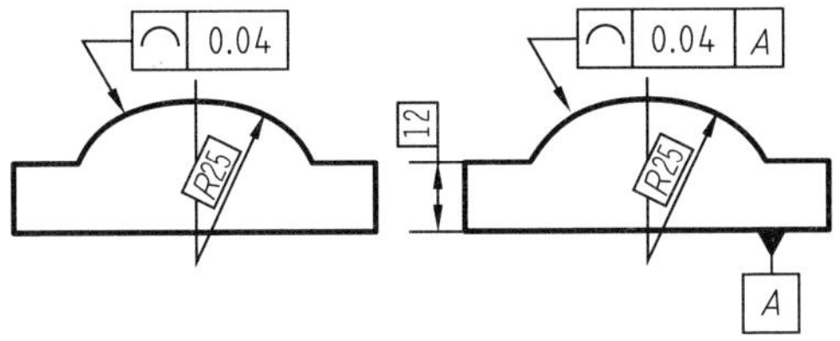	在零件宽度方向，任一横截面上实际线的轮廓形状（或对基准 A）所允许的变动全量（0.04mm）（尺寸线上有方框之尺寸为理论正确尺寸）
	面轮廓度 ⌓	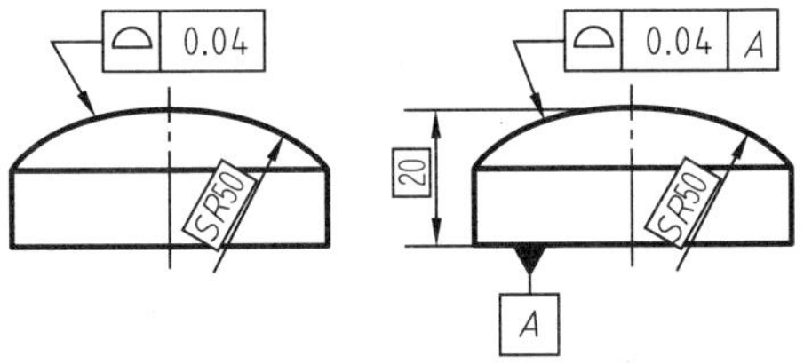	实际表面的轮廓形状（或对基准 A）所允许的变动全量（0.04mm）
位置公差（定向）	平行度 ∥ 垂直度 ⊥ 倾斜度 ∠	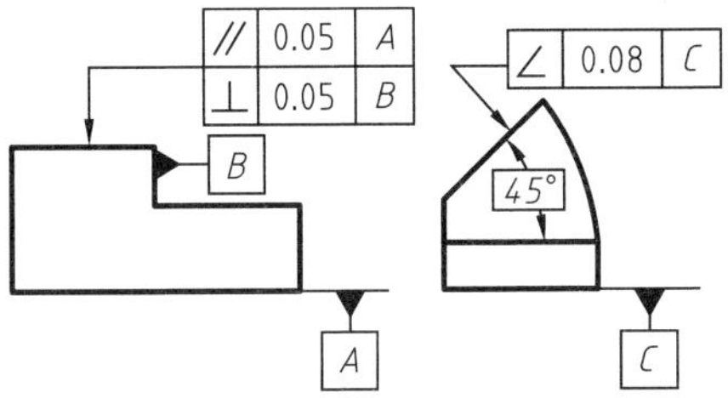	实际要素对基准在方向上所允许的变动全量（∥ 为 0.05mm，⊥ 为 0.05mm，∠ 为 0.08mm）
位置公差（定位）	同轴度 ◎ 对称度 ═ 位置度 ⊕	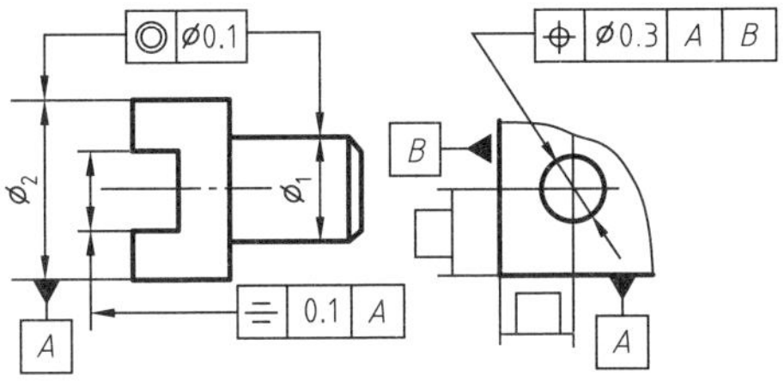	实际要素对基准在位置上所允许的变动全量（◎ 为 0.1mm，═ 为 0.1mm，⊕ 为 0.3mm）。（尺寸线上有方框之尺寸为理论正确尺寸）
跳动	圆跳动 ↗ 全跳动 ↗↗	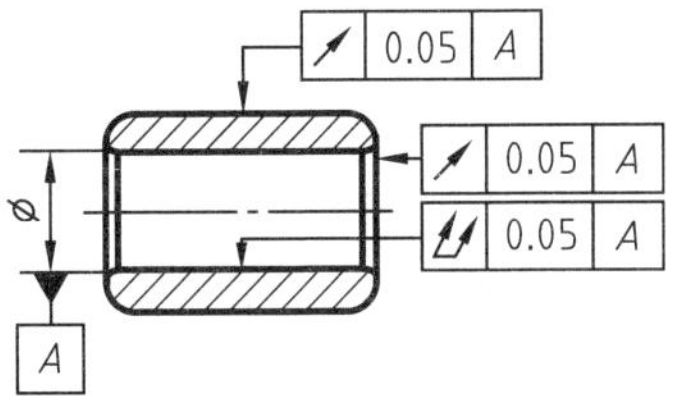	1. 实际要素绕基准轴线回转一周时所允许的最大跳动量（圆跳动） 2. 实际要素绕基准轴线连续回转时所允许的最大跳动量（全跳动） （图中从上至下所注，分别为径向圆跳动、端面圆跳动及径向全跳动）

[例5-1]　如图5-39所示，试解释图样（轴套）中标注的几何公差的意义（图中某些尺寸和表面粗糙度等均省略）。

（1）$\phi160$圆柱表面对$\phi85$圆柱孔轴线A的径向圆跳动公差为0.03mm；

（2）$\phi150$圆柱表面对$\phi85$轴线A的径向圆跳动公差为0.02mm；

（3）厚度为20的安装板左端对$\phi150$圆柱面轴线B的垂直度公差为0.03mm；

（4）安装板右端面对$\phi160$圆柱面轴线C的垂直度公差为0.03mm；

（5）$\phi125$圆柱孔的轴线对$\phi85$轴线A的同轴度公差为$\phi0.05$mm。

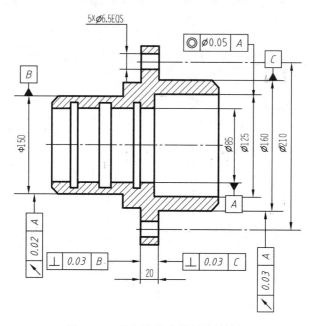

图5-39　几何公差代号标注的读解

第五节　电气和电子装配图的表达方法

电气设备或元器件生产厂家提供的产品样本中的图样通常是产品的装配图，它表达了电气设备或元器件的整体装配情况。针对装配图的特点，为了清晰简便地表达电气设备或部件的结构，装配图还可采用一些规定画法和特殊的表达方法。

一、装配图的规定画法

1. 接触面和配合面的画法

相邻两零件的接触面只画一条线。对于不接触面，即使间隙很小，也必须画两条线，必要时可夸大画出间隙，如图5-40所示。

2. 剖面线的画法

相邻零件的剖面线倾斜方向应相反。当多个零件相邻时，可用剖面线的倾斜方向、间隔疏密、倾斜角度的不同加以区别。在同一张装配图中，同一零件的剖面线倾斜方向、倾斜角度和间隔在各个剖视图中必须一致，如图5-40所示。

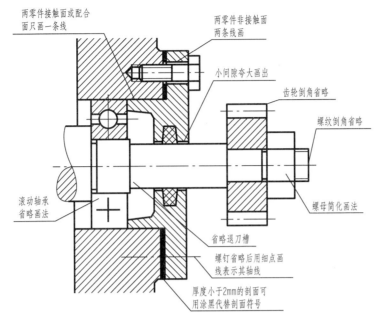

图 5-40　装配图的画法

3. 剖视图中紧固件和实心零件的画法

对螺钉、螺栓、螺母、垫圈、轴、连杆、手柄、球、键、销等实心零件，如剖切平面经过其轴线或纵向对称平面时，这些零件按不剖绘制，如图 5-40 所示。如果要表达某些局部，可采用局部剖视。

二、装配图的特殊表达方法

1. 拆卸画法和沿结合面剖切画法

在电气设备装配图的视图中，可以假想沿某两个零件的结合面进行剖切，此时零件的结合面不画剖面线，但被横向剖切的轴、螺栓、销等要画剖面线，如图 5-41 所示。

当某一零件已基本表达清楚的零件影响到其他零件表达时，在视图中也可以拆去该零件及其有关的紧固件。对拆卸画法要在视图上加以说明，如拆去零件××、××等，如图 5-41 所示。

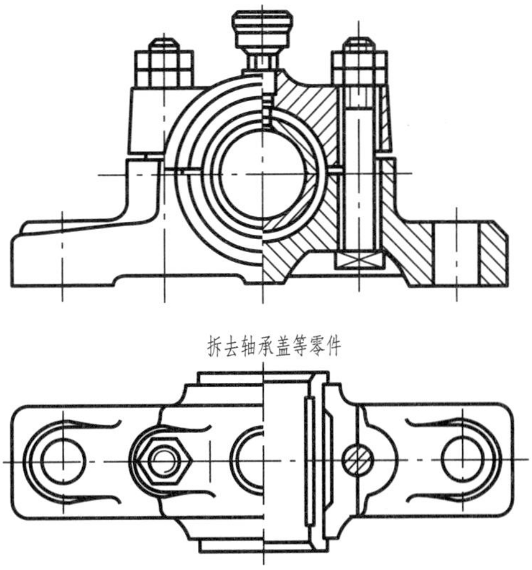

拆去轴承盖等零件

图 5-41　装配图的拆卸画法

2. 假想画法

为了表示运动零件的极限位置、部件和相邻零件或部件的关系，可以用双点画线画出其轮廓，如图 5-42 所示。

3. 夸大画法

对于直径或厚度小于 2mm 的元件或间隙，如薄垫片、细丝弹簧等，若按其实际尺寸绘制难以明显表达，可采用夸大画法，如图 5-40 所示。

4. 简化画法

电气设备装配图中的零件工艺结构，如退刀槽、孔的倒角等，允许省略不画；若干个相同零件组，如螺栓、螺钉的连接等，可详细地画出一组或几组，其余只用轴线或中心线表示其位置，如图 5-43 所示。

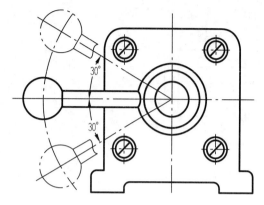

图 5-42　表示运动零件的极限位置

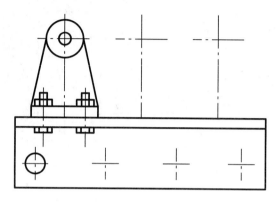

图 5-43　相同零件组简化画法

第六节　零件图的作用和内容

一、零件图的作用

零件图是设计部门交给生产部门的重要技术文件。

零件图的作用有以下几个方面：在设计阶段，零件图用以表达设计者对零件形状结构的设计意图；在生产和制造阶段，零件图是工人生产和制造零件的全部依据；在产品检验阶段，零件图是产品检验人员检验产品形状结构、尺寸大小及其他表面质量是否合格的依据。

二、零件图的内容

由 5-44 所示发信器导杆零件图可知：一张能满足生产要求的、完整的零件图，应具备以下基本内容：

(1) 一组视图。零件的结构形状就是依靠这组视图来表达的。设计者应根据零件内外部形状结构的特点，按照国家标准规定的图样的各种表达方法（视图、剖视、断面、局部放大、简化画法等），合理地选择视图表达方案，用最简单的方法将零件的内外形状结构正确、完整、清晰、合理地表达出来。

(2) 完整的尺寸。图形只能表达零件的形状结构，零件各部分的大小要依靠尺寸标注来表达。因此，零件图中必须正确、完整、清晰、合理地注明便于制造和检验零件所需的全部尺寸。

(3) 技术要求。用规定的符号或文字说明在制造、检验和使用时应达到的要求，如表面粗糙度、尺寸公差、几何公差、热处理、表面处理、其他要求等。

(4) 标题栏。零件的编号、名称、材料、数量、图样比例、单件重量及设计、制图、描图、审核人员的签名等内容，都应明确地注写在标题栏中。

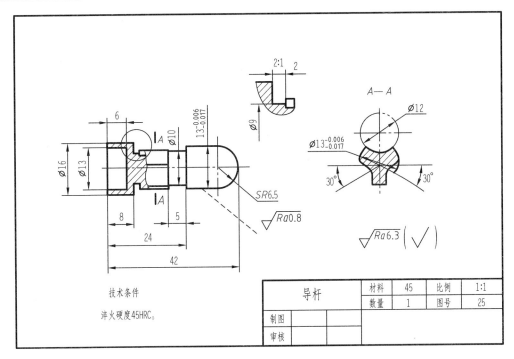

图 5 - 44　导杆零件图

三、零件图的特殊要求

由于电子元器件自身的结构特点与普通的机械零件有较大的不同，因此电子元器件零件图与普通的机械零件图相比还有其特殊的表达方法。

1. 表格图

对于结构相同、尺寸不同的电子元器件可采用绘制表格图的方式来表达。即在该系列产品中选择一种规格按一定比例绘制其视图，尺寸不同的地方标注尺寸代号；在图纸的空白处绘制一个表格，表格中的数据可包括标记、代号、各部分的尺寸、尺寸公差、材料、重量等，如图 5 - 45 所示。

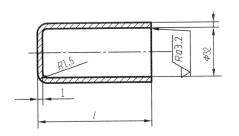

代　号	L
09-03	36±0.025
09-08	62±0.030
09-12	88±0.035

图 5 - 45　表格图

2. 展开图

当视图不能清楚地表达零件的某些形状或不便标注尺寸时，可采用画展开图的方式。例如对于冲压后再弯曲成型的零件，为表达其弯曲前的外形及尺寸，可在图纸的适当位置画出该部分结构或整个零件的展开图，并在其上方标注"展开"。图 5 - 46 所示为电容器夹的展开图。

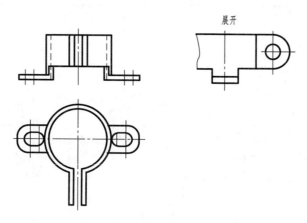

图 5 - 46　电容器夹的展开图

3. 零件材料的纹向及正反面的表达

（1）当制造零件的材料有正反面要求时，应在图样上用汉字注明"正面"或"反面"，如图 5 - 47 所示。

（2）当制造零件的材料有纹向要求时，应用箭头表示其纹理方向，并注明"纹向"，如图 5 - 48 所示。

四、零件图的视图选择

为了表达零件的结构形状，应根据零件用途和结构特点选择一组视图，并选用适当的表达方法。

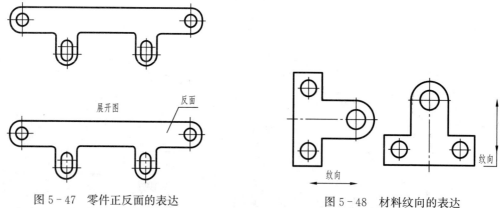

图 5 - 47　零件正反面的表达　　　　　　　图 5 - 48　材料纹向的表达

零件图视图选择的基本要求是：能够完整、清晰地表达出零件的内外结构形状，在便于看图的前提下，力求简单。要达到这些要求，画图前首先分析零件的结构特点、使用功能和加工方法等，选用恰当的视图和各种表达方法。

1. 主视图的选择

主视图是最重要的视图，选择正确与否对于看图和画图是否方便具有很大影响。选择主视图应遵循以下几个原则：

（1）形状特征原则：选取能将零件各组成部分的结构形状以及相对位置反映最充分的方向，作为主视图的投影方向。

（2）加工位置原则：按照零件在主要加工工序中的装夹位置选取主视图，主视图尽量与加工位置一致，以使制造者看图方便。例如轴、轴套、盘、盘盖类零件，其主要加工工序是车削，故常按加工位置选取主视图。

（3）工作位置原则：按零件在机器或部件中工作时的位置选取主视图，以便和整个机器联系起来，了解其工作情况。例如支架、箱体类零件，一般按该零件的工作位置选取主视图。

一般来说，当零件的加工工序复杂，加工位置不同时，就要首先满足零件的工作位置原则的需要，但同时又必须体现零件的形状特征原则。

图 5 - 49（a）、（c）所示的轴和盘套类零件是在车床和磨床上加工的，加工位置是把零件的轴向作为水平位置，在此基础上再考虑零件的形状特征，就应将零件轴向（水平横放）作为主视图；如图 5 - 49（b）所示的轴承座，加工工序复杂，应优先考虑其工作位置，再考虑零件的形状特征因素，按 5 - 49（b）所示的位置作为主视图为佳；图 5 - 49（d）所示的拨叉零件，加工工序比较复杂，其工作位置又是变化的，一般可选择零件放正时的位置作为主视图。

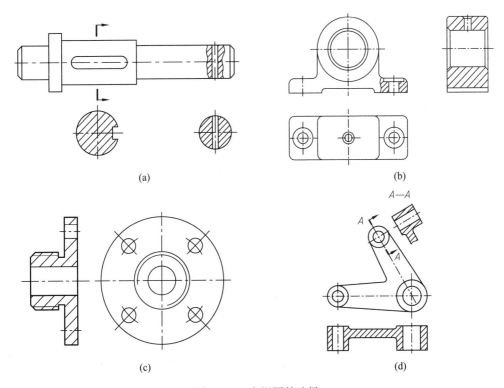

(a)　　　　　　　　　　　　　　　(b)

(c)　　　　　　　　　　　　　　　(d)

图 5 - 49　主视图的选择

2. 其他视图的选择

对于结构形状比较复杂的零件，仅凭一个主视图不能完全表达清楚其结构和形状，必须选择其他视图辅助表达。其他视图包括基本视图、剖视、断面、局部放大图、简化画法等。

选择其他视图的原则是：在完整、清晰地表达零件内、外形结构的前提下，尽量减少视图的数量，以方便绘图和看图。

五、其他零件

除了上述四类常见的典型零件外，在电力电子设备中还常见的薄板冲压件、镶嵌件等，下面简要介绍这两种零件的表达。

1. 薄板冲压零件的表达

这类零件一般由等厚薄板冲压而成，图5-50所示为电容器夹的零件图。

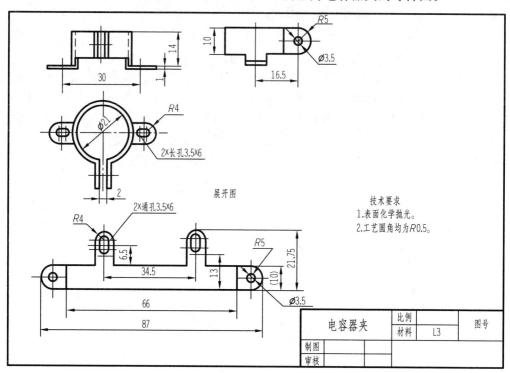

图5-50　电容器夹的零件图

薄板冲压零件的结构特点、主要加工方法、主视图的选择和表达方法见表5-14。

表5-14　　　　　　　　　　　　薄板冲压零件的表达

结构特点	这类零件主要由薄金属板材制成，厚度均匀，其上常有孔、槽等结构，零件的弯折处有圆角
加工方法	由金属板材经剪裁、冲孔、再冲压成型
主视图选择	以零件的主要弯曲方向或板面上显示孔组的视图作为主视图
视图表达方法	1. 平板零件一般用一个主视图表达其平面形状 2. 冲压件一般用两个或两个以上的视图，再适当采用局部视图、剖视、断面来表达 3. 零件上孔的形状和位置在一个视图上已表达清楚，在其他视图上就不必再画出，只用中心线（或轴线）表示其位置，而表示孔的虚线可省去不画 4. 对于弯曲前的板料展开图，必要时也应画出，并在图形上方标注"展开图"字样 5. 零件材料的厚度可以适当夸大而不按实际比例画出，其线型比机械零件图细
尺寸标注特点	1. 展开图供排样和制造成模具用，所以在图上应给出影响排样的尺寸。零件图上已注的尺寸可以省去 2. 弯曲零件图应特别注明与工艺结构有关的尺寸，如内圆角半径、弯边高度等

2. 注塑与镶嵌零件的表达

这类零件是把熔融的塑料压注进模具内，冷却后成型；或把金属材料与非金属材料镶嵌在一起成型。这类零件在视图表达和尺寸标注方面与前述相同。

图5-51所示为手柄的镶嵌零件图。镶嵌零件的结构特点、主要加工方法、主视图的选

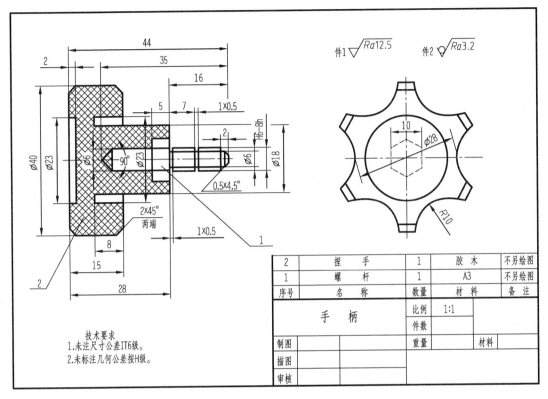

图 5-51 手柄的镶嵌零件图

择和表达方法见表 5-15。

表 5-15 镶 嵌 零 件 的 表 达

结构特点	由金属件、非金属材料镶嵌而成为组件
加工方法	先加工好金属件，再与非金属材料镶嵌而成为一个整体
主视图选择	主要按镶嵌关系和形成特征选择
视图表达方法	1. 镶嵌件作为一个组件，可绘制在一张零件图上，在明细栏内说明其组成零件的名称、材料等；在装配图上只编一个序号 2. 通常采用两个或两个以上的视图，并采用适当的剖视、断面等来表达 3. 绘制镶嵌图样时，不但要表达清楚镶嵌关系，而且要表达各部分结构的全部形状。用断面符号区别不同的零件
尺寸标注特点	尺寸标注方面与上述零件尺寸标注方法基本相同。不同之处： 1. 注塑零件的面与面转折处，有很小的圆角，这是由塑料件成型工艺决定的 2. 各表面的粗糙度值基本上是一致的，通常由模具保证，没有特殊需要不再进行机械加工。所以粗糙度值常集中标注

第六章　电气电子设备中的标准件和常用件

在各种电气电子设备中，经常会用到紧固件和连接件，如螺钉、螺栓、螺柱、螺母、垫圈、键、销、弹簧等。由于这些紧固件、连接件用途广、用量大，为便于设计、制造与使用，对其结构和尺寸全部进行了标准化，在工程上将这些符合标准规定的零件称为标准件。

另外，一些在电气电子设备中常用的零件（如铆钉等），国家对其部分结构和尺寸进行了标准化，这些部分结构和尺寸被标准化的零件称为常用件。

第一节　螺纹及螺纹紧固件

螺纹是指在圆柱、圆锥等回转面上，沿着螺旋线所形成的具有相同轴向断面的连续凸起和沟槽。在圆柱、圆锥等外表面上形成的螺纹称为外螺纹，在圆柱、圆锥等内表面上所形成的螺纹称为内螺纹。

一、螺纹的基础知识

一个外螺纹与一个内螺纹相互旋合而构成的螺纹组合，称为螺纹副。一个螺纹副的形成必须具备五个条件，这五个条件称为螺纹的五要素。

1. 螺纹的五要素

（1）牙型。在通过螺纹轴线的断面上，螺纹的轮廓形状称为螺纹牙型。常见的螺纹牙型有三角形、梯形、锯齿形、方形等，如图6-1所示。螺纹的牙型不同，其用途也不同。

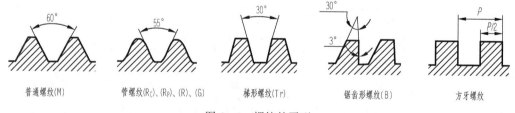

普通螺纹(M)　　管螺纹(Rc)、(Rp)、(R)、(G)　　梯形螺纹(Tr)　　锯齿形螺纹(B)　　方牙螺纹

图6-1　螺纹的牙型

（2）公称直径。公称直径是螺纹尺寸的主要参数，是指螺纹最大直径的基本尺寸。对于外螺纹来说，是指螺纹牙顶圆的直径尺寸，对于内螺纹是指牙底圆的直径尺寸，如图6-2所示。

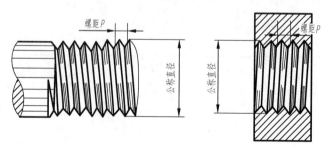

图6-2　螺纹的直径与螺距

（3）螺距和导程。相邻两牙在中径线上对应两点间的轴向距离，称为螺距，用 P 表示。同一条螺旋线上的相邻两牙对应两点间的轴向距离称为导程，用 S 表示。对于单线螺纹，螺距＝导程；对于多线螺纹，螺距＝导程/线数，如图6-3所示。

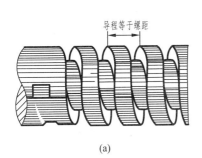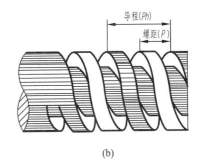

图 6-3　螺纹的线数、导程和螺距

(a) 单线螺纹；(b) 双线螺纹

（4）线数。在同一回转面上加工螺纹线的数量称为线数，用 n 表示。螺纹有单线和多线之分。沿一条螺旋线所形成的螺纹，称为单线螺纹；沿两条或两条以上，且在轴向等距分布的螺旋线所形成的螺纹，称为多线螺纹，如图 6-3 所示。

（5）旋向。顺时针方向旋入的螺纹，称为右旋螺纹；逆时针方向旋入的螺纹，称为左旋螺纹。可按图 6-4 所示的方法判断螺纹的旋向。除一些特殊的场合外，右旋螺纹是工程上用得最多的螺纹。

只有上述五要素均相同的内、外螺纹，才能互相旋合成为螺纹副。为了便于设计、制造和选用，国家标准中对牙型、大径和螺距这三个要素做了规定。凡这三项都符合标准的，称为标准螺纹；牙型符合标准，而直径或螺距不符合标准的，称为特殊螺纹；牙型不符合标准的，称为非标准螺纹。

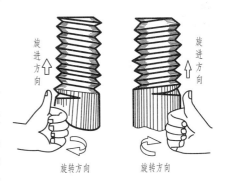

图 6-4　螺纹的旋向

2. 螺纹的规定画法

螺纹的结构要素都已标准化，国家标准对螺纹的画法做了规定，见表 6-1。

表 6-1　　　　　　　　　　　　　**螺　纹　的　规　定　画　法**

名称	规定画法	说　明
外螺纹	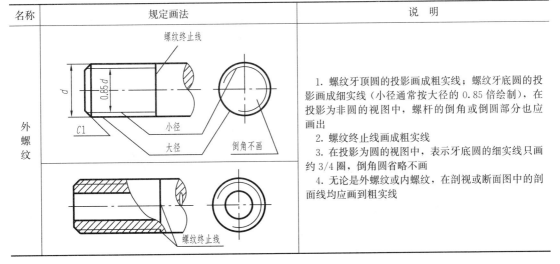	1. 螺纹牙顶圆的投影画成粗实线；螺纹牙底圆的投影画成细实线（小径通常按大径的 0.85 倍绘制），在投影为非圆的视图中，螺杆的倒角或倒圆部分也应画出 2. 螺纹终止线画成粗实线 3. 在投影为圆的视图中，表示牙底圆的细实线只画约 3/4 圈，倒角圆省略不画 4. 无论是外螺纹或内螺纹，在剖视或断面图中的剖面线均应画到粗实线

续表

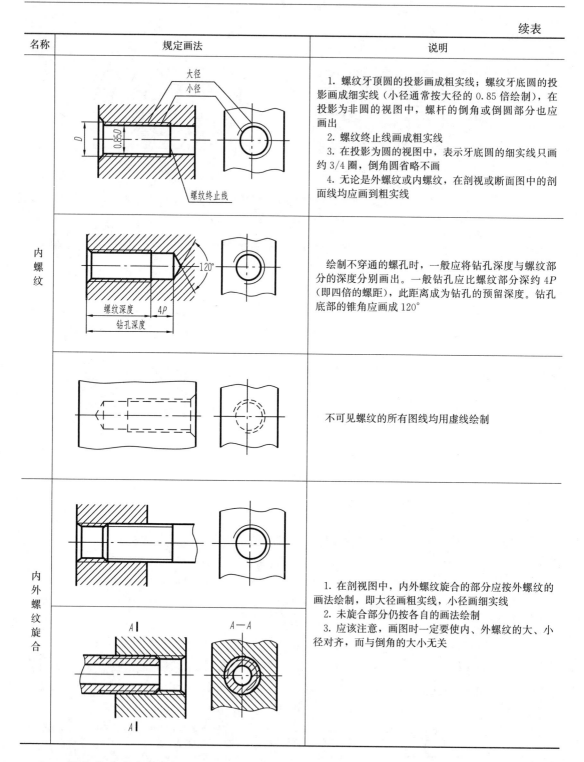

名称	规定画法	说明
内螺纹		1. 螺纹牙顶圆的投影画成粗实线；螺纹牙底圆的投影画成细实线（小径通常按大径的 0.85 倍绘制），在投影为非圆的视图中，螺杆的倒角或倒圆部分也应画出 2. 螺纹终止线画成粗实线 3. 在投影为圆的视图中，表示牙底圆的细实线只画约 3/4 圈，倒角圆省略不画 4. 无论是外螺纹或内螺纹，在剖视或断面图中的剖面线均应画到粗实线
		绘制不穿通的螺孔时，一般应将钻孔深度与螺纹部分的深度分别画出。一般钻孔应比螺纹部分深约 4P（即四倍的螺距），此距离成为钻孔的预留深度。钻孔底部的锥角应画成 120°
		不可见螺纹的所有图线均用虚线绘制
内外螺纹旋合		1. 在剖视图中，内外螺纹旋合的部分应按外螺纹的画法绘制，即大径画粗实线，小径画细实线 2. 未旋合部分仍按各自的画法绘制 3. 应该注意，画图时一定要使内、外螺纹的大、小径对齐，而与倒角的大小无关

3. 螺纹的种类和标注

（1）螺纹的种类。螺纹按用途不同，分为连接螺纹和传动螺纹两类，前者用于连接，后者用于传递动力和运动。常用螺纹的种类如下：

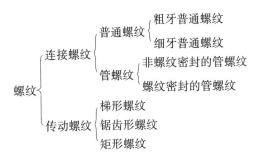

（2）螺纹的标注。螺纹采用规定画法后，图上并未反映出螺纹的种类及牙型、螺距、线数、旋向等要素，因此，需要用代号的标记来说明。

本书只介绍在电气工程中应用最多的普通螺纹标注，其他类型螺纹的标注可查阅相关技术手册。

普通螺纹的完整标记由三部分组成：

$$\boxed{螺纹代号}-\boxed{公差带代号}-\boxed{旋合长度代号}$$

具体格式为

［螺纹特征代号］［公称直径］×［螺距］［旋向］－［中径公差带代号］［顶径公差带代号］－［旋合长度代号］

标注说明：

1）普通螺纹的牙型代号为 M。

2）粗牙螺纹一律不标注螺距。

3）右旋螺纹不标注旋向，左旋螺纹标注 LH。

4）螺纹公差带代号由表示公差等级的数字和表示公差带位置的字母组成，外螺纹用小写字母表示，内螺纹用大写字母表示。如果中径公差带代号与顶径公差带代号相同，则只标注一个公差带代号。

5）螺纹的旋合长度是指两个相互配合的螺纹，沿螺纹轴线方向的旋合长度。它分为短旋合（S）、中旋合（N）、长旋合（L）三种。中等旋合长度时，其代号"N"可省略。

例如：M20×1.5LH－7H

M20－5g6g－S

螺纹的标注示例见表 6-2。

表 6-2　　　　　　　　　　　　螺纹的标注示例

类型	特征代号	标注示例	说　明
普通螺纹（粗牙）	M	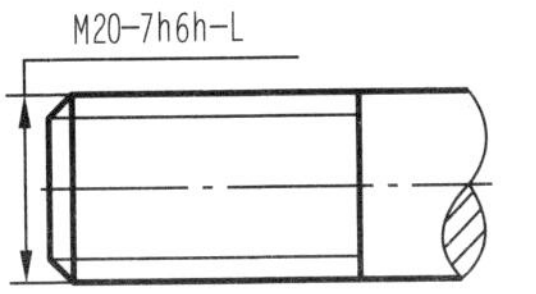 M20-7h6h-L	粗牙普通外螺纹，公称直径为 20mm，右旋，中径公差带代号为 7h，顶径公差带代号为 6h，长旋合

续表

类型	特征代号	标注示例	说 明
普通螺纹（细牙）	M	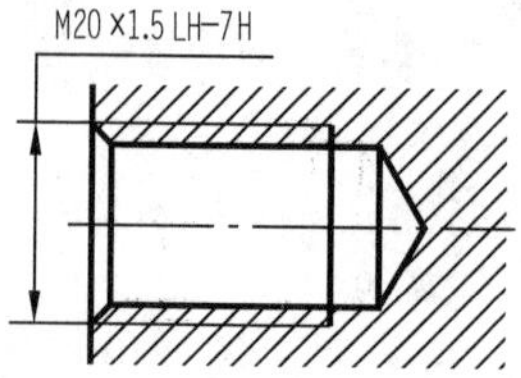 M20×1.5 LH-7H	细牙普通内螺纹，公称直径为20mm，螺距为1.5mm，左旋，中径和顶径公差带代号均为7H，中等旋合
非螺纹密封的管螺纹	G	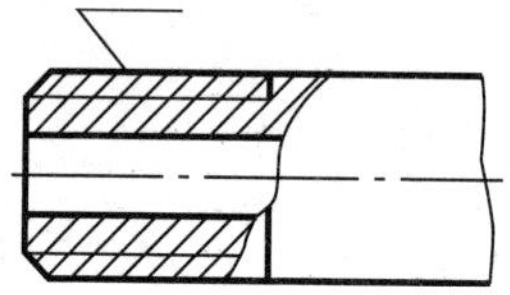 G5/8A	非螺纹密封的圆柱外螺纹，尺寸代号为5/8，公差等级为A级，右旋。用引出标注
螺纹密封的管螺纹	R Rc Rp	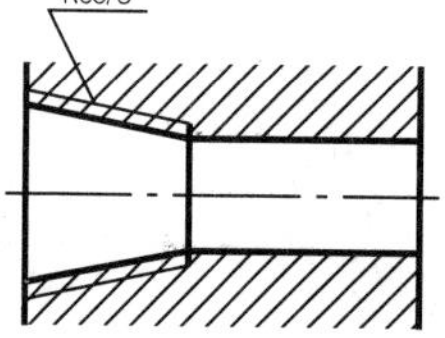 Rc3/8	用螺纹密封的锥管内螺纹，尺寸代号为3/8，右旋。用引出标注
梯形螺纹	Tr	 Tr24×6(P3)LH-7e	梯形螺纹，公称直径为24mm，导程为6mm，螺距为3mm，双线，左旋，中径公差带代号为7e，中等旋合
螺纹副		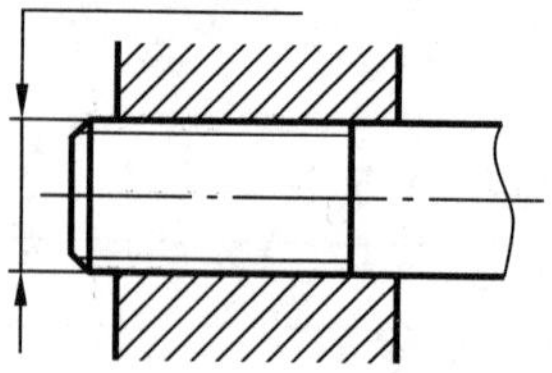 M24×1.5-7H/6g	M24×1.5-7H的内螺纹与M24×1.5-6g的外螺纹配合的螺纹副

二、螺纹紧固件及其连接

螺纹紧固件是指用螺纹起连接和紧固作用的螺纹副。

1. 螺纹紧固件的标记

常用的螺纹紧固件有螺栓、螺柱、螺钉、螺母、垫圈等，其结构形式、尺寸和技术要求都可在相应的国家标准中查出，规定标记见表6-3。

表 6-3 　　　　　　　　　　　**常用螺纹紧固件及其规定标记**

名称及视图	规定标记示例	名称及视图	规定标记示例
六角头螺栓 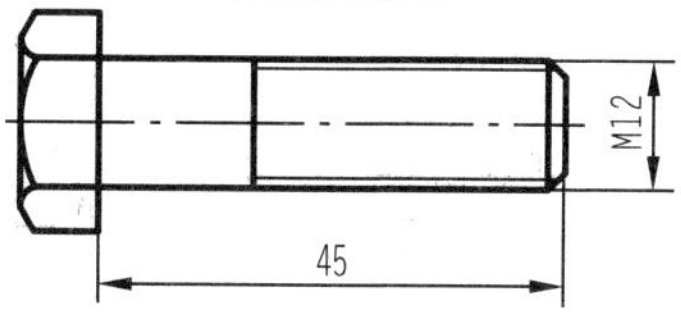　　　M12　45	螺栓 GB/T 5782—2000 M12×45	开槽锥端紧定螺钉 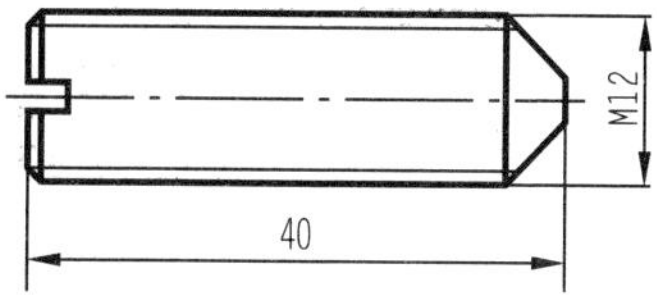　　　M12　40	螺钉 GB/T 71—1985 M12×40
双头螺柱 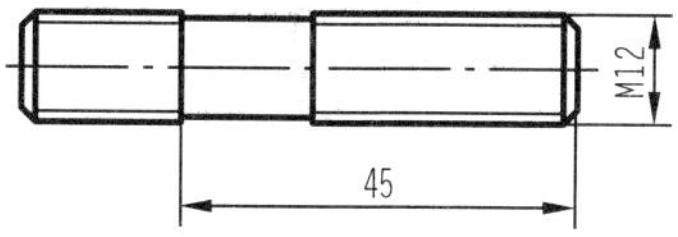　　　M12　45	螺柱 GB/T 899—1988 M12×45	Ⅰ型六角螺母 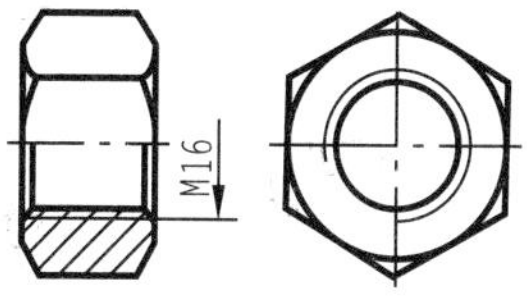　　　M16	螺母 GB/T 6170—2000 M16
开槽圆柱头螺钉 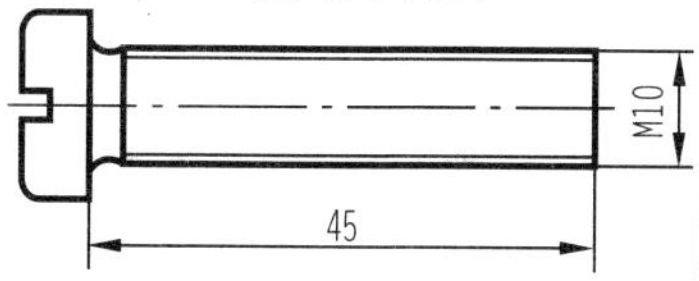　　　M10　45	螺钉 GB/T 65—2000 M10×45	Ⅰ型六角开槽螺母 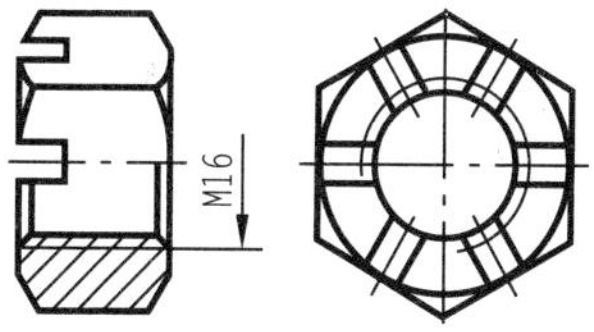　　　M16	螺母 GB 6179—1986 M16
内六角圆柱头螺钉 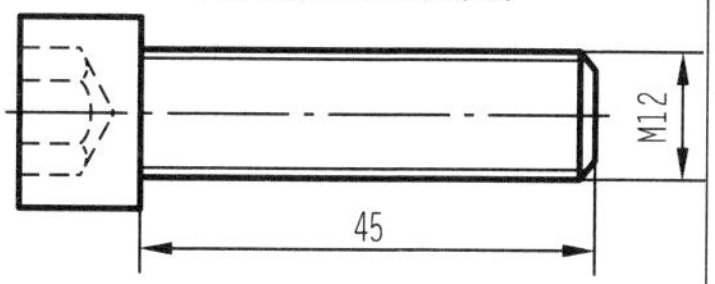　　　M12　45	螺钉 GB/T 70.1—2008 M12×45	平垫圈 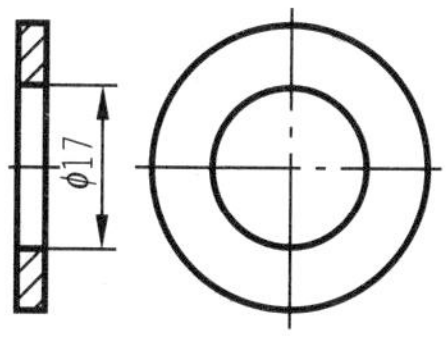　　　φ17	垫圈 GB/T 97.1—2002 16—200HV
开槽沉头螺钉 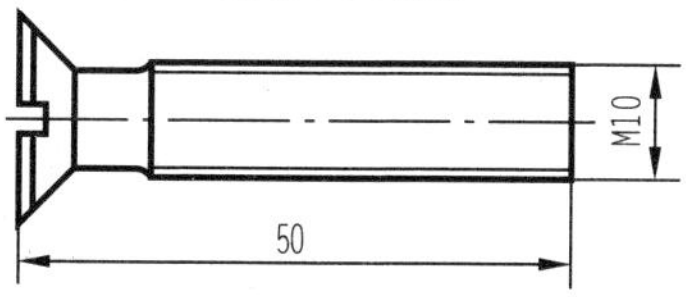　　　M10　50	螺钉 GB/T 68—2000 M10×50	弹簧垫圈 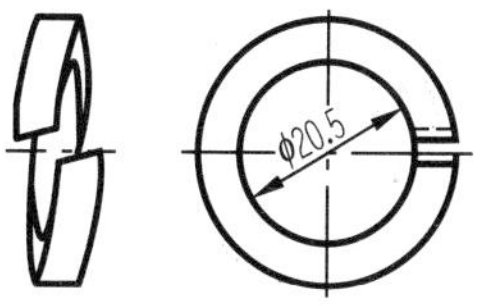　　　φ20.5	垫圈 GB/T 93—1987 20

2. 在装配图中螺纹紧固件的画法

螺纹紧固件在装配图中的画法的规定如下：

(1) 对于紧固件和实心零件（如螺栓、螺柱、螺钉、螺母、垫圈、键、销、轴等），若剖切平面通过其轴线时，这些零件均按不剖绘制。

(2) 相邻两零件的表面接触时，画一条粗实线作为分界线；不接触的表面画两条线，若间隙过小，应夸大画出。

(3) 在剖视图中，相邻两零件的剖面线方向应相反，或者方向一致而间隔不等。

(4) 在装配图中，螺纹紧固件的工艺结构，如倒角、退刀槽等均可省略不画。

装配图中螺纹紧固件的画法如图6-5所示。

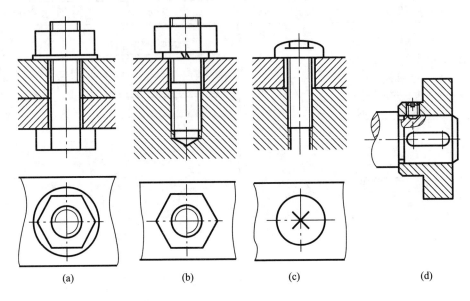

(a)　　　　　　　　(b)　　　　　　　　(c)　　　　　　　　(d)

图6-5　装配图中螺纹紧固件的画法

(a)螺栓连接；(b)螺柱连接；(c)螺钉连接；(d)紧定螺钉

第二节　键　与　销

在设备中起固定、传动作用的键与销都是标准件。

一、键

键通常用来连接轴和轴上的传动元件（如带轮、齿轮等），以传递运动或动力。常用的键有普通平键、半圆键、钩头楔键等，如图6-6所示。

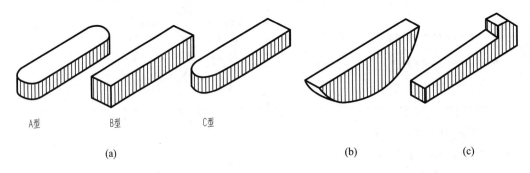

A型　　　　　B型　　　　　C型

(a)　　　　　　　　　　　　　(b)　　　　　(c)

图6-6　常用的键

(a)普通平键；(b)半圆键；(c)钩头楔键

图6-7所示为键连接的画法。采用普通平键连接时，键的侧面为工作面，侧面与键槽的侧面紧密接触，在装配图上用一条线表示；键的顶面属非工作面，与毂槽不接触，用两条线表示。

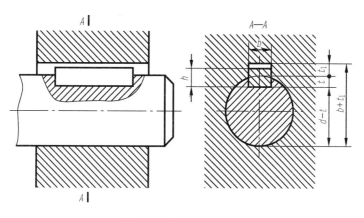

图 6-7 键连接的画法

二、销

常用的销有圆柱销、圆锥销、开口销等，如图 6-8 所示。圆柱销和圆锥销通常用于零件间的连接或定位，开口销则用来防止螺母回松或固定其他零件。

销在作为连接和定位的零件时，有较高的装配要求，所以加工销孔时，一般两零件一起加工，并在图上注写"装时配作"或"与××件配作"。圆锥销的公称尺寸是指小端直径。销的侧表面为工作面，用销连接零件时应与零件的销孔接触，如图 6-9 所示。

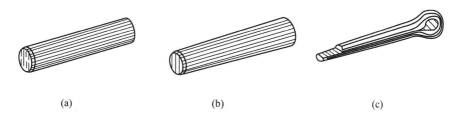

图 6-8 常用的销

（a）圆柱销；（b）圆锥销；（c）开口销

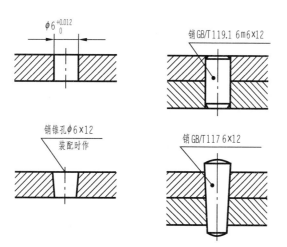

图 6-9 销孔标注示例及销连接画法

第三节 弹 簧

弹簧也是标准件，其特点是去掉外力后，能迅速恢复原状。弹簧主要用于减振、夹紧、储能、测力等。弹簧种类很多，常见的有螺旋弹簧、板弹簧、蜗卷弹簧等，如图 6-10 所示。

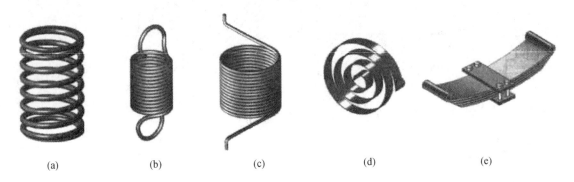

图 6-10 常用的弹簧

(a) 压缩弹簧；(b) 拉伸弹簧；(c) 扭转弹簧；(d) 蜗卷弹簧；(e) 板弹簧

在装配图中，弹簧一般按下列规则绘制：

(1) 被挡住的弹簧结构一般不画出，可见部分应从弹簧的外轮廓线或从弹簧钢丝断面的中心线画起，如图 6-11 (a) 所示。

(2) 当簧丝直径在图上不大于 2mm 时，其断面可用涂黑或用示意法表示，如图 6-11 (b)、(c) 所示。

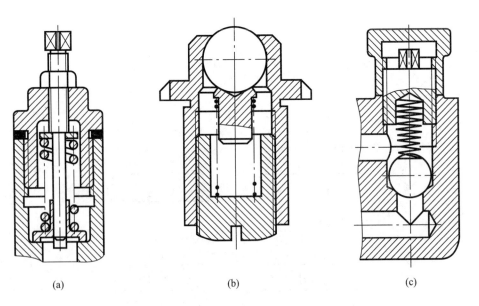

图 6-11 装配图中弹簧的画法

(a) 不画遮挡部分的零件轮廓；(b) 簧丝断面涂黑；(c) 簧丝示意法

第四节 铆 钉 及 其 连 接

利用铆钉把两个或两个以上的零件或构件连接为一个整体，称为铆接。

一、铆钉的种类

常用的铆钉有实心铆钉和空心铆钉两种，如图 6 - 12 所示。铆钉的结构已经标准化，具体尺寸可查阅有关手册。

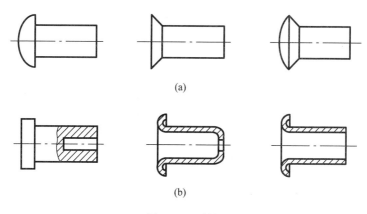

图 6 - 12 铆钉

（a）实心铆钉；（b）空心铆钉

二、铆钉的形式

根据被连接件的相对位置不同，铆接有搭接、对接和角接三种形式，如图 6 - 13 所示。

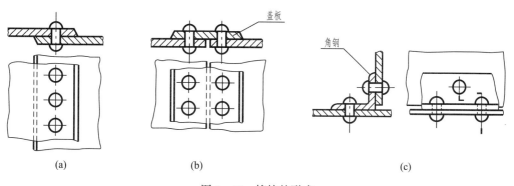

图 6 - 13 铆接的形式

（a）搭接；（b）对接；（c）角接

三、铆接在图样中的画法

（1）在绘图时，当铆钉轴线平行于投影面时，要画出铆钉头部的轮廓，如图 6 - 13 （a）、（b）的俯视图所示。

（2）在平行于铆钉轴线的视图中，当剖切平面通过实心铆钉的轴线时，铆钉按不剖绘制，仍然画出铆钉外形，铆钉的钉头与被连接件的端面、铆钉杆与铆钉孔均应按接触面画出，如图 6 - 13 的主视图所示。

当剖切平面通过空心铆钉的轴线时，空心铆钉按剖切绘制，如图 6 - 14 （a）所示。

（3）借助轴颈的铆接画法，如图 6 - 14（b）所示。

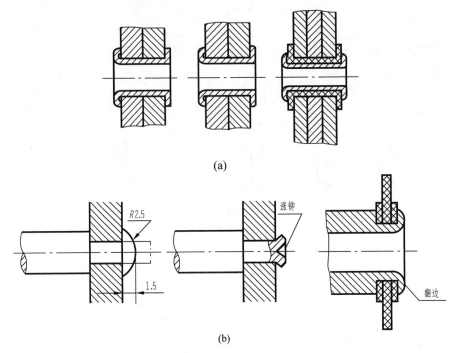

(a)

(b)

图 6 - 14　空心铆钉连接及轴颈铆接

（a）空心铆钉连接；（b）轴颈铆接

第七章　电气电子设备图的识读与简化

电气电子设备是电力和电子系统中最基础的元器件，往往是不可拆分的，除了固定安装和接线之外，不需要对其内部结构进行调整。设备图都是由该设备的生产厂家提供的，是被机械工程师称为装配图的机械图样，是电气电子工程中的基础图样。电气电子工程技术人员所要做的工作是对这些基础图样进行简化，再将简化后的基础图样画到电气电子工程图样中。因此，作为电气和电子工程技术人员，也必须能够识读由设备生产厂家提供的电气电子设备装配图，并掌握这些图样的简化技巧。

第一节　电气电子设备图的特殊表示方法

第六章所介绍的表达方法都是按照机械制图的基本规则，用基本视图加上必要的辅助视图来表示的方法。此外，在电气电子设备图中还常用一些特殊的表示方法。

一、轴测图表示法

轴测图是一种单面投影图，在一个投影面上画出富有立体感的图形，并接近于人们的视觉习惯，形象、逼真。轴测图因其可读性好、画法规范而成为机电类产品中常用的结构表达方式。根据表达的目的不同，设备轴测图又分为轴测外形图、轴测分解图（爆炸图）和轴测剖视图。

1. 轴测外形图

轴测外形图是电气设备与元器件整体外形的立体图，通常能够在一个视图中表达元器件三个空间方向上的结构，如图7-1所示。

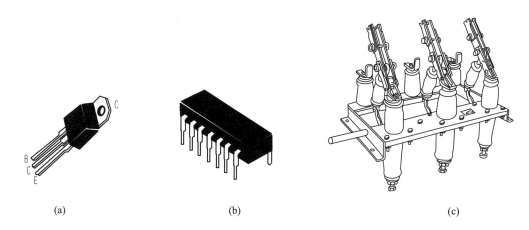

图7-1　电气设备和元器件的轴测外形图示例

（a）三极管；（b）集成电路；（c）高压隔离开关

轴测外形图具有很强的立体感，但其主要的缺点是测量性差，因而不能作为产品生产和制造的依据，只能作为理解三视图的辅助工具。轴测图的画法相对比较复杂，多用于外形结构简单的设备和元器件。近年来已有被实物照片或 CAD 三维渲染图所取代的趋势。

2. 轴测分解图

轴测分解图也称轴测装配示意图，俗称爆炸图。轴测分解图多用于同轴安装的装配体，其表达方法是将同轴安装的各个零件依次沿轴线方向画出，而不同轴的零件则在该零件的安装平面上向两侧展开。

图 7 - 2 所示为螺旋式熔断器的轴测分解图。

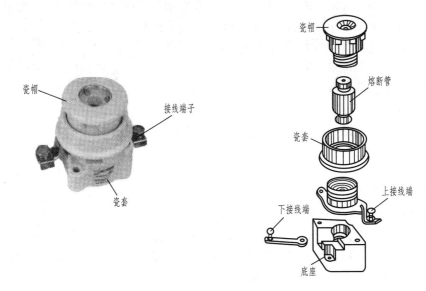

图 7 - 2 螺旋式熔断器轴测分解图

从图 7 - 2 可知，螺旋式熔断器主要由瓷帽、熔断管、瓷套、上接线端、下接线端和底座组成。其中除下接线端子外，其余各零件都在同一轴线上。下接线端不在熔断器的安装主轴线上，安装时，要将下接线端水平推入底座，然后再自下而上依次安装其余各零件。

图 7 - 3 所示为一个更复杂的轴测分解图——充电手电钻安装示意图。由于零件繁多，安装轴线（单点画线）出现回形转折，但仍表示双点画线内的所有零件是沿同一轴线安装的。图 7 - 3 中，表示一个相对独立的装配体，单独用双点画线围框圈定。例如待装配体③安装完成后，再与②和㉘装配在一起。

图 7 - 3 中的所有装配零件都用点画线标明了安装方向，因此，尽管零件繁多，但只要细心，一般的技术工人都能够正确安装。

轴测分解图能够清晰地表明设备和元器件各部分的相互关系和安装顺序，因而多用于表达需要经常拆装的设备和元器件。

3. 轴测剖视图

轴测剖视图是设备内部结构的另一种表达方法，多用于非同轴安装且不需要经常拆卸的场合。

同三视图的剖视图一样，轴测剖视图是将设备或元器件轴测图的一部分剖切去掉后，来反映其内部结构，如图 7 - 4 所示。

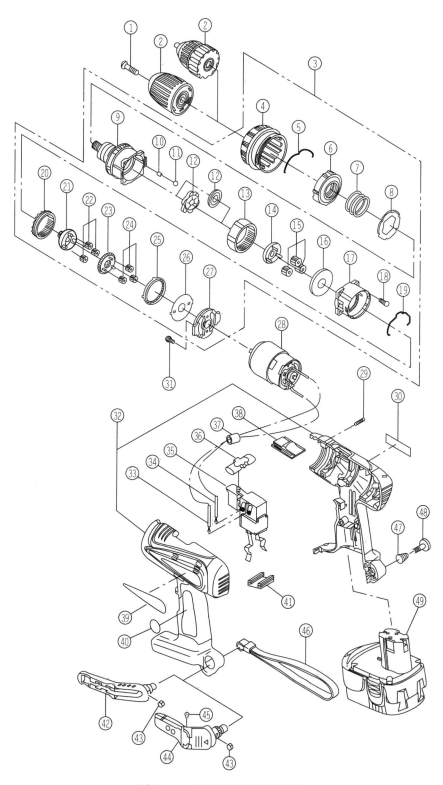

图 7 - 3　充电手电钻安装示意图

从移相电容器的剖视图可以看到：移相电容器主要由金属矩形外壳 10 和由卷绕扁形元件 4、组间绝缘 6 构成的电容器芯子组成。高压移相电容器芯子中的元件接成串联；低压移相电容器芯子中的元件全部接成并联，每个元件都接有熔丝。出线结构中的元件包括出线套管 1、出线连接器 2 和出线连接片固定板 5。扁形元件 4 之间用连接片 3 连接，整个芯子由包封件 7、夹板 8 和紧箍 9 夹合在一起，放置在外壳 10 内，最后由封口盖 11 封口。

读轴测剖视图时，必须掌握用剖面符号表达的各个不同零件之间的关系。

轴测剖视图也多用于表达箱体类成套设备。图 7-5 所示为开关柜的轴测剖视图。从图 7-5 中不仅可以看出开关柜面板上各元器件的外形和布置情况，而且用剖视的方法表达了开关柜内部元器件的形状和位置关系。

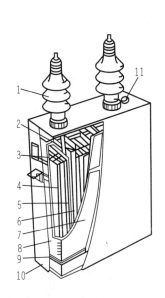

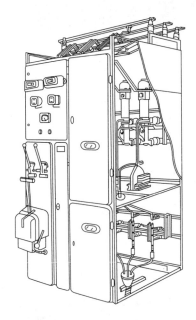

图 7-4　移相电容轴测剖视图

1—出线套管；2—出线连接器；3—连接片；4—扁形
元件；5—固定板；6—组间绝缘；7—包封件；
8—夹板；9—紧箍；10—外壳；11—封口盖

图 7-5　开关柜轴测剖视图

二、透明表示法

透明表示法与拆卸画法非常相似。为了表达后面被前面遮挡的零件，拆卸画法是将前面的零件拆去以表达后面零件的安装情况，而透明表示法则认为前面的零件是透明的，只用细实线表示前面零件的外轮廓，省略了前面零件的细节，重点在于表达后面零件的位置及相互关系。

在电气电子设备和零件图中，透明表示法常用在箱柜体的装配图中，如图 7-6 所示。

在图 7-6 中，配电箱的正面视图如图中的右面所示，而左面的视图中，将配电箱三个门看成是透明的，用细实线绘出了三个箱门的大致位置轮廓，省略了三个箱门上的其他配件，突出表达了配电箱内部各种元器件的位置及相互关系。

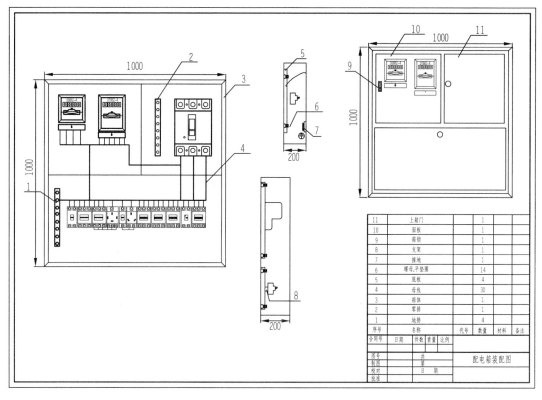

11	上箱门		1		
10	面板		1		
9	箱锁		1		
8	支架		1		
7	接地		1		
6	螺母,平垫圈		14		
5	底板		4		
4	母线		30		
3	箱体		1		
2	零排		1		
1	地排		4		
序号	名称	代号	数量	材料	备注
合同号	日期	件数	重量	比例	
图号		共　页		配电箱装配图	
制图					
校对		日　期			
批准					

图 7-6　用透明表示法绘制的配电箱装配图

三、符号表示法

符号表示法是用机械符号表示设备或元器件机械功能的一种表达方法。图 7-7 所示为低压断路器剖视图。从图 7-7 中仅能看出各零件的形状、相对位置和相互关系，但要对这个设备进行工作原理分析，还需要用更简明的方法画出它的工作原理图。工程上常采用的是机械符号方法。

图 7-8 所示采用机械符号加零件简化外形来表示低压断路器的工作原理。

该断路器的主要功能是使动触头 9 和静触头 10 断开和闭合。静触头固定在设备的底座上，动触头随操作手柄 1 的上下运动而实现与静触头的断开与闭合。图 7-8（a）为断开位置，图 7-8（b）为合闸位置。当断路器处于断开位置时，跳钩 4 与锁扣 5 脱离，拉伸弹簧 3 通过下连杆 8 将拉力传递给动触头 9，动触头与静触头分离。但由于拉伸弹簧的作用，下连杆 8 必然会带动动触头 9 继续向远离静触头 10 的方向运动，为此，在操作手柄上方设计了一个 L 形机构，限制跳钩的运动，起限位作用，同时确保断路器始终处于断开的位置。

在合闸时，通过人工的外力将操作手柄 1 向上搬动，手柄上的 L 形机构对跳钩 4 产生向下的压力，迫使跳钩的下部进入锁扣 5，拉伸弹簧的拉力将两连杆 7、8 拉成直线，动触头 9 向静触头 10 方向运动，并在弹簧作用下始终保持一定的压力，从而保持两触头紧密接触，实现合闸。只要跳钩 4 不脱离锁扣 5 的限制，这一位置将始终保持。

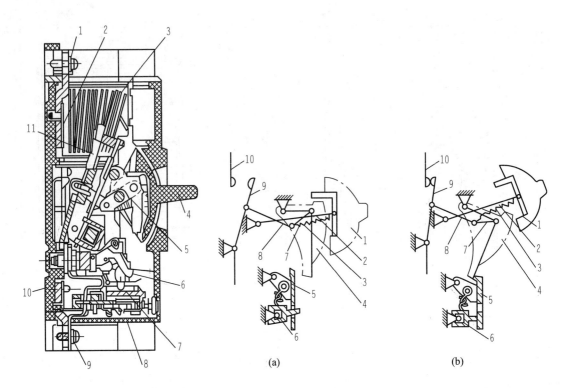

图 7-7　低压断路器剖视图

1—引入线接线端；2—静触头；3—灭弧室；
4—操作手柄；5—跳钩；6—锁扣；7—过电
流脱扣器；8—塑料壳盖；9—引出线接线端；
10—塑料底座；11—动触头

图 7-8　低压断路器工作原理

（a）断开位置；（b）合闸位置

1—操作手柄；2—操作杆；3—弹簧；4—跳钩；5—锁扣；6—牵引杆；
7—上连杆；8—下连杆；9—动触头；10—静触头

　　用同样的方法也可以分析锁扣 5 和牵引杆 6 的工作原理。

　　通过设备的符号图来分析设备的工作原理是一种简便且行之有效的方法，但其前提是需要掌握表示各种零件的机械符号。常用机械符号示例见表 7-1，更多的符号请读者自行查阅相关国家标准。

表 7-1　　　　　　　　　　　常用机械符号示例

名称	基本符号	名称	基本符号
机架墙壁等	⁄⁄⁄⁄	轴、杆件	——
回转副（可绕定点转动的系统）	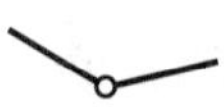	弹簧	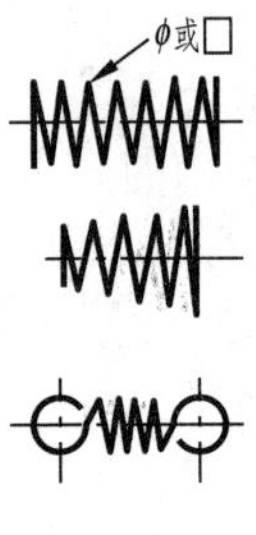 ϕ 或 □
固定铰链			
电气触点	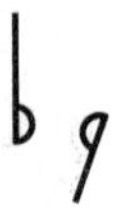		

第二节　常见电气设备图的简化结构图

对电气工程技术人员来说，绘制电力系统或装置的布置图和装配图是一项必备的基本技能。在这类电气图中，一般不需要完整地绘制出设备或元器件的完整视图，常常是将设备或元器件生产厂家给出的设备和元器件图进行简化后，绘制到电气布置图和装配图中去。

一、设备或元器件图的简化原则与要求

电气设备外形图的简化画法是应用视图投影理论，参考使用国家标准及相关行业简化标准绘制的图样，如 GB/T 16675.1—2012《技术制图　简化表示法　第 1 部分：图样画法》等。在根据这些相关简化标准绘制设备外形简化图时，还要遵循以下简化原则：

（1）简化必须保证不致引起误解和不会产生理解的多义性。在此前提下，应力求制图简便。

（2）便于识读和绘制，注重简化的综合效果。

（3）考虑便于手工制图和计算机制图的同时，还要考虑缩微制图的要求。

电气设备的外形简图虽然是一种简化表达方法，但不能影响问题的表达以致产生误解，因此在对不同的电气设备外形进行简化时要遵守一定的简化规则：

（1）应避免不必要的视图和剖视图，力求减少视图。

（2）在不致引起误解时，应避免使用虚线表示不可见的结构。

（3）尽可能减少相同结构要素的重复绘制。

（4）尽可能使用有关标准中规定的符号来表达设计要求。

（5）外形简图的尺寸与相关结构的比例必须符合要求。

二、电气设备简化图的类型

国家标准中并未规定简化电气设备图的类型，但在工程实践中，可以将简化的电气设备图分为以下几种类型。

1. 设 备 轮 廓 图

设备轮廓图是电气设备外形简化图中最常用的表达方法，它是用简单的外形轮廓代替设备图的一种简化表达方法，如图 7 - 9 所示。

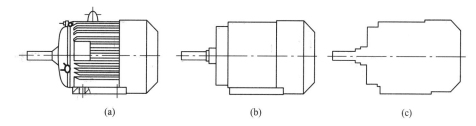

图 7 - 9　电动机的视图与简化视图

（a）完整的视图；（b）主要结构图；（c）外形轮廓图

因为轮廓图过于简单，通常只用于以下场合：

（1）其他视图已经表达了该设备的情形。

（2）有多台设备的布置图，并且该设备已经详细画出。

（3）介绍与之配套的外部设备或外部设备的工作流程。

（4）介绍该设备在布置图中的位置及所占位置的大小。

图 7-10 所示为轮廓图的两种主要应用示例。图 7-10 (a) 主要介绍发电机及其附属设备，发电机采用外形轮廓画法，而对励磁机的出线盒、磁极的穿线管则详细画出。图 7-10 (b) 所示为平面布置图，图中的所有设备都采用外形轮廓画法。

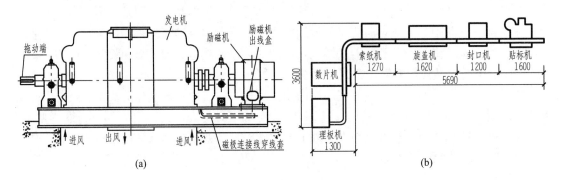

图 7-10   轮廓图的应用
(a) 主要介绍附属设备图；(b) 主要用于平面布置图

2. 设备主要结构图

设备主要结构图是在设备轮廓图的基础上，添加主要结构的一种表达方法。设备主要结构图比设备轮廓图表达得更为详细，从图中可以看出该设备的主要结构，如图 7-9 (b) 所示。

3. 设备功能结构简图

设备的功能结构简图是根据绘图目的而确定的设备局部结构图。例如，设备安装图应突出与安装相关的固定、紧固结构，而电气接线应突出电气接线端子等。这些结构称为功能结构。

设备功能结构简图有三个组成部分：外形轮廓、主要结构轮廓和功能结构轮廓。电气设备功能结构简图主要用于设备的安装、平面布置位置、接线等场合。

图 7-11 所示为电动机两种不同的功能结构图。图 7-11 (a) 突出安装位置和吊装结构，可用在该设备的固定安装图中；图 7-11 (b) 突出电气接线盒的位置，可用在电气安装图中。

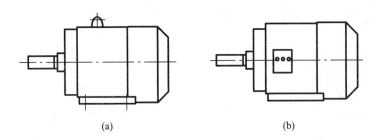

图 7-11   电动机的功能结构图
(a) 突出固定与吊装结构；(b) 突出电气接线结构

三、常见电气设备的简化结构图示例

设备的简化画法并没有统一的标准，但在工程实践中，一些常用设备已经形成了习惯画法。以下几种设备是电力系统中最常用的设备及其在工程中简化的习惯画法。

1. 电力变压器

电力变压器是最常用的电力设备之一，结构形式也各异。图 7-12 所示仅是其中的一种。

当不需要特别指明是何种变压器时，可以用图7-12（b）来指代任何一种油浸式电力变压器。

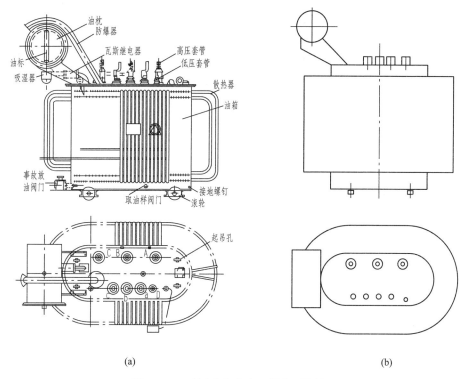

图7-12　油浸式电力变压器外形结构图

（a）变压器外形结构图；（b）变压器外形结构简图

2. 绝缘子

绝缘子在电力工程中应用最为广泛，其简化画法因不同的需要而有所不同。图7-13所示以某绝缘子为例，给出了其完整的视图和四种简化图。图7-13（b）所示为三种不同的简化图，图7-13（c）所示为供电塔杆上绝缘子串的简化画法。

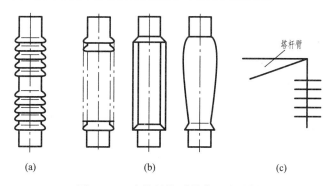

图7-13　电瓷绝缘子简化画法示例

（a）完整视图；（b）简化的外形图；（c）绝缘子串

3. 塔杆设备

塔杆设备是输电线路中的设备，也是电力系统常用设备。图7-14所示为常见的各种输电线路塔杆示意。在电气接线、平面布置等电气施工图中，塔杆也需要做简化处理。

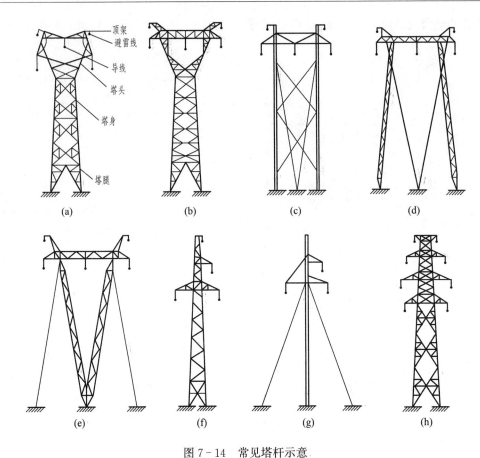

图 7 - 14　常见塔杆示意

（a）猫头型塔；（b）酒杯型塔；（c）拉线门型塔；（d）拉线门型塔；（e）拉线 V 型塔；

（f）千字型塔；（g）拉线单杆；（h）桶型塔

图 7 - 15 所示是以图 7 - 14（h）为例，说明完整视图和简化图的画法。图 7 - 15（b）所示为表示其外形轮廓的简化图，通常用于需要确切表明是何种塔杆时的简化画法；图 7 - 15（c）所示为不要求表示其具体塔杆为何种样式时的简化示意图，多用于变电站的断面图中。

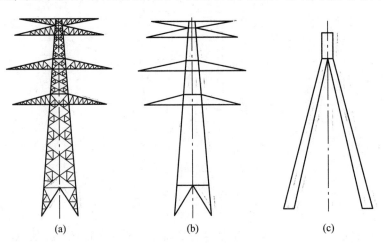

图 7 - 15　供电杆简化示意

第三节　电子元器件图及其简化

电子元器件的体积一般都比较小，引线较多，多安装在印制电路板上。但电子元器件的种类繁多，有很多在外形上非常相似，因此对电子元器件的画法和简化就有一些特殊的要求。

一、电子元器件图的内容

电子元器件图也都是由生产厂商提供的。从电子元器件使用的视角上看，一张完整的电子元器件图应具备下列基本内容：

（1）一组视图。电子元器件的结构形状就是依靠这组视图来表达的。电子元器件的设计者根据电子元器件外部形状结构的特点，按照国家标准规定的图样表达方法，合理地选择视图表达方案，用最简单的方法将零件的内外形状和结构正确、完整、清晰、合理地表达出来。

（2）必要的尺寸。图形只能表达电子元器件的形状结构，电子元器件各部分的大小要依靠尺寸标注来表达。因此，电子元器件图中都有供使用者设计时所需的尺寸。

（3）使用条件与技术参数。使用条件是指电子元器件使用时所要求的环境条件，通常包括环境的温度、湿度、通风条件，以及与相邻元器件的空间距离等。技术参数从字面上理解是指关于电子元器件工作性能的参考数据。技术参数通常用文字、图表、公式或曲线的形式给出，它是使用者选择和应用电子元器件不可缺少的技术数据。

（4）引脚标注。任何一个电子元器件都必须有引出针脚或接线端子，以便与其他电路相连接，但除了少部分电子元器件外，很多电子元器件的引出接线部分都是有特定接线要求的，这就要对每一引出接线部分进行标注。

具体的电子元器件图不一定完全具备以上四项内容。例如，电阻和普通电容没有极性要求，因而可省略引线标注；而一些在国家标准中有所规定的电子元器件，其技术参数和使用条件通常也不需标注，使用时可查阅相关手册。图7-16所示为高压片状三极管TOT-23的外形结构图。图中用主、俯两个视图和一个立体图表达了三极管的外形，标注了必要的尺寸，在立体图上用1、2、3命名标注了三个管脚，并用列表的方式给出了各管脚的含义。因其为标准的三极管，相关参数已经被标准规定，故图中省略了使用条件与技术参数。

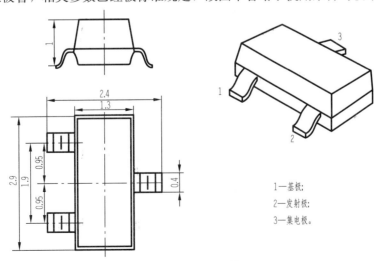

1—基极；

2—发射极；

3—集电极。

图7-16　高压片状三极管TOT-23

图 7-17 所示为某型号条形连接器的外形图。图中详细标注了使用条件和主要技术参数。但没有引线的特殊要求。

1. 使用条件

环境温度，-25～85℃；相对湿度，温度 40℃时达 90%。

2. 主要技术参数

额定电压：250V；额定电流：1A、2A；接触电阻≤0.01Ω；绝缘电阻≥1000MΩ；耐压：1000V。

3. 外形及安装尺寸

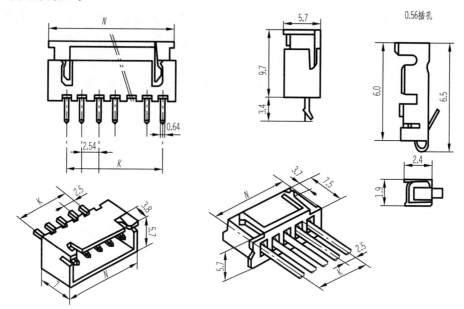

TJC3 型条形连接器外形及安装尺寸   mm

产品型号	QRA3.645							
	091	092	093	094	095	096	097	098
芯数	2	3	4	5	6	7	8	9
K	2.5	5	7.5	10	12.5	15	17.5	20
N	7.4	9.9	12.4	14.9	17.4	19.9	22.4	24.9

产品型号	QRA3.645						
	099	100	101	102	103	104	105
芯数	10	11	12	13	14	15	20
K	22.5	25	27.5	30	32.5	35	42.5
N	27.5	29.9	32.4	34.9	37.4	39.9	52.4

图 7-17　条形连接器

二、电子元器件封装图

电子元器件的封装图与电子元器件的三视图相似，是简化了的电子元器件三视图。电子元器件的封装图所关注的是电子元器件的外形、尺寸、引脚和固定结构。根据电子元器件的结构不同，可以把电子元器件划分为针脚式元器件和表面贴装式元器件两大类。

1. 针脚式元器件封装图

所谓针脚式元器件，就是元器件的引脚是一根导线，安装时该导线必须穿过印刷电路板焊接固定。由于针脚式元器件的针脚较长、较软，可以折弯使用，因此小型电阻、电容、三极管等大都采用这种结构。

针脚式元器件因在安装时要求在印刷电路板上钻孔，所以对于该类元器件的外形尺寸和引脚间的距离都有严格要求。图 7-18 所示为针脚式元器件的封装图示例，该图采用第三角画法。

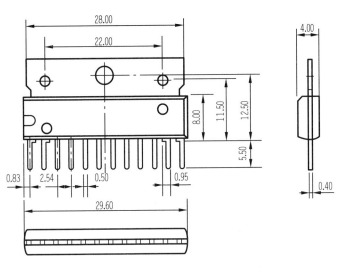

图 7-18 针脚式元器件的封装图示例

2. 表面贴装式元器件

表面贴装式元器件是直接把元器件贴在电路板表面上的一类元器件。表面贴装式元器件靠粘贴或焊接固定在电路板上，所以电路板不需要钻孔，安装相对简单。表面贴装式元件各引脚间的间距很小，安装时又不存在元件引脚穿过钻孔的问题，所以特别适于大批量、全自动地进行机械化的生产加工。图 7-19 所示为表面贴装式元器件的封装图。注意，图 7-19 是按第三角画法布局的。

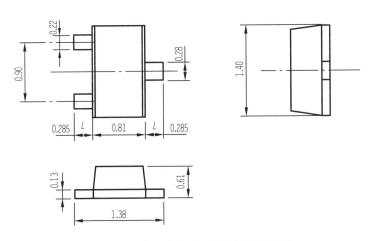

图 7-19 表面贴装式元器件封装图示例

3. 电子元器件封装图的简化画法

上面介绍的两种电子元器件封装图是由生产厂家提供的。但在使用中，电子工程技术人员仍然要对其进行简化，以满足印制电路板图等电子工程图的需要。

　　电子元器件封装图的简化原则与本章第二节介绍的相同，但在习惯上，印制电路板图上电子元器件图的画法带有明显的行业特点。

　　（1）电子元器件简图只用一个视图来表示。视图选择为安装位置，投影面为与固定装置（如电路板、支架等）平行的平面。如图 7 - 20 所示的印制板都采用了一个视图来表示。

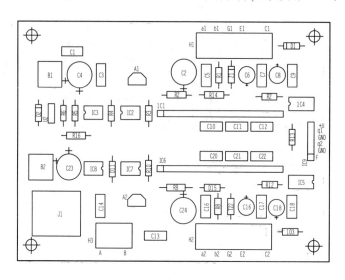

(a)

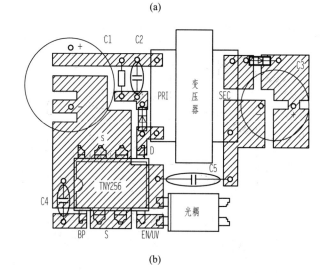

(b)

图 7 - 20　印制板上元器件的简化画法
(a) 印制板上的元器件；(b) 印制板上的元器件采用透明画法

　　（2）电子元器件简图只画其外形轮廓，而省略细节，如图 7 - 20 所示。

　　（3）考虑到接线需要，元器件的引脚数目不能随意简化，引脚间的距离均按比例绘制。对于针脚式元器件，引脚要用实线表示；对于表面贴装式元器件，以引脚形状表示。如图 7 - 20 (a) 中的电阻、电容、二极管等，都采用针脚式元器件，引脚用一条直线表示。在图 7 - 20 (b) 中的 TNY256 和光电耦合器（光耦）为表面贴装式元器件，引脚用其外形表示。

　　（4）对于带有方向性的对称元器件，都有明确的方向标志。如图 7 - 20 (a) 中的 ICx，在一端画有小短线；电解电容，用"＋"表示其方向。图 7 - 20（b）中的元件 TYN256，用半圆缺口表示方向，变压器用文字符号表示输入端和输出端，二极管用图形符号表示方向。

（5）在图形附近多注有电子元器件的项目代号和型号。

三、带有固定结构的元器件图

体积较小、重量较轻的电子元器件，通常将其引脚焊接在电路板上，既起到电气连接的作用，也起到固定的作用。但对于体积较大、重量较重的电子元器件，单纯用焊接的方法不能起到稳定固定的作用，多采用专门的固定结构进行固定。

1. 拔插式固定器件

在电子系统中，拔插式固定元器件通常需要有底座，如插座、插槽等。对这类元器件，因其只起连接作用，仍然属于机械类零件，其画法可按机械零部件的简化画法要求进行简化。通常只画出其外形轮廓图即可。但对连接时有方向要求的对称元器件，也需要明确表示其方向，多数情况下是将生产厂商提供的方向标志画出，如图 7 - 21 所示。

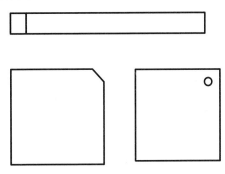

图 7 - 21 常见拔插式固定器件的方向标志

2. 带固定结构的元器件

图 7 - 22 所示为一带有螺纹固定结构的小型电位器，螺纹位于电位器的转动轴上，并带有与之配套的螺母和垫圈。画这类零件的简化图时，通常考虑以下三个方面的问题：外轮廓的形状和总体尺寸；电气接线的位置和相关尺寸；与固定和定位相关的方法和尺寸。

综合考虑上述三个因素，这类元器件的简化可以用外形轮廓＋电气接线结构＋固定结构来表示，必要时，也可用简要文字加以说明，如图 7 - 22（b）所示。

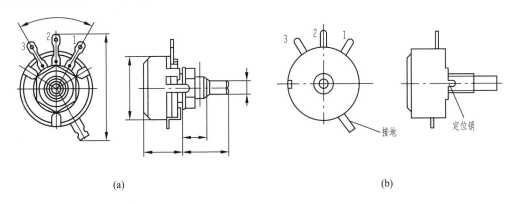

(a)   (b)

图 7 - 22 电位器外形图
（a）电位器的完整图示；（b）简化后的电位器图

第三单元　电气功能简图

第八章　电气功能简图通用规则

电气制图是电气技术工作人员必备的专业知识。本章主要对电气制图及相关的电气技术标准做简略介绍，内容包括电气制图标准简介、电气制图基础知识、电气图的绘制与识读等。

第一节　电气简图的概念、分类与特点

电气功能简图简称电气简图。电气简图与电气位置与安装图一并构成电气技术文件。

一、电气简图的概念

电气简图的概念有狭义和广义之分。在狭义上，电气简图是用电气图形符号、带注释的线框及连线表示电气系统、分系统、成套装置、设备软件等的概貌，并示出各主要功能件之间和主要部件之间的主要关系的一种电气技术文件。从广义上说，任何能够表明两个或两个以上变量之间关系的图形、曲线，用以说明系统、成套装置或设备中各组成部分的相互关系或连接关系，或者用以提供工作参数的表格、文字、曲线、公式、算法等，也都属于电气简图的范畴。

电气功能简图之所以称为简图，并不是对电气设备、成套装置、元器件等实物进行了简化，而是对其功能的一种抽象表达。

二、电气简图的分类

按照国家标准对电气简图的划分，电气简图分为概略图、功能图和电路图三大类。

概略图主要包括框图和网络图两种，主要用以表示系统、分系统、成套装置、设备软件等的概貌，并示出各主要功能件之间和（或）主要部件之间的主要关系。在画法特点上，概略图的主要内容是线框、文字、符号和连线。

电路图是表示系统、分系统、成套装置、设备等实际电路的细节，但不必考虑其组成项目的实际尺寸、形状或位置的一种电气技术文件。在画法特点上，电路图的主要内容是图形符号、连线、项目参数及项目编号。

功能图主要包括逻辑功能图和等效电路图两大类，用以表示系统、分系统、成套装置、设备软件等功能特性的细节。功能图也不考虑表达对象的功能是如何实现的，只考虑其功能特性的细节。在画法特点上，功能图中既可以有电路图，也可以有框图。

国家标准对电气简图的上述划分原则，主要根据所表达电气系统的层次。概略图处于最高的层次，因而也最简略；电路图处于最低的层次，因而最烦琐。

从电气简图图样绘制方法的角度上看，电气简图有两大类：一类是以封闭几何线框为主要符号的电气图；另一类则是采用各种电气符号绘制的电气图。以此为划分标准，系统框图、逻辑图、流程图、控制系统功能表图等主要以框形符号为主要图形符号的各类电气图可归为一类，本书统一定名为框形符号图，简称框图，原电路图的内容仍称为电路图。

三、电气简图的内容

电气简图的内容包括图形、标注和连线三大部分。

1. 电气简图中的图形

电气简图中的图形与机械图和建筑图的图形不同，它不是与实物相对应的轮廓图，而是一种图形符号。图形符号的画法由国家标准《电气简图用图形符号》规定。

2. 电气简图的标注

电气简图的标注有项目编号、内容注释和技术数据三个方面的内容：

（1）项目编号。一个电气系统、设备或装置通常由许多部件、组件、功能单元等组成。这些部件、组件、功能单元等称为项目。在电气简图中，为了表明每一个项目的安装位置、电气连接等，必须对每一个项目编写唯一的代号，称为项目编号。项目编号是以项目在一个电气或电子系统中的物理位置为基础编写的。

（2）内容注释。框图中的通用符号并不特指某一具体的实际设备、元器件，可以在电路图中指代任何需要代表的设备、装置、元器件和它们的组合，也可以指代某个过程。为了说明通用符号在电气简图中所指代的对象，就必须对这个符号加以注释。对图形符号内容的注释多用于框形符号图。

（3）技术数据。技术数据是对具体设备、装置或元器件参数及功能状态的说明。在详细的电路图中，对每一设备、元器件的具体参数都要进行标注，如电子电路中有关部分的电压、元器件的相关参数、型号等。

3. 连线

连线是连接线的简称。连线有两个含义。

（1）连接导线。连接导线是两个项目间传递电能或信号的通路。这是电路图中的主要内容之一。

（2）传递关系。电气简图中的连线并不能完全与实际电路中的接线一一对应。在概略图和框图中，连线只表示两个高层项目之间存在的某种关系，而并不指明这种关系的实现方式。

四、电气制图国家标准

电气制图标准是一套对电气简图或图表的绘制方法做出统一规定的系列标准。它从多方面规定了如何在图面上布置图形符号、连接线和标注各种文字、数字（文件代号、参照代号、端子标识和信号代号），通过各种图样把一项工业系统、装置与设备、工业产品的组成和相互关系能够清晰表达，让工程技术人员能够按照电气图样和技术文件进行加工、生产、调试、使用和维修。

电气制图的应用领域涉及机械、电子、电力、邮电、冶金、钢铁、纺织、航天、航空、地矿、核工业、铁道等各个领域。

国际上制定电气技术标准的权威机构是 IEC 的 IEC/TC3 图形符号技术委员会。这个委员会是以欧洲、日本等发达国家的知名电气企业为骨干成员的国际标准化组织，1906 年 TC3 与 IEC 同时成立。我国于 1957 年被接纳为 IEC 成员国，并参加了 IEC/TC3 的工作。

1983 年，我国成立了与 IEC/TC3 对应的全国电气图形符号标准化技术委员会。1997 年和 2002 年，标准委员会先后更名为全国电气文件编制和图形符号和全国电气信息结构、文件编制和图形符号 SAC/TC27 标准委员会。从 1984 年开始，我国开始了电气制图全国标准统一化的进程，并把国际的 IEC/TC3 标准转化为我国的国家制图标准。到目前，电气制图中的主要标准已经被转化或修订完成，如《电气技术用文件的编制》、《电气工程CAD制图规则》、《电气简图用图形符号》等。还有一些标准已经接近完成，如《工业系统、装置与设备以及工业产品结构原则与参照代号》，同时标准委员会还正在制订一些新的国家标准，如《电气说明书的编制》等。

在学习电气制图的过程中，必须养成遵守国家标准规范的习惯。

第二节　电气简图用图形符号

电气技术领域经常用到的图形符号分为两大类：一类是专供电气设备上使用的，称为电气设备用图形符号；另一类是供电路图和有关技术文件使用的，称为图用图形符号。习惯上将后者简称为图形符号。本节主要介绍图用图形符号。

一、图用图形符号及其构成

电气图中的图用图形符号是电气图的主体和基本单元，是电气技术文件中的"象形文字"，是构成电气"工程语言"的词汇。目前，国家标准《电气简图用图形符号》包括13个部分，发布的电气图用图形符号共1800多个。

图形符号是由图形符号要素构成的。符号要素是具有特定意义、不可拆分的简单图形。

电气图形要素的功能与汉字中的偏旁在汉字中的功能非常相似。汉字的偏旁有其独立的意义，但大都不能作为独立的汉字使用。图形要素也都具有特定的功能意义，但同样也不能单独使用，只能用于构成图形符号。或者说，图形符号要素只在图形符号中才能被使用。以图8-1所示的符号为例，图8-1（a）表示一个电极和一根引线，具有独立的意义，但不能被单独使用；图8-1（b）是两个同样的电极构成了电容器的一般图形符号；图8-1（c）、（d）是它同其他图形要素构成的三极管和二极管的图形符号。电容器、三极管和二极管都是可以在电路中独立使用，是最基本的图形符号。

（a）　　　　　（b）　　　　　（c）　　　　　（d）

图8-1　图形符号要素与图形符号的关系
(a) 图形符号要素；(b) 电容器；(c) 三极管；(d) 二极管

二、一般符号与限定符号

图用图形符号可分为一般符号与限定符号两种。

一般符号是表示一类产品或此类产品特征的简单图形符号。如图8-1所示的电容器三极管、二极管符号就是一般电气符号。

国家标准规定的常用电气符号见附表12。

限定符号是附加在基本符号之上，用以提供附加信息的一种符号。限定符号一般不能单独使用，但一般符号有时也可作为限定符号。

限定符号可以是图形符号、文字符号或图形与文字的组合，如图8-2所示。

限定符号在表达意义上，可分为以下几种：

（1）电流和电压的种类。例如交、直流电，交流电中频率的范围，直流电正、负极，中

图 8 - 2　限定符号的画法类型

性线、中间线等。

（2）可变性。可变性分为内在的和非内在的。内在的可变性是指可变量取决于器件自身的性质，如压敏电阻的阻值随电压而变化；非内在的可变性是指可变量是由外部器件控制的性质，如滑线电阻器的阻值是借外部手段来调节的。

（3）力和运动的方向。用实心箭头符号表示力和运动的方向。

（4）流动方向。用开口箭头符号表示能量、信号的流动方向。

（5）特性量的动作相关性。特性量的动作相关性，是指设备、元件与整定值或正常值等相比较的动作特性，通常的限定符号是＞、＜、＝等。

（6）材料的类型。材料的类型可用化学元素符号或图形作为限定符号。

（7）效应或相关性。效应或相关性是指热效应、电磁效应、磁致伸缩效应、磁场效应、延时和延迟性等，分别采用不同的附加符号加在元器件一般符号上，表示被加符号的功能和特性。

其他还有辐射、信号波形、印刷凿孔、传真等限定符号。

由于限定符号的应用，从而使图形符号更具多样性。例如，在电阻器一般符号的基础上，分别加上不同的限定符号，则可得到可变电阻器、压敏（U）电阻器、热敏（θ）电阻器、带滑动触点的电阻器等，如图 8 - 3 所示。

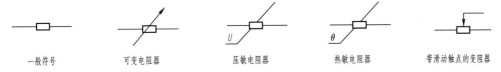

图 8 - 3　电阻器上的限定符号

三、图形符号的用法规则

图形符号在使用中要遵守一定的规则。下面从符号的工作状态、选择、大小、取向、引线、流向及新符号的补充等几个方面加以说明。

1. 符号表示工作状态假定

在电路简图中，所有图形符号的画法，均按无电压、无外力作用的状态示出。例如，各类电磁开关的线圈未通电、手动开关未合闸、手柄置于"O"位、按钮未按下、行程开关未到位等。

2. 符号的选择

国家标准给定的符号，有的有几种图形形式，其选择使用有以下一些原则：

（1）对于图形符号中的不同形式，可按需要选择使用，在同一套图中表示相同对象，应采用同一种形式。

（2）如果图形符号中注明"优选形"时，应予优先选用。当同种含义的符号有几种形式时，在满足表达需要的前提下，应尽量采用最简单的形式。

（3）电路图中必须使用完整形式的图形符号。

3. 符号的大小

符号的含义是由其形状和内容所确定的，符号大小和图线宽度一般不影响含义。在某些

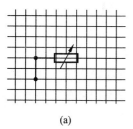 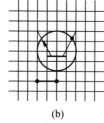

情况下，允许采用大小不同的符号。例如，为了增加输入或输出的数量，为了便于补充信息，为了强调某些方面，为了把符号作为限定符号来使用等。尽管符号的大小可以根据需要自行决定，但符号中各部分的绘制比例必须严格按照国家标准的规定绘制，不允许改变，如图8-4所示。

图8-4　图形符号中各图形要素的绘制比例

(a) 可变电阻器；(b) NPN 型三极管

4. 符号的取向

图形符号的方位一般不是强制性的。在不改变图形符号含义的前提下，可根据图面布置的需要旋转或镜像放置，但文字和指示方向不能倒置。

对方位有特殊规定的图形符号很少，需要特别注意。例如，在电气图中占重要地位的各类开关、触点，当符号呈水平形式布置时，必须将竖向布置的符号按逆时针方向旋转 90°后画出，即必须画为"左开右闭"或"下开上闭"的形式，如图8-5所示。

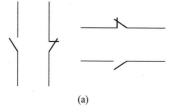 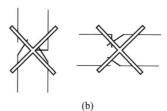

图8-5　开关不同方位时的画法

(a) 正确画法；(b) 错误画法

5. 符号的引线

图形符号所带的连接线不是图形符号的组成部分，在大多数情况下，引线位置仅作为示例。在不改变符号含义的原则下，引线可取不同的方向，如图8-6 (a) 所示。但是，当改变引线的位置会导致影响符号本身含义时，引线位置不能改变。如图8-6 (b)、(c) 所示，两个符号均为长方形，但当引线从长方形的短边引出时表示电阻器，而从长方形的长边引出时则表示继电器的线圈，这两个符号的引线就不能取任意方向。

图8-6　图形符号引线的画法规则

(a) 变压器的引线；(b) 电阻器的引线；(c) 继电器线圈的引线

6. 信号流向

信号流向一般遵循从左至右或从上到下，如果不符合这一规定，则应标出信号流向符号。信号的流向用开口箭头表示。

7. 新符号的补充

在国家标准《电气简图用图形符号》中比较完整地列出了一般符号和限定符号，但图形符号是有限的。如果某些特定装置或概念的图形符号在标准中未列出，允许通过已规定的一般符号，限定符号和符号要素适当组合，派生出新的符号，但对派生出的新符号要加以说明。

第三节　项　目　代　号

为了便于查找、区分和描述图形符号所表示的对象，在图形符号旁还应标注项目代号。项目代号是各个项目的一种特定代码，用以表明元件、器件、装置和设备的电器种类、安装地点、从属关系、端子位置等信息。

一、项目代号的作用和构成

项目代号是以安装位置为着眼点来编写的。

1. 项目代号的作用

(1) 用于识别项目的电器种类、项目的层次关系、项目的实际位置。

(2) 在电气图中为各种图形符号提供文字标注，表达特定的内容。

(3) 绘制某些表格时，项目代号是表格的重要组成部分。

通过项目代号可以将不同的图或其他技术文件上的项目（软件）与实际设备中的项目（硬件）——对应和联系在一起。项目代号既能表达特定的含义，又可将电气图中的项目与实物有机地联系起来。

2. 项目代号的构成

项目代号的编写与超市中货物的位置编号十分类似。假设挑选了一种牙刷中的第 3 个，那么，表示这把牙刷的位置的编号应该是 2 号区域的第 5 个货架牙具类的第 3 个位置。其中，2 号区域可能是超市的日用品区，第 5 个货架则是洗漱用品。这样就有了四个号段。表示位置的有两个，"区域"和"货架号"；表示种类的有一个，"牙刷"；表示顺序号的有一个，"第 3 把"。在电气制图中，"区域"、"货架号"、"种类"和"顺序号"都称为项目。

为了区别不同的项目，将包括范围不同的项目按照代表的不同层次进行划分。

一个完整的项目代号也包括四个代号段，分别定义为高层代号、位置代号、种类代号和端子代号。在每个代号段之前还有一个前缀符号，以作为代号段特征标记，见表 8 - 1。

表 8 - 1　　　　　　　　　　　　项目代号段示例

段　别	名　　称	前缀符号	示　例
第一段	高层代号	＝	＝S3
第二段	位置代号	＋	＋12D
第三段	种类代号	－	－K5
第四段	端子代号	：	：6

二、项目代号的编写

项目代号是以一个系统、成套设备或装置的依次分解为依据的。在这个系统、成套设备或装置中，每一低层代号组表示的项目总是高一层代号组所表示项目的一部分。

1. 高层代号

对于需要编写代号的项目而言，系统或设备中任何较高层次项目前的代号都可称为高层代号，如热电厂中包括泵、电动机、启动器和控制设备的泵装置等。

若高层代号由几部分组成可合写，如＝S5＝P2，或简化为＝S5P2。因为各类子系统或成套设备的划分方法不同，某些部分对其所属的下一级项目都是高层，故高层代号的命名也只能根据需要自行命名，但要在图纸中说明。

2. 位置代号

项目在组件、设备、系统或建筑物、电子设备中的实际位置代号称为位置代号。位置代号有实名法和坐标法两种编写方法。

(1) 实名法编写项目位置代号。实名法是根据项目所在具体位置的实际名称作为项目代号。例如，在106室有一通信线路的接线箱，这个接线箱的所在位置106室就可作为这个接线箱的位置代号，写作＋106。

在很多时候，最高层次的项目代号下，有很多下一级的项目，而这些下一级的项目又比较分散地安装在不同的位置。例如，有一个电阻在106室C排开关柜第2层第3块电路板上，那么，这个电阻的位置代号可以写为＋106＋C＋2＋3。

(2) 坐标法编写项目位置代号。开关设备或控制设备有时安装在开关柜中，在这种情况下要确定其中某一个项目的位置比较困难，可以采用画坐标的方法来确定某一个项目的具体位置。

坐标法又称为网格模数定位法。具体方法如下：

1) 若开关有若干块安装板（也可能是印制电路板），先对每块安装板命名，如A、B、C等。

2) 对每块电路板都画出纵横两组坐标，坐标的原点一般选安装板的某一角。各向坐标的模数（每一坐标的单位长度）可以不同，但同一坐标轴上的模数应相同。如果没有安装板，可以对整个开关柜画出纵横坐标。

3) 对安装板上的项目用其所在位置的坐标来编写其代号。

例如，在B安装板上M点上有一个项目，M点所在位置的坐标是（12，6），那么这个项目的代号可以记为＋B＋6＋12。

注意，用坐标法编写时，纵坐标在前，横坐标在后。

在编写位置代号时，要注意以下规则：

1) 具有多个位置代号时，位置代号前缀符号可只写最前面的一个。例如，＋106＋C＋3可写成＋106C3。

2) 如果相邻的两个代号均为数字时，为避免引起误解，应使用分隔符号"·"将两组数字隔开。例如，＋B6·12，＋106C2·3。

3. 种类代号

项目代号的第三段是种类代号，用于识别项目的种类。项目种类是各种各样电气元件、器件、装置、设备等。例如，电阻和电容就是不同种类的电气元件。

种类代号是我们最熟悉的代号，在中学物理的电学部分已经接触过相关的知识，例如电阻用R表示，电容用C表示等。

种类代号的构成通常有以下三种方法：

(1) 采用字母代码加数字。这种方法使用最多、最直观，易于理解，例如－R3。

(2) 给每一个项目规定一个统一的数字序号，例如－8，将数字序号和它代表的项目列表置于图后。

(3) 按不同类的项目分组编号。例如继电器由1、2、3、…，电阻11、12、13、…，将编号所代表的项目排列置于图中或图后。

　　在若干项目组成的复合项目中（如部件），种类代号可采用字母代码加数字的方法表示。如图8-7所示的电路是一个项目名为Q2的断路器，它是由一些元器件组成的。其中，电动机M1的种类代号为－Q2－M1，表示Q2项目中的电动机M1。这个项目代号也可简化为－Q2M1。

　　对于许多常用的电气设备和元器件，国家标准中都给出了标准代码，例如上面提出的电阻R和电容C。

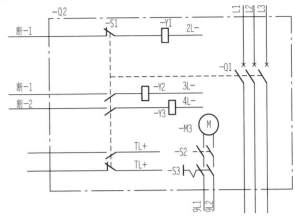

图8-7　断路器内的元器件

4. 端子代号

　　在某些系统或设备中，有一些需要在安装时另行用导线或专用接插器与其他系统或设备连接，这些连接部分（如接线柱、专用接插器、接线座、连接插排等）称为接线端子。对这些接线端子编写的代号称为端子代号。当项目的端子有标记时，端子代号必须与项目上端子标记一致；当项目的端子没有标记时，应自行设立端子代号。端子代号主要供接线、测量和调试用，通常采用数字或大写字母表示。

三、项目代号的使用

1. 当前位置与项目代号的简化

　　完整的项目代号由四部分组成。例如，＝S3＋12D－K5：6，这一代号段表示装置S3中在12号房间D列控制柜上的接触器K5的第6号端子。但是若对电气图中每一个项目都采用这种完整的注法进行标注，不仅浪费时间，也会使图面混乱，影响图纸的布局和美观。因此在实际标注过程中，经常采用简化注法。

　　当前位置是由计算机科学中"当前路径"演化而来。一个文件的位置全称可能很长，为了简化，可以省略当前打开的文件夹及以前的路径代码，只写出当前打开文件夹以下的路径。

　　在电气图中，简化的项目代号必须是在图中已经明确标注高层代号和位置代号的场合。具体简化规则如下：

　　（1）高层代号已经标注在标题栏内或图纸的上方时，可省略高层代号的标注。

　　（2）对于画有围框的功能单元和结构单元，可省略围框及更高层次的项目代号。

　　（3）根据够用为度的原则对项目符号进行简化。强调某项目的实际位置时，可用第二段和第三段组成项目代号；如需表示某项目的端子时，可用第三段和第四段组成项目代号。

　　（4）对于简单电路，可只标注第三段项目代号。

　　（5）在任何简化中第三段代号都不允许省略。

2. 项目符号的标注

　　（1）采用集中和半集中表示法绘制的元件，其项目代号只在符号旁标注一次并与机械连接线对齐。

　　（2）采用分开表示法绘制的元件，其项目代号应在项目每一部分的符号旁标注。

（3）项目代号的标注位置应尽量靠近图形符号的上方，尤其是项目代号的第3段（种类代号）应靠近符号的中心。

（4）当电路水平布置时，项目代号标在符号的上方；当电路垂直布置时，项目代号标注在符号的左方。项目代号水平书写，从上到下或从左到右。

（5）项目代号中的端子代号标注在端子或端子位置的旁边。

（6）对于画有围框的功能单元和结构单元，其项目代号标注在围框的上方或右方。

（7）大多数情况下，项目代号中的高层代号可以标注在标题栏内或图纸的上方，以简化符号旁项目代号的标注。

第四节　电气简图布局

布局是指安排、布置。电气图的布局就是电气图中符号在图中的位置安排。

一、布局法分类

电气简图的布局有两种方法：位置布局法和功能布局法。

位置布局法是指图中电气符号的布置对应于该符号所代表的元器件和设备在安装时实际位置进行布置的布局方法。采用位置布局法进行电气图布局，可以看出元器件和设备之间的空间位置关系和导线的走向。位置布局法与机械图中的布局有相似之处，多用于安装图、平面布置图、综合布线图等施工图中。

功能布局法是着眼于电气简图所要表达的功能关系，而不考虑实际位置的一种布局方法。

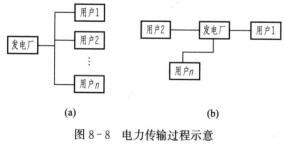

图 8-8　电力传输过程示意
(a) 功能布局；(b) 位置布局

在功能布局中，将表示对象划分为若干功能组，按照因果关系从左到右或从上到下的方向布置；每个功能组的元件集中布置在一起，并尽可能按工作顺序排列。大部分电气简图都采用功能布局法布局。

发电厂到用户的电力传输过程按两种布局法可分别表示，如图 8-8 (a)、(b) 所示。

1. 针对图 8-8 (a) 的分析

如果要表示电力在发电厂和用户之间的传递关系，那么应该是从发电厂发出电能，再输给用户使用，这个过程不能相反。发电厂的功能是提供电能，用户的功能是消耗电能。图中的多个用户在功能上是一致的，故放在一列中，具有并列关系。这样的布局就是功能布局。

功能布局法的本质是表达两事物间的因果关系，因在先，果在后。画图时要按照人们的阅读习惯，或从左到右，或自上而下，其目的就是使读者能够迅速理解图中所要表达的内容。图 8-8 (a) 选用了从左到右的顺序排列，符合阅读和理解习惯。

2. 针对图 8-8 (b) 的分析

为了减少输电过程中的能量损耗，应该尽量缩短供电线路的长度，所以发电厂会被建设在用户的中间，用户环绕在发电厂周围。位置布局法所要表达的是系统中各个部分之间的相互位置关系，而不是功能关系。从图 8-8 (b) 可以看出，每一用户到发电厂的距离并不一定相同，但却可以清楚地看到每一用户到发电厂的距离和所处的方位。从位置布局法的电气简图中可以很方便地找到每一个用户的具体位置，便于施工和维护。

二、功能布局法的应用

电气简图的布局采用功能布局法。功能布局应从对象的因果关系着眼，按从左到右或自上而下的传递顺序排列。

从左到右或自上而下的规则是指一个系统中总的传递方向，系统内的小环节并非必须遵守。在一些复杂系统中，在保证大方向不变的前提下，允许一些小环节不按这一规则表达。如系统中的反馈环节、某些特殊分支或系统中存在某些特殊元器件或设备等。

如果系统复杂，功能的传递方向不明显，或是某些小环节与从左到右或自上而下的方向不一致时，应在连接线上用箭头标明流向。

电气简图的布局还要求排列均匀、图面清晰、便于读图。图中的连接线应选择直线，以水平或垂直线为首选，并尽量减少折弯或交叉。

在实际工程中，功能布局在工程应用中有很多变形，常用的具体形式有以下几种。

1. "一"字形布局

"一"字形布局是最基本的布局。按照系统中"流"的传递方向，或采用"从左到右"的水平布局，或采用自上而下的垂直布局都属于"一"字形布局。在图 8-8（a）中，尽管出现了多个分支用户，但这些用户在功能上都可归于一类，因而其本质上仍属于"一"字形布局。

2. T 形布局

在一些电气系统中（如控制系统等），经常需要将控制电路与被控制电路同时画在一张图纸中。为了区别控制与被控制之间的关系，通常将二者按 T 形布置。例如，将控制电路水平布置，将被控电路垂直布置，如图 8-9 所示。

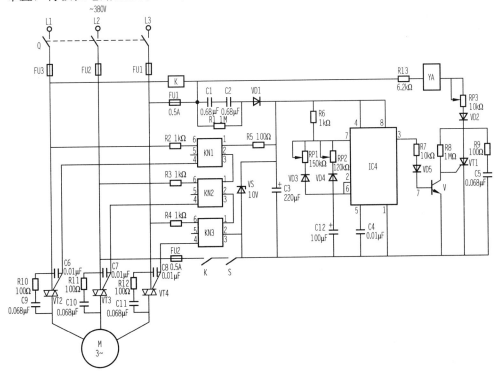

图 8-9　电路简图的 T 形布局

3."口"字形布局

在带有反馈环节的电路中,反馈环节的信息流路径称为反馈通道,正常信息的流经路径称为正向通道或前向通道。如果一个电路带有反馈环节（也称为反馈环），正向通道按从左至右或自上而下的规则布局,反向通道则必然会按与正向通道相反的方向布局,从而形成了类似"口"字形的闭合回路,如图8-10所示。按上述要求进行的布局仍然是符合规则的合理布局。

如果电路中有不相交叉的多条反馈回路,应按照"大环在外,小环在内"的方法布局。

4."中"字形布局

如果电路中有相互交叉的多条反馈回路,为避免环与环之间的交叉,应将交叉部分放在前向通道的两侧,形成类似"中"字形的结构布局,如图8-11所示。

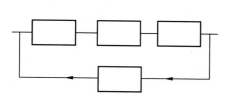

图8-10 电路简图中的"口"字形布局

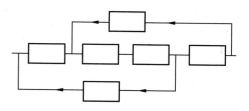

图8-11 电路简图中的"中"字形布局

5."米"字形布局

"米"字形布局是一种局部电路的布局方法,常用于电子电路中。在电子电路中,如果采用了多引脚的集成电路,与集成电路相关的电路可以不按从左到右或自上而下的规则布局,而是以该集成电路为中心,将相关电路安排在集成电路的四周,如图8-12所示。

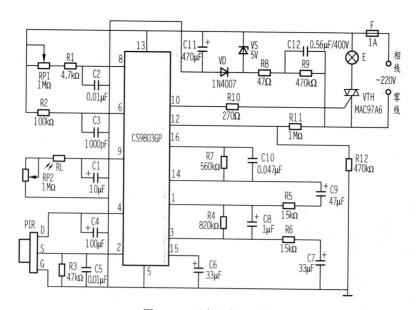

图8-12 "米"字形布局

6. 对称布局

对称布局也是一种局部电路的布局方法。对于一些常用的对称电路，已经形成了固定画法，在电路简图中，对这样的对称电路应该遵从习惯，采用对称布局的方法布局。对称电路布局示例见图 8 – 13。

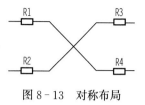

图 8 – 13 对称布局

第五节 电气简图的其他表达方法

在电路图中，为了更清楚地表达设计者的设计思想，除了上述表达方法外，还会用到其他一些表达方法。

一、围框

围框是电路图中表示相对独立电路单元的边界线。围框有单点画线围框和双点画线围框两种表达形式，首选单点画线作为围框线。

1. 单点画线围框

当需要在图上显示出图的某一部分，如功能单元、结构单元、项目组（继电器装置等）时，可用点画线围框表示。为了图面的清晰，围框的形状可以是不规则的。如图 8 – 14（a）所示的继电器 –K 由线圈和三对触点组成，用围框表示后，其组成关系更加明显。

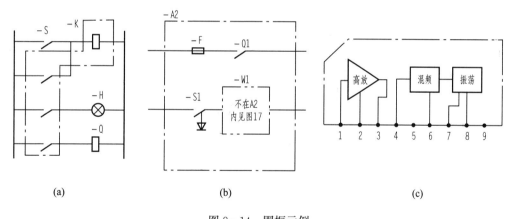

(a) (b) (c)

图 8 – 14 围框示例

（a）单点画线围框；（b）双点画线围框；（c）封装元件

2. 双点画线围框

双点画线通常用于在已有点画线围框内再嵌套一个低层次围框的场合。在单点画线围框内，如果有在电路功能上属于本单元而结构上不属于本单元的项目，就要用双点画线围框围起来，并在框内加注释说明。如图 8 – 14（b）所示的 –A2 单元，按钮 S1 控制的 –W1 单元并不在 –A2 单元中，用双点画线围框单独表示，并在图中说明，由于 –W1 单元在图 17 中已详细给出，所以图 8 – 14（b）中将 –W1 单元的内部接线省略。

3. 围框应用的场合

（1）用以表示图中的某一部分内容是具有某种确定功能的单元。

（2）用以表示图中的某一部分是一个完整的结构单元。例如，图 8 – 14（c）所示为一

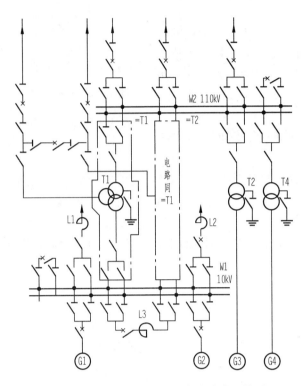

图 8－15　（火力发电厂）电气主接线系统图

个封装了两个不同功能独立回路的集成电路，一个回路作高频放大，另一个为混频—振荡器。由于它们都是封装在一起的，各自组成一个完整的结构单元，当它们用于电路中时，就用围框圈出。

（3）用以简化电路。在如图 8－15 所示的（火力发电厂）电气主接线系统图中标有代号为 ＝T1 的围框内，已详细画出了电力变压器和与之相关联的隔离开关、断路器等设备，它们组成一个项目组，并用围框表示该项目组所包含的元器件、设备，以及它们之间的连接关系。＝T2 围框内已注明是与 ＝T1 完全相同的项目组，因而省略了 ＝T2 内的具体电路。

4. 围框的画法规则

电气简图中除插头、插座和端子符号外，围框线不能与元器件的图形符号相交。

插头、插座和端子符号可以画在围框线上，如图 8－16（a）、（d）、（f）所示；可以画在单元围框线内，如图 8－16（b）、（e）所示；也可省略，如图 8－16（c）所示。

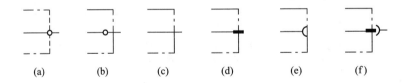

| (a) | (b) | (c) | (d) | (e) | (f) |

图 8－16　围框线与插头、插座、端子符号

（a）端子 1；（b）端子 2；（c）省略；（d）插头；（e）插座；（f）插头插座

二、机械连接线

当电气简图所表示的某个装置或设备中机械功能和电气功能关系密切时，应该用表示机械连接关系的虚线表示出各符号间的联系。如图 8－17 所示，项目－K1 是一个过热保护装置，由一个过热保护元件和两个接点组成。当－K1 的元件动作时，两个开关会产生联动。这三个部分是因机械动作而动作的，所以用机械连接线表示。同样，项目－Q1 是一个继电器，由一个线圈和两组开关组成。当线圈通电时，两组开关会产生动作，从而接通或断开电路。这个线圈和两组开关同样是做纯粹的机械运动，故也需用机械连接线连接。

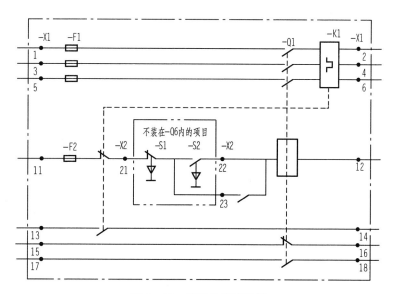

图 8-17　机械连接线示例

第九章　电气功能简图的画法

电路功能简图主要指电路图和各种框图。在画法和规则上，电力电路和电子电路之间、各类框图之间并无太大的区别，都需依照国家电气制图标准的规定绘制。所以本章并非依照其应用的行业和场合来介绍电气图的画法，而是根据画法规则来介绍电气功能简图的画法。

第一节　电路图概述

电路图又称为电原理图。电路图可以直接体现电力或电子线路的结构和工作原理，多用于电路的设计和分析。电气和电子工程技术人员通过识别图纸上的各种电路图形符号及它们之间的连接方式，便可清晰地了解电路的实际工作状态。电路图就是用来体现电力和电子电路工作原理的一种工程图样。

一、电路图的作用

电路图作为一种工程图样，其作用主要是供技术人员详细理解电路的作用原理，分析和计算电路特性。具体地说，电路图的作用主要有以下几个方面：

（1）表明电气系统、分系统、设备或装置的电路结构、各单元电路的具体形式和它们之间的连接方式，从而表达电路的工作原理，以满足电路功能分析、参数计算的要求。

（2）给出电路中各设备和元器件的具体参数，如型号、标称值及其他一些重要数据，为检测、更换设备和元器件提供依据。

（3）一些电路图中还给出了有关测试点的工作电压，为检修电路故障提供方便。

（4）给出与识图相关的有用信息。例如，通过各开关的名称和图中开关所在位置的标注，来表明该开关的作用和当前开关状态；当电路图分为多张图纸时，引线接插件的标注能够方便地将各张图纸之间的电路连接起来。

二、电路图的特点

为满足实际工程的需要，电路图具有以下特点：

（1）完整性。电路图应包括整个系统、成套设备、装置或所要表达电路单元的所有电路，并提供分析、测试、安装、维修所需的全部信息。

（2）规范性。电路图中所使用的符号、连接线及相关说明等必须符合国家标准。

（3）清晰性。电路图的布图应以电路所要实现的功能为核心安排，以使读者能够迅速准确地理解电路的功能。

（4）针对性。根据电路图的用途不同，所采用的表达方法也不同。例如绘制发电厂或工厂控制系统的电路图，其主电路的表示应便于研究主控系统的功能。对主电路或其一部分，一般采用单线表示法表示，例如表示互感器的连接等。

三、电路图的分类

按照不同的标准，电路图可做不同的分类。

1. 整机电路与单元电路

按照所表达对象的完整性划分，电路图可分为整机电路图与单元电路图。

整机电路图是一个系统、成套设备和装置的全部电路图，对于相对复杂的系统来说，常由多张电路图构成；单元电路图是指一个分系统、设备或装置中一个功能单元的电路图。单元电路图是构成整机电路图的基础，整机电路图常由若干个单元电路图构成。

2. 应用电路图与原理电路图

应用电路图是能够直接用于生产实际的电路图。原理电路图是理想化的，供研究和教学使用的电路图。

四、电路图的内容

一张完整的电路图应具有以下内容：

（1）表示电路中元件或功能的图形符号。

（2）元件或功能图形符号之间的连接线。

（3）项目代号。

（4）端子代号。

（5）用于逻辑信号的电平约定。

（6）电路寻迹必需的信息（信息代号、位置检索标记）。

（7）描述元件所必需的补充信息。

第二节　电路图的绘制规范

电路图是采用国家标准规定的电气图形符号，按功能布局绘制的一种工程图。电路图既不表达电路中元器件的形状和尺寸，也不反映元器件的安装情况，却要详细表达电气设备各组成部分的工作原理、电路特征和技术性能指标。它为电气产品的装配、编辑工艺、调试检测、分析故障提供信息，同时还为编制接线图、印制电路板图及其他功能图提供依据。

一、电路图绘制原则

（1）完整性原则。电路图应能完整地反映电路的组成，即要把电源、用电器、导线和开关、元器件都画在电路中，不能遗漏任何一种电路设备、器件。

（2）规范性原则。电路图的绘制必须严格遵守国家电路制图标准。在缺少标准时，应遵从规范原则和行业惯例。

（3）合理性原则。电路图的布局应根据所表达电路的实际需要，合理地安排电路符号，突出表达各部分的功能。

（4）清晰性原则。一张好的电路图应符合人们的阅读习惯，各种符号分布均匀，连线横平竖直，使图面清楚、简洁、美观、整齐。

二、导线的连接

（一）导线连接的一般规则

1. 连接线的一般符号

连接线的一般符号是直线。在简图中，连接线一般应画成或水平或垂直的正交形式，当需要转折时，应按直角转折。只有在一些特殊的对称电路中，连接线可画成斜线。

2. 连接线的宽度

一般情况下，连接线采用细实线绘制，而且同一张图中的连接线宽度应当相同。

在一些电力系统图和控制系统图中，为了突出或区分某些电路，可将这部分电路的图形符号及连接线用粗实线表示。粗实线的宽度应为细实线的两倍。

3. 连接线的线型

连接线一般用实线表示。当表示隐含和预留项目时，连接线可用虚线表示。

4. 连接线的相交与交叉

在电路图中，当两条连接线互相连通时称为相交，相交点称为连接点；两条连接线垂直穿过但不相互连通时，称为交叉，如图9-1所示。对于相交连接线的连接点可在连接点处加画连接点符号，连接点符号为一实心圆点，如图9-1（b）所示。对于T形连接，不画连接点符号，如图9-1（c）所示。

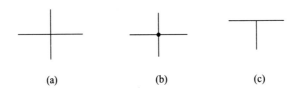

图9-1　连接线的相交与连接
（a）交叉（跨越）；（b）相交（连接）；（c）T形连接

对于交叉的两条连接线，在作图时应遵守下列规则：两条不相连通的连接线不能重合，交叉连接线的交叉点不能画在其他相交连接线的连接点处；两条交叉的连接线，不能在交叉点处转折。

（二）连接线连接的表示方法

1. 连接线的单线表示法和多线表示法

（1）多线表示法。电气图中，电气设备的每根连接线各用一条图线表示的方法，称为多线表示法，如图9-2（a）所示。多线表示法能比较清楚地看出电路工作原理，尤其是在各线不对称的情况下宜采用这种表示法。但此类图中线条较多，作图麻烦，对于比较复杂的系统交叉过多反而会使图形繁杂，难以读懂。因此，多线表示法一般用于表示各连接线或各线内容不对称，以及需要详细表示各线具体连接方法的场合。

图9-2　图线的表示方法
（a）多线表示；（b）单线表示

（2）单线表示法。电路图中电气设备的两根或两根以上（大多是表示三相系统的三根）连接线或导线，只用一根图线表示的方法，称为单线表示法。当采用单线表示时，两端不同位置的连接线应按其实际连接关系标以相同的编号，如图 9-2（b）所示。

在同一图中，一部分采用单线表示法，一部分采用多线表示法，称为混合表示法。这种表示法既有单线表示法简洁精练的优点，又有多线表示法描述精确、充分的优点。

（3）多线的单线表示方法。对于多根连接线，可以分别画出，也可以只画一根图线。

在必须表达连接线数目的场合（如电路图中导线），当用单线表示几根接连线或连接线组时，为表示连接线的实际数目，可按以下两种方法表示。

当连接线的数目不多于 3 根时，可在单线上加 45°短斜线表示，短斜线的数目与连接线的数目相同，短斜线的宽度与连接线相同，如图 9-3（a）所示。当连接线的数目多于 4 根时，可单线上画一根短斜线，并在短斜线旁加注表示连接线数目的数字表示，如图 9-3（b）所示。

当不需要明确表达连接线数目的情况下（如框图中的传递关系连线），通常可省略对连接线数目的标注。

2. 连接线的分组表示

为了方便读图，对图中多根平行连接线应分组表示。分组时应优先采用功能分组法，按连接线的功能进行分组；若不能按功能分组，可任意分组，但每组不多于三条。分组后的连接线组与连接线组之间的间距应大于组内连接线的间距。如图 9-4 所示，图中五根连接线被分成了两组，组间的距离大于线间距离。

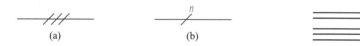

（a）	（b）

图 9-3　线组的单线表示法

（a）多线表示法 1；（b）多线表示法 2

图 9-4　连接线的分组表示

图 9-5 所示的三个电路是分别用三种不同方法表示的同一电路。图 9-5（a）采用多线

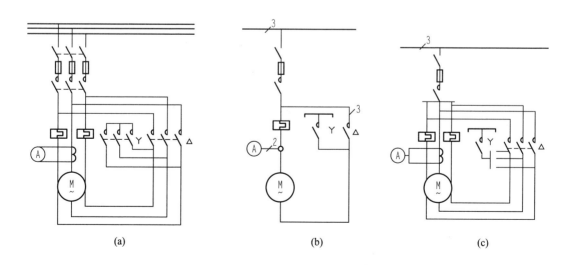

（a）	（b）	（c）

图 9-5　导线组的三种表示法比较

（a）多线表示；（b）单线表示；（c）混合表示

表示法；图 9-5（b）采用单线表示法；在图 9-5（c）中，电源主干线、电源开关、熔断器和丫形启动分支采用单线表示法，其余电路采用多线表示法。

3. 连续表示法和中断表示法

连续表示法是将表示导线的连接线用同一根图线首尾连通的表示方法。中断表示法则是将连接线中间断开，用符号（通常是文字符号及数字编号）标注其去向的表示方法。

（1）连续表示法。连续表示法在表现形式上又分平行连接线和线束连接线两种情况。若为平行连接线，可以用多线表示，也可以用单线表示。为了避免线条太多，保持图面清晰，对于多条去向相同的连接线常采用单线表示法。电气图中的多根去向相同的连接线可采用一根图线表示，这根图线实际代表着一个连接线组，称为线束。

（2）中断表示法。为了简化线路图或使多张图采用相同的连接表示，连接线一般采用中断表示法。中断线的使用场合及表示方法常有以下三种：

1）穿越图面的连接线较长或穿越稠密区域时，允许将连接线中断，在中断处加相应的标记。如图 9-6（a）所示，两侧的连接线要求连接，但又被中间的三条连接线阻挡，故采用中断连接法表示，在互连线上分别标记。

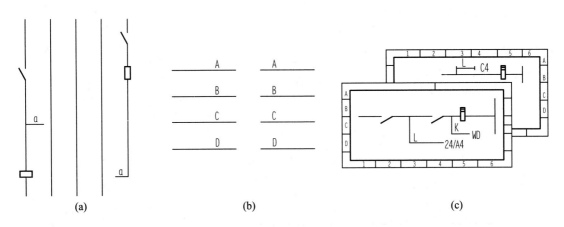

图 9-6　中断表示法示例

(a) 穿越图面的中断线；(b) 导线组中断示例；(c) 两张图上互连线的表示

2）去向相同的线组可用中断线表示，并在中断处的两端分别加注适当的标记，如图 9-6（b）所示。

3）若一条图线需要连接到另外的图上去，则必须用中断线表示，如图 9-6（c）所示。

采用中断表示法表示连接时，需要用符号对中断的连接线两端进行标记。

4. 连线的标记

为了便于看出连接线的功能或去向，可在连接线上方或连接线中断处做信号名标记或其他标记，如图 9-7 所示。

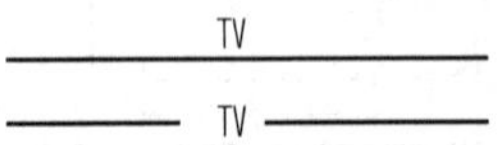

图 9-7　连接线标记示例

三、元器件的集中表示法与分开表示法

1. 元器件的集中表示法

把一个元件各组成部分的图形符号，在图上集中绘制在一起的表示方法称为集中表示，见表 9-1。

2. 分开表示法

把一个元器件各组成部分的图形符号在图上分开表示，并用项目代号表示它们之间的关系的表示方法称为分开表示法，见表 9-2。

表 9-1	元器件集中表示法示例		
示例	集中表示法	名称	附注
1	−K1 A1 ─ A2 13 ─ 14 23 ─ 24	继电器	可用半集中表示法（见图 9-8）或分开表示法（见表 9-2）表示
2	−SB 23 ─ 24 21 ─ 13 ─ 14	按钮开关	同上
3	−T1 11 12 21 13 22 14	三绕组变压器	可用分开表示法（见表 9-2）表示

表 9-2	元器件分开表示法示例
示例	分开表示法
1	−K1　A1 ─ A2　　13 −K1 14　　23 −K1 24
2	−SB　13 ─ 14　　23 −SB 24　21
3	−T1　11 12 13 14　　−T1　21 22

3. 半集中表示法

把一个元器件某些组成部分的图形符号在图上分开布置，并用机械连接线表示它们之间的关系，而另一些部分集中布置的表示方法称为半集中表示法，如图 9-8 所示。

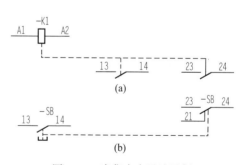

图 9-8　半集中表示法示例

四、元器件技术数据的注释

电气元器件的技术数据一般标在图形符号近旁。当连接线水平布置时，尽可能标在图形符号的下方；垂直布置时，则标在项目代号的下方；还可以标在方框符号或简化外形符号内。

注释和标志的表示方法：①注释的两种表示方法，直接放在所要说明的对象附近或将注释放在图中的其他位置；②如设备面板上有信息标志时，则应在有关元件的图形符号旁加上同样的标志，如图 9-9 所示。

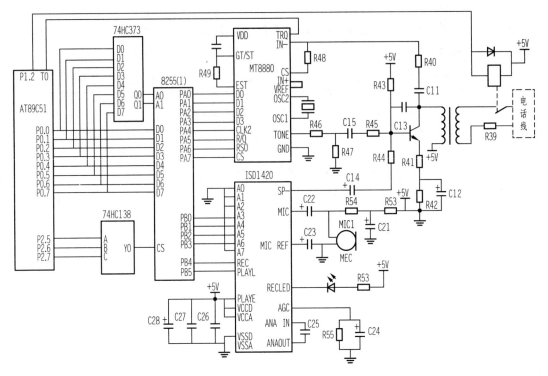

图 9-9   MT8880 与 AT89C51 及语音电路的接口电路

第三节   电路图的画法步骤

电路图的布局原则：合理、排列均匀、画面清晰、便于读图；所有元件用图形符号绘制，标注应在图形符号的上方或左方；电路图布置时，一般输入端在左，输出端在右，按工作原理从左到右、从上到下排列，元件应尽量横竖平齐；元件之间用实线连接，应以最短、交叉最少、横平竖直为原则，连线过长应使用中断线，功能单元可用围框；电路图中的可动元件要按无电状态时的位置画出。

一、电路分析

电路分析的目的是选择合适的表达方式。

（1）了解电路的用途，电路的用途往往决定其表达方法，如控制电路常用 T 字形布局等。

（2）分析电路工作过程。通过对电路工作过程的分析，判断出电路中能量流、信息流等不同"流"的传递流程和传递方向。

（3）将电路划分为若干单元电路。把复杂的电路划分为若干单元电路，不仅有助于布局，也有助于读者对电路的理解。

（4）分析单元电路的特点。整个电路的布局是要把单元电路按一定的顺序排列开来，但每一个单元电路的内部，会有多个元器件组成，会有局部电路的布局问题。分析单元电路特点的目的是局部布局。因此，分析单元电路的特点是要分析单元电路的组成元器件及其相互之间的逻辑关系特点。

二、布局

经过对电路的分析，已经对电路有了一个基本的了解。

布局时，先对整个电路进行整体布局。对于因果次序清楚的电路，其布局顺序应该使信息的基本流向为从左到右或自上而下。具体形式则要根据具体电路的功能和电路组成特点来决定。

整体布局完成后，还要对构成整体电路的各个单元电路进行布局。布局的根据仍然是单元电路的特点。需要说明的是，单元电路的布局不一定能够满足从左到右或自上而下的传递方向要求，特别是一些特殊电路（如反馈电路），其本身的功能与上述要求相反的，此时就应用开口箭头来标示信息传递的方向。

布局时还要考虑电磁开关的表达方法，确定是采用分开表示、集中表示或混合表示。

以上步骤完成后，可在图上先画出各单元电路的大致位置，以备填画具体电路之用。

三、电气符号安排

布局完成后，要将电路所需要的元器件画在电路中。在画元器件符号时，要注意元器件之间要留出导线的位置。

四、连线

画连线是完成电路的重要环节之一。

画连线时，要尽量减少连接线折弯或交叉。对于必须交叉的，应确定是用连续表示法还是中断表示法。如果选用中断表示法，在画连线的同时，就应标出中断点的符号，以免出现混乱。

如果连线需要与本张图以外的电路单元相连接，应将连线画到图纸边框附近的醒目之处，并立即标上相应的标记。

对于有分支的连接线，应视具体情况，在连接点处画出连接符号。

五、调整修正

上述工作完成以后，要对电路图进行认真的研读，以便发现错误和遗漏。同时，还要对各元器件的位置、连接线的表达方法等作适当的调整和修正，以达到正确清晰的目标。

六、注写文字符号

注写文字符号包括项目代号、元器件的规格型号和各种技术说明。

七、填写标题栏

填写标题栏各项。

八、检查修改，完成全图

经再次检查和修改确定无误后，还要对需要用突出表达的连接线用粗实线描画。最后擦去不必要的作图线和作图标记，完成全图。

第四节　电路画法实例

电路中一些基本电路已经被认为是典型的规范电路。这些常用典型电路的画法也逐渐形成了习惯画法。在一个电路中若遇到这些电路，应当按照习惯画法绘制。

一、常用电路的习惯画法

常用电路的习惯画法见表 9-3。

表 9 - 3   常用电路的习惯画法

电路名称	画法举例
无源二端口网络	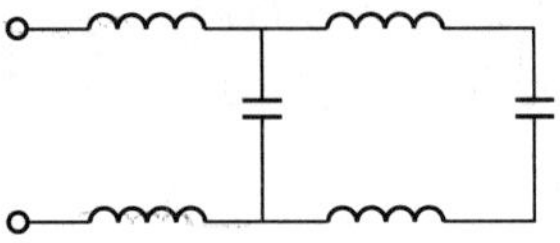
无源四端口网络	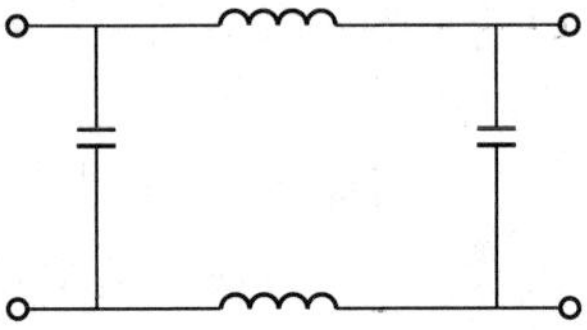
桥式电路	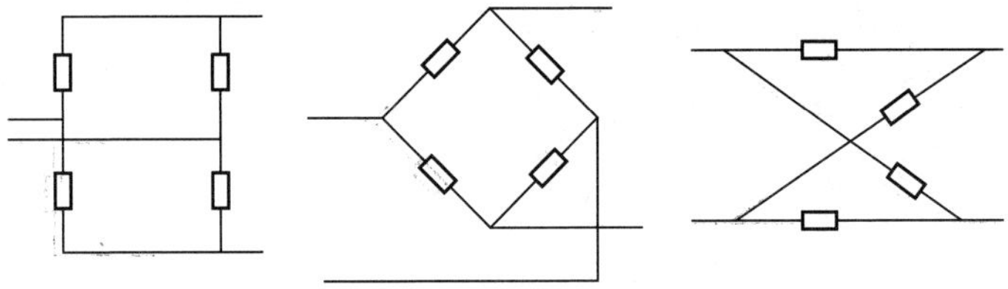
整流桥	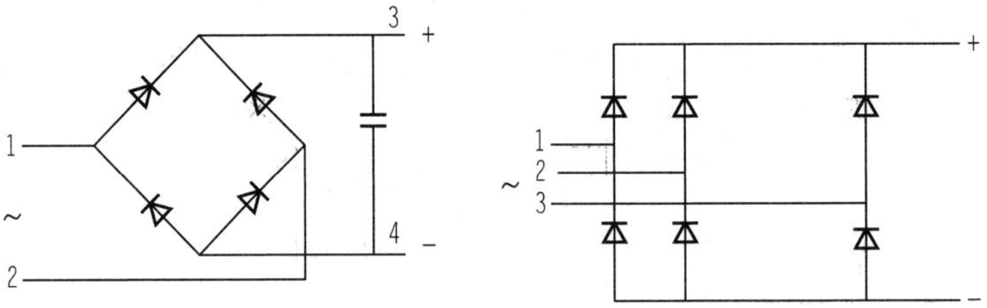
放大电路	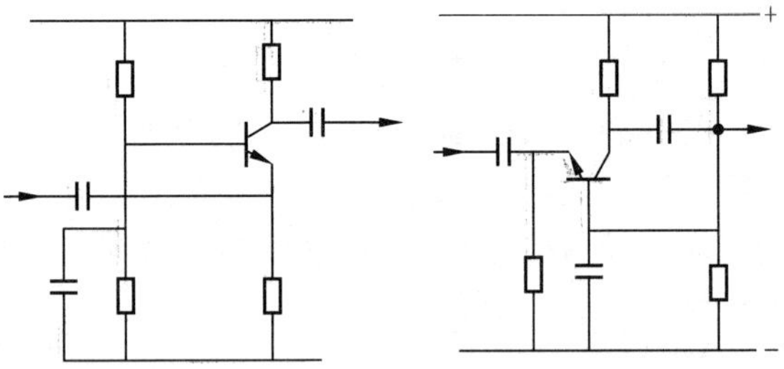
对称电路	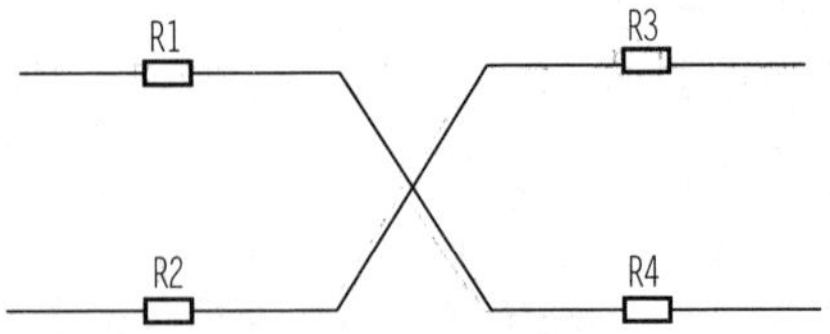

二、并联电路的画法

1. 并联电路画法的一般要求

在电路图中，当分支电路从上到下绘制时，同类元件图形符号一般水平排列；当分支电路从左至右绘制时，同类元件图形符号一般垂直排列，如图 9 - 10 所示。

2. 同等重要并联电路的画法

在主电路中，同等重要的元器件并联时，两支路应与主电路对称分布，如图 9-11 所示。

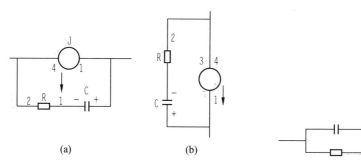

图 9-10　同类元件图形符号一般垂直排列　　　图 9-11　同等重要并联电路的画法

三、电路画法实例分析

图 9-12 所示为 C-620 型车床的电路原理图，图形位置居中，各工作部分均有标注。

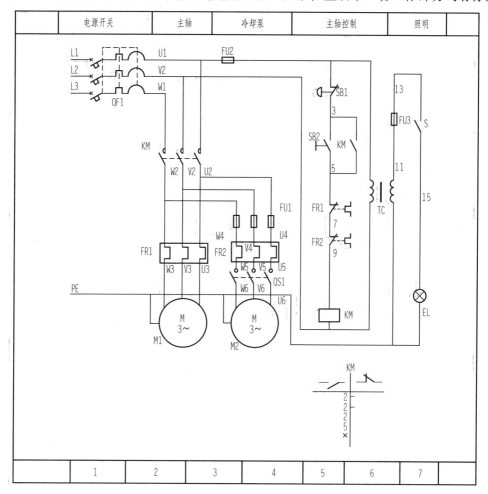

图 9-12　C-620 型车床的电路原理图

第五节　系统图与框图

系统图和框图是用带注释的线框概略表达一个系统、分系统、成套装置或设备的基本组成、相互关系及其主要特征的简图。系统图和框图的作用是为进一步编制详细的技术文件提供依据，也可供操作或维修时参考。

一、系统图和框图的构成

框图和系统图由符号、注释、连线和箭头四大要素构成。

1. 框形符号

框形符号是用直线或曲线首尾相连而形成的封闭平面几何图形。框形符号图中，封闭线框用来表示一个相对独立的功能单元（如分机、子系统、元器件组合等），也可表示一个过程中的步骤。

框形符号是电气符号中的一种，但与其他电气符号不同的是，框形符号不特定表示一个元件或设备，而是根据实际需要，可以代表任何一个相对独立的功能单元或过程步骤。

国家标准规定了几何线框的形状，但线框的大小、各部分之间的比例由用户根据实际情况自行决定。

矩形为通用框形符号。

框形符号的线框均用细实线画出，同一张图中线框的线宽应当一致。

框图中线框的大小和比例关系要根据每一线框中注释内容来决定，尽管同一图中各线框的大小及比例不做严格规定，但应尽量一致。对于矩形符号，应优选正方形线框。

2. 注释

注释是对框形符号所表示内容或功能的简要说明，也用来说明框形符号之间的关系。

注释的方法有三种：符号注释、文字注释和混合注释。图 9 - 13 所示为三种注释的样例。

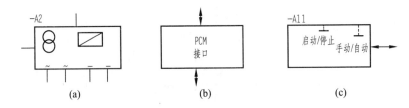

图 9 - 13　带注释的图框
(a) 符号注释；(b) 文字注释；(c) 混合注释

（1）符号注释。符号注释是用通用符号对框形符号的内容或功能进行简要说明的一种注释方法。符号注释具有简洁、直观，不受语言限制的优点，多用于专业人员之间的交流。但注释的符号因具有较强的专业性，未受过专门训练的人员在读图时会遇到困难。符号注释如图 9 - 13（a）所示。

通用符号的选择要依框形符号所表达的内容而定，并不仅指电气通用符号，也包括其他专业的通用符号。

（2）文字注释。文字注释是用文字对框形符号的内容或功能进行说明的一种注释方法。

文字注释方法即在框形符号中简要地注写线框的名称，也可较为详细地描述该符号所代表的功能或工作原理，甚至还可以概略地标注其工作状态、参数等。文字注释的优点是通俗易懂，但直观性差，有时还可能引起歧义。文字注释如图 9－13（b）所示。

文字注释中的"文字"是一个广义的概念，也包括公式，甚至曲线。

（3）混合注释。混合注释是同时用符号与文字对框形符号进行说明的一种注释方法。混合注释兼有符号注释和文字注释两种注释方法的优点，因而也经常在工程中使用，如图 9－13（c）所示。

注释也用于对两框形符号间传递的内容、性质、状态和两框形符号间相互关系的说明，如图 9－14 所示。

3．连线

连线用来标明框形符号之间能量、信息、物质或其他所表达内容的传递关系。连线的线型、线宽及走向应符合电气制图的一般规定。

图 9－14　对两图框关系的注释

（a）说明传递信息的性质；（b）说明两图框关系

4．箭头

在框形符号图中，用箭头表示传递关系的方向。框形符号图中的箭头有四种类型，见表 9－4。

表 9-4　　　　　　　　　　　　　箭头符号的类型及用法

名称	符号	用　　法
开口箭头	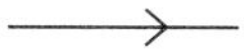 ———→	用于表示电能或信息的传递方向
实心箭头	 ———▶	用于表示非电物质的流动方向
空心箭头	 ———▷	必要时，用于表示气体的流动方向
普通箭头	 ———➤	用于尺寸线的终端和不明确表示流动介质性质的场合

箭头的画法：

（1）实心箭头和空心箭头为近似正三角形；开口箭头为近似正三角形的两个边；普通箭头为细长型箭头，与机械图中的尺寸线终端一致。

（2）开口箭头、实心箭头和空心箭头既可画在连线的中间，也可画在连线的末端，而普通箭头只能画在连线的终端，如图 9－15 所示。

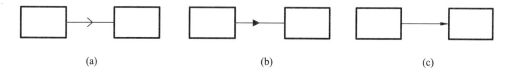

（a）　　　　　　　　　　　　　（b）　　　　　　　　　　　　　（c）

图 9－15　三种不同箭头的画法

（a）开口箭头；（b）实心箭头；（c）普通箭头

当框形符号图中分支不多，且符合从左到右或自上而下的传递方向时，在不致引起误解的情况下，箭头可以省略。

二、系统图和框图的特点

系统图和框图的每一个矩形框只反映该部分的存在及其功能，并不能严格地与实际元器件及其实现功能的方式相对应。图 9 - 16 所示为一无线电接收机的框图，图中的 A1 为高频放大器，U1 为混频器，A2 为中频放大器，U2 为解调器，A3、A4 为低频放大器，G1 为本机振荡器，U3 为自动增益控制器。而如何实现每一单元的功能，框图并不能直接给出，仍要依赖于更详细的电路图。

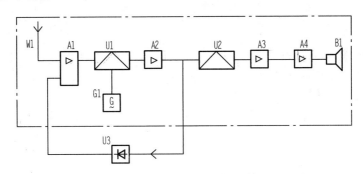

图 9 - 16　无线电接收机框图

全图采用按信息流由左至右的传递方向布局，负反馈用与主传递方向的逆方向配置，形成局部负反馈环。

图中注释以符号注释为主，天线与扬声器直接采用电气符号表示，G1 采用带有混合注释的矩形框表示，其余各部分都是采用带有符号注释的矩形框来表示各部分的主要功能。

图 9 - 16 中矩形框的图线类型、宽度完全一致，但矩形框的大小不完全一致。矩形框的大小是由矩形框中所表达的内容和框间的关系来决定的。图 9 - 16 中 A1 的输入端要接收来自 W1 和 U3 两个信号，因而垂直边较长；而 U1 和 U2，因符号绘制要求而采用水平边较长的矩形框；其余的矩形框也是根据注释内容和框间关系的要求，采用正方形线框绘制。图中采用围框来表示信息流的正向传递通道，围框以外部分为信息流反向传递通道。图中各功能单元信号传递的大体走向是从左至右，所以正向通道中的连线都省略了表示信号传递方向的箭头。而反向通道的信号传递方向与正向通道相反，箭头不能省略。

三、系统图和框图的画法

在工程实践中，系统图和框图在画法上是完全一致的。

1．系统图和框图的布局

系统图和框图布图的基点是布局清晰，以利于识别过程和信息的流向。系统图和框图的布局一般应遵循从左到右或由上而下的规则。图 9 - 16 所示无线电接收机的布局就是按照接收—放大—输出这样的信息处理过程从左到右排列布置的。

但是在一些控制系统中，可能既包含控制系统本身，又包含受控设备或非电生产过程，这就使得布局变得复杂。

此时，可以按照非电过程的流向布局，但控制系统的信息流向应当与非电过程的流向相互垂直，以利识别。

图 9-17 所示为某轧钢厂系统图。图的下方从左到右是非电的材料流向，由此确定了控制系统的流向必须与它垂直，即只能是自上而下。图中的控制过程是通过电信号自上而下作用于轧钢工作的各个阶段，电信号通过设备转换为对轧钢设备的非电控制动作，从而实现对轧钢过程的控制。图 9-17 中，两个"流"相互垂直布置，辅以两种粗细不同的连线和表示流向的两种不同箭头，自然实现了"清晰"的目的。

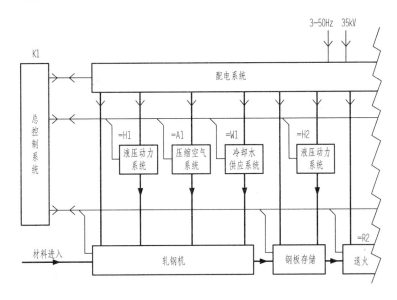

图 9-17　某轧钢厂系统图

2. 绘制系统图和框图的步骤

(1) 依据框间关系确定布局。分析系统的性质和特点，根据规则确定系统图和框图的布局。

(2) 绘制方框。将各方框有序地在图中排列，经反复修改，确定最合理的布局。先绘制出系统图的主要部分，再画出辅助部分。

(3) 连接方框。按作用过程和作用方向用直线和箭头连接各方框。

(4) 检查修改，完成全图。

第六节　流程图和逻辑图

一、流程图

流程图是用一组规定的框形符号表示各个处理步骤，用带箭头的连线把这些图形符号连接起来，以表示各个步骤执行次序的一种简图。在流程图中，带箭头连线称为流线。

（一）流程图的图形符号

流程图常用图形符号见表 9-5。符号大小和比例没有统一规定，可根据注释内容多少确定，但图形形状不允许改动。对流程符号的注释既可放在流程符号内部，也可放在流程符号的外部。

表9-5   流程图常用图形符号

名　称	符　号	意　义	备　注
终端	⬭	表示开始及结束	
处理	▭	表示执行和各种操作	通用符号
判断	◇	流程分支选择或表示开关	
准备	⬡	处理的准备	常用于判断
输入/输出	▱	表示输入/输出功能，提供处理信息	常用于取代
预定义子程序	▯	表示调用子程序	
连接	○	连接符号	一般加字母符号

（二）流程图的特殊表达方法

流程图的画法除符合框形符号图的一般规定外，还有一些特殊表达方法。

1. 图形符号的命名与说明

流程图可以对图形符号加以命名和说明。符号名称标于左上角，符号说明标于右上角，如图9-18所示。

2. 图形符号的使用方法

流程图中，两根或更多的流线可以汇集成一条流线。其画法应符合电气制图中图线画法的一般规定。

3. 流线的中断与衔接

在复杂的流程图中，有时为了清晰起见，需要将其中一部分流程另行单独画出，因而在总流程上会出现流线中断。出现流线中断时，需要在中断处画上衔接符号，衔接符号为一个带拉丁字母的小圆圈。流线的中断与衔接、连接符号及其画法规则如图9-19所示。

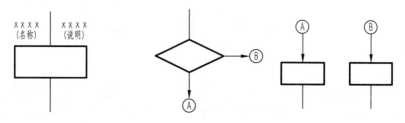

图9-18　流程图文字说明　　　　图9-19　流程图的中断与衔接

4. 流线的分支

一个流程图有多个出口时，可用下列方法表示：

（1）分散表示法。从该符号向每个相关符号引出一条流线，并注明每条流线的条件，如

图 9-20（a）所示。

（2）集中表示法。从该符号引出一条流线，而后将这条流线分成若干分支，每个分支标出相应条件，如图 9-20（b）所示。

(a)　　　　　　　　　　　　　　　　(b)

图 9-20　流程图流线分支的画法

（a）分散表示；（b）集中表示

（三）流程图示例

图 9-21 所示为某温度采集控制系统的流程图。

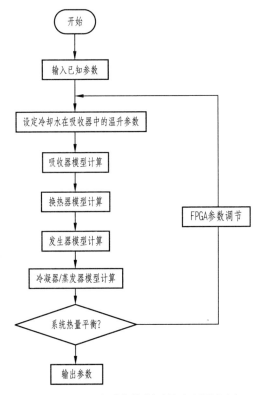

图 9-21　温度采集控制系统流程图实例

二、逻辑图

逻辑图主要是用二进制逻辑单元图形符号绘制的数字系统产品的逻辑功能图。它是用来表达产品的逻辑功能和原理的，是编制接线图、分析检查故障的依据。

逻辑图分为理论逻辑图和工程逻辑图。理论逻辑图只考虑逻辑功能，不考虑具体器件和电平，主要用于教学、研究等说明性领域。工程逻辑图涉及电路器件和电平，属于电气工程图的范畴。图 9-22 所示为理论逻辑图，图 9-23 所示为工程用传感器工作过程逻辑状态图。

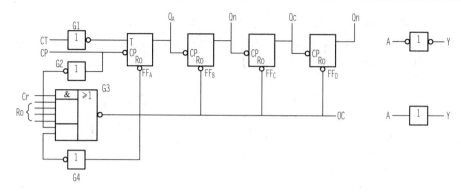

图 9-22　理论逻辑图

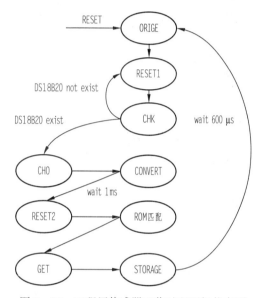

图 9-23　工程用传感器工作过程逻辑状态图

由图 9-23 所示逻辑状态图可以看出，根据状态机状态变化，访问工程用传感器的流程如下：初始化，发送 ROM 命令，发送功能命令，通过初始化使主设备知道从设备存在并可以工作。通过发送 ROM 命令可以知道某特定的工程用传感器是否存在，或者是否超过温度设定闸门值。通过查询此传感器芯片资料，可知状态图中的 ROM 命令共有 5 种，分别是读 ROM（33H）、匹配 ROM（55H）、搜索 ROM（FOH）、跳过 OM（CCH）、告警搜索命令（ECH）。考虑到工程逻辑图与接线图的画法类似，这里只介绍逻辑图图形的画法。在逻辑状态图中，每个逻辑状态均由图形符号内部标注某种状态的文字来表示，逻辑状态的顺序和跳转由实心箭头方向来说明。

1. 逻辑图常用符号

逻辑图常用符号见表 9-6。

表 9-6　　　　　　　　　　　　　　　逻辑图常用符号

名　称	标　准	名　称	标　准
与门	&（框图）	与非门	&（框图，带圈）
或门	≥1（框图）	或非门	≥1（框图，带圈）
非门	1（框图，带圈）	与或非门	& ≥1（框图，带圈）
异或门	=1（框图）	延迟器	t_1　t_2（框图）

在逻辑符号中必须注意符号"〇"的作用。"〇"加在输出端，表示"非"或"反相"的意思；而加在输入端，则根据逻辑元件的不同，表示低电平或负脉冲。

2. 逻辑图的绘制

绘制逻辑图，要分布均匀，层次清楚，容易读图。特别是绘制中大规模集成电路组成的逻辑图时，由于图形符号简单而连线却很多，如果布置不当，容易造成读图困难和误解。

（1）采用国家标准符号绘制，大规模集成电路的管脚名称可保留英文字母标法，如图9-24所示。

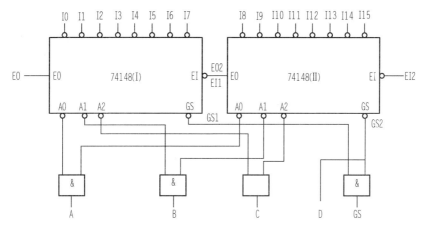

图9-24　优先编码的逻辑图

（2）电信号流向要按照从左到右或自上而下方向排列。如有不符合本规定者，应以箭头表示。

（3）逻辑电路中有很多连线，规律性很强，应将相同功能关联的线排成一组，并且与其他线有适当距离。

第四单元　电气与电子施工图

第十章　建筑图的识读与简化

建筑图与机械图是电力和电子工程中常用的非电工程图样，是电力和电子工程中的基础图样。电气电子位置图与安装图正是在这些基础图样的基础上绘制而成的，尽管这些基础图样都是由其他相关专业人员绘制的，但却是电力和电子工程技术人员在绘制电气电子工程图中所必须掌握和了解的。

第一节　房屋建筑图的基本表达方法

房屋建筑图是以房屋的结构为表达对象的工程图样。房屋建筑图是采用正投影法绘制的，由于建筑物在形状、大小、结构、材料等方面与机器差异较大，所以在表达时也有所区别。在学习时，应掌握建筑图的常用表达方法和图示特点，熟悉 GB/T 50001—2010《房屋建筑图统一标准》的有关规定。

一、视图

表示一幢房屋内外形状及结构情况的图样称为房屋建筑图，其基本图样有平面图、立面图和剖面图。下面以图 10 - 1 所示的变电站为例，说明三种视图的形成及表达内容。

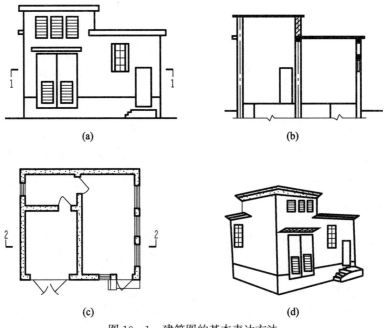

(a)　　　　　　　　　　　　　(b)

(c)　　　　　　　　　　　　　(d)

图 10 - 1　建筑图的基本表达方法

(a) 正立面图；(b) 剖视图；(c) 平面图；(d) 立体图

立面图是将房屋的各直立面向平行于该立面投影面上投影所得到的图形。图10-1（a）所示为表达房屋的体形外貌及外墙装修要求的房屋建筑图。立面图可命名为正、背、左、右立面图，也可按房屋朝向称为南、北、东、西立面图。立面图与机械图的主、左、右、后视图相同。

平面图是假想用一水平面沿房屋门、窗洞的位置将房屋剖开，移走上部，将余下部分向水平面投影所作出的水平投影图，如图10-1（c）所示。平面图反映了房屋平面的形状、大小、房间布置、墙、柱及门窗的位置。平面图的数量通常根据建筑物的层数和房间的布置情况确定。平面图相当于机械图俯视方向的全剖视图。

剖面图是假想用正平面或侧平面沿垂直方向将房屋剖开，将处于观察者和剖切平面之间的部分移去，而将其余部分向投影面投影所得的视图。剖切平面的位置和剖视方向会在平面图中用剖切符号（相交呈直角的两段粗实线）和编号（阿拉伯数字）标注，如图10-1（b）所示。剖面图用以表达房屋内部垂直方向的高度、空间利用、分层等情况。剖面图的数量视建筑物的具体情况和施工的实际需要而定。剖切位置通常选择在内部构造比较复杂的部位。

二、房屋建筑图的图示特点

房屋建筑图与机械图虽然都采用正投影方法绘制，但由于房屋建筑与机械设备在形状、大小或者材料方面都存在较大差异，所以其表达方法不尽相同，如视图的名称与配置、选用的比例、线型规格、尺寸注法等。

1. 图样的名称与配置

房屋建筑图与机械图图样名称的区别见表10-1。

表10-1　　　　　　　　　　　　**房屋建筑图与机械图图样名称的区别**

房屋建筑图	正立面图	侧立面图	平面图	剖面图
机械图	主视图	左视图或右视图	俯视方向的全剖视图	剖面图

在视图配置上，房建图的平、立、剖面图可画在一张纸上，或画在另外的图纸上，均应将图名标注在图的下方或一侧，如图10-2所示。

2. 尺寸标注

房屋建筑图的尺寸标注与机械图的尺寸标注大体相同，主要的差异如下：

（1）尺寸线终端用中粗斜短线绘制，其倾斜方向应与尺寸界线呈45°，长2～3mm，如图10-2所示。

（2）尺寸单位除标高及总平面图以m（米）为单位外，均以mm（毫米）为单位。

3. 符号标注

建筑图常用标注符号见表10-2。

（1）定位轴线与编号。在房屋建筑图中，承重墙、柱等承重构件的轴线称为定位轴线。定位轴线用细点画线，从承重构件宽度中心引出，定位轴线的编号注写在轴线端部的圆内。平面图上的横向用阿拉伯数字，从左至右顺序编号；纵向用大写拉丁字母，按自下而上顺序编号。而立面图或剖面图上一般只画出两端的定位轴线。

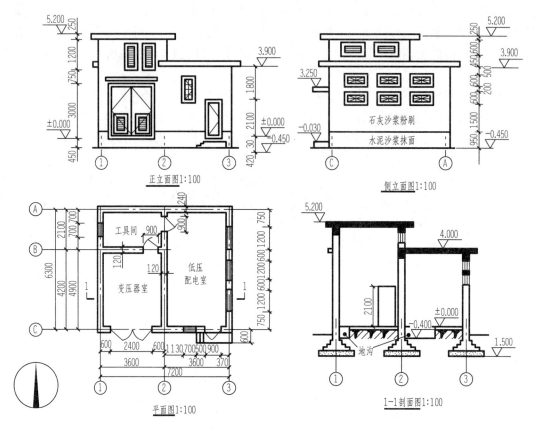

图 10-2　变电站的平、立、剖面图

表 10-2　　　　　　　　　建筑图常用标注符号

名　称	符　号	说　明
定位轴线	（a）轴线、通用轴线圆圈内不注写编号　　（b）附加轴线、表示轴线 A 后第一根轴线　　（c）用于两个轴线	定位轴线采用细点画线表示。轴线编号的圆圈用细实线，直径一般为 8mm，详图上为 10mm
索引符号		用一引出细实线指出要画详图的地方，在线的另一端画一细实线圆，其直径为 10mm
详图符号		粗实线圆绘制，直径为 14mm

续表

名　称	符　号	说　明
标高符号	(a) 总平面图上的室外标高符号　　(b) 平面图上的楼和地面标高符号　　(c) 立面图、剖面图各部位的标高符号　　所注部位的引出线	用细实线绘制，画法如下：（图示 45°、±0000、3.150、3mm）
指北针	（指北针图示）	圆用细实线绘制，直径宜为24mm，指针尾部宽度 3mm，指针尖为北向
多层构造引出线	(a)（文字说明）　(b)（文字说明）	细实线绘制，应通过被引出的各层，将文字说明注写在横线上方或横线端部，说明的顺序应由上至下，与被说明的层次一致

　　（2）标高符号。在房屋建筑图中经常用标高符号表示某一部位的高度。标高数字一律以m 为单位，并注写到小数点后第三位。通常将底层室内地面定为±0.000，地面以下标高加"—"号（负号）。

　　（3）索引符号和详图符号。房屋建筑图中的某一局部或构件如另画有详图，都会编写索引符号进行索引。如图 10 - 2 所示的①和Ⓐ即为索引符号。详图的位置和编号，用详图符号表示。

　　（4）多层构造引出线。由多层材料制成的结构称为多层构造。多层构造的结构会有文字说明。

　　（5）指北针。指北针是表明建筑物朝向的符号，通常用在总平面图和底层平面图中。

　　（6）风向频率图（玫瑰图）。风向频率图是根据某一地区多年平均统计的各方风向和风速的百分数值，并按一定比例绘制的，一般多用八个或十六个罗盘方位表示，如图 10 - 3 所示。由于该图的形状形似玫瑰花朵，故名"风玫瑰"。风向频率图上所表示风的来向，是指从外面吹向地区中心的方向。风向频率图一般由当地气象部门提供。

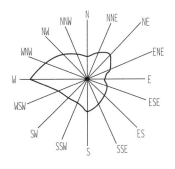

图 10 - 3　风向频率图

第二节　房屋建筑图图例

　　建筑图中经常用符号来表达特定的结构或材料，这些表达特定结构和材料的符号称为图例。

一、材料图例

　　房屋建筑图中常用的建筑材料图例可查阅 GB/T 50001—2010，见表 10 - 3。在房屋建筑图中，比例小于或等于 1：50 的平、剖面图，砖墙的剖面符号可省略，只将剖切到的部位画成粗线；比例小于或等于 1：100 的平、剖面图，钢筋混凝土构件（如柱、梁、板等）的建筑材料图例不易看出，常用涂黑表示。

表 10-3　　　　　　　　　　　　　**建 筑 材 料 图 例**

图　例	名　称	图　例	名　称
	自然土壤	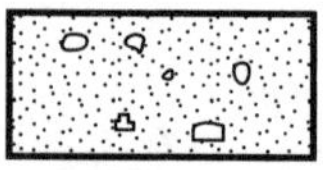	混凝土（砼）
	素土夯实	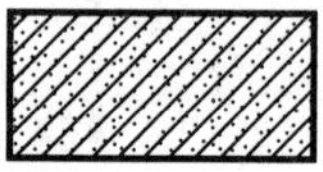	钢筋混凝土
	木材	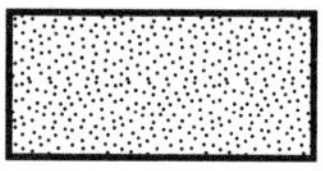	砂、灰土
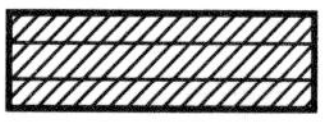	多层胶合板	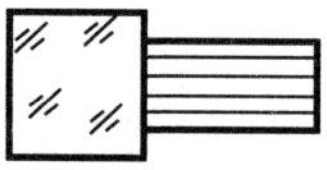	玻璃
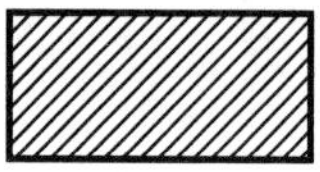	普通砖、硬质砖		防水材料或防潮层
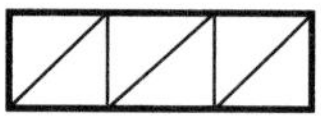	非承重的空心砖	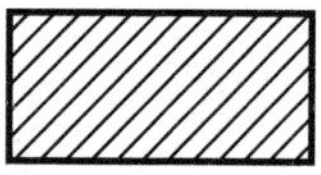	金属
	饰面砖	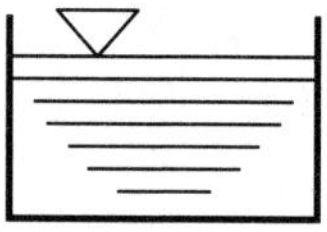	液体

二、建筑构造及配件图例

几乎任何一个建筑都会有门窗等结构，国家标准对这些结构及配件的三视图画法作了规定。常用建筑构造及配件的画法图例见表 10-4。

表 10-4　　　　　　　**常用建筑构造及配件图例**（摘自 GB/T 50104—2010）

序　号	名　称	图　例	说　明
1	墙体	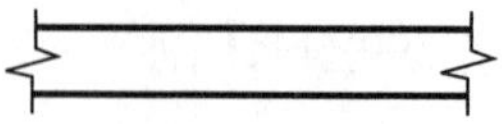	用加注文字或填充图例说明墙体材料
2	楼梯	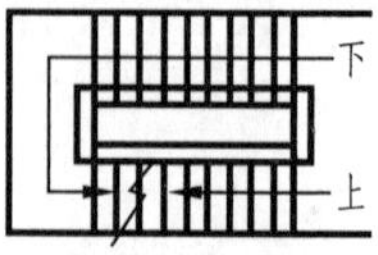	楼梯及栏杆扶手的形式和梯段踏步数按实际情况绘制

序　号	名　称	图　例	说　明
3	孔洞		
4	坑槽		
5	检查孔		可见（左侧）和不可见（右侧）检查孔
6	墙和窗	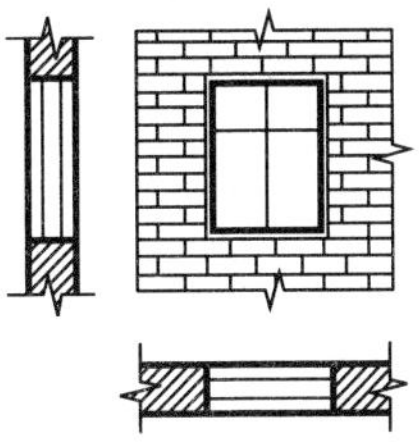	本图以小砌块为例画出，实际绘图时应按所用材料的图例绘制
7	电梯		
8	单扇门	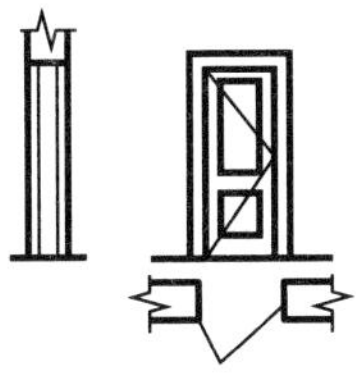	1. 立面图中两条斜线为开启方向线，两线相交一侧为装合页侧，实线表示向外开，虚线表示向内开 2. 平面图中用开启门缘的轨迹线表示门的开启方向
9	双扇门		

第三节　房屋建筑图的简化

　　电力和电子施工技术文件中的电气位置与装配图，经常是画在房屋建筑图中的。而电气位置与装配图是供电气设备的安装与连接施工使用的，并不涉及建筑工程的施工，这就需要对与电气装配和连接无关的内容进行简化。对房屋建筑图的简化程度要根据不同的任务需要决定。

　　图 10-4 所示为某旅店可视呼叫系统平面布置图，其基础图样是该旅店的建筑平面图。图中对原建筑图中的门窗进行了简化处理，同时删除了尺寸、定位轴、编号等部分内容。图中的剖面符号采用的是通用符号（细斜线），而不是具体的建筑材料符号。

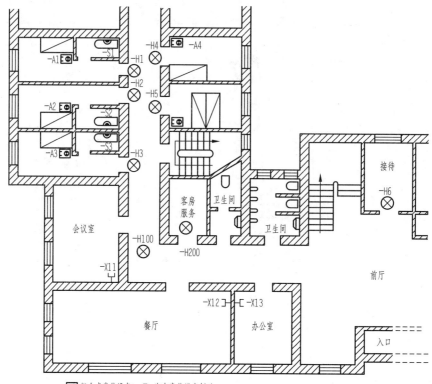

组合式发信设备   汽车发信设备插孔
设施平装,布线均走管道,并设分线盒。

图 10-4　某旅店可视呼叫系统平面布置图（局部）

图中保留了与电气设备安装看似无关的楼梯、卫生间设备等，但正是因为有了这些保留，可以使施工人员、维修人员及用户更能清楚地了解可视呼叫设备的分布情况，从而为确定施工方案提供意见。

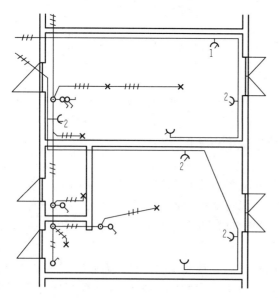

图 10-5　某建筑物内部供电安装图

图 10-5 所示为某建筑物内部供电安装图。该图主要表达照明和插座的位置及供电线路的铺设路由。该图的房屋建筑结构只画出了建筑的轮廓和门窗的位置，其他部分都作了省略。通过这张图，完全能够使电气安装或维修人员知道在何位置安装何种电气元器件，以及如何布线等。

图 10-6 所示为某车间电力分配图的局部。图中主要要表达电力线的路由及与用电设备之间的关系，而对建筑结构做了较多的简化。由图 10-6 中只能看到该车间的定位轴、编号和每根柱旁的孔洞。至于何处有门、窗等，则全部省略。但图 10-6 中的尺寸标注较为全面，可以为计算电缆的长度提供依据。

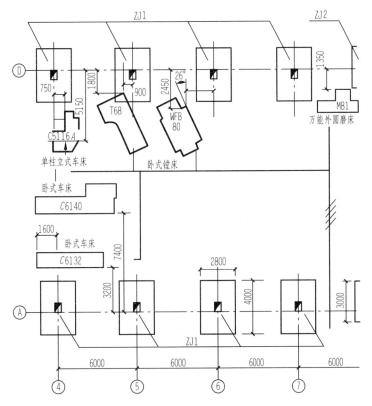

图 10-6　某车间电力分配图（局部）

　　总之在电气位置与安装图中，对房屋建筑图简化到什么程度，没有统一的规定，在实际作图时，要根据简化原则和实际的工程需要进行简化。

第四节　场地平面图的识读与简化

　　场地平面图属于规划图的范畴，通常称为总平面图。

　　在总平面图上，尺寸标注的单位为 m（米），而且通常有指北针和图例。

　　在总平面图中，建筑物通常以简化的外形轮廓加上必要的文字说明来表示。对于具有一定地图知识的读者，读懂总平面图是不难的。图 10-7 所示为某工厂的总平面图。

　　在电气位置与安装图中，有一类是基于场地的安装项目，因此必须借助于总平面图来表达电气安装的要求。

　　基于场地的电气位置与安装图，国家标准对总平面图的简化同样只有简化原则而没有具体的简化标准，这就需要电力和电子工程技术人员根据实际的工程需要，对总平面图进行简化。

　　图 10-8 所示为某工厂场地电气布置图，图中省略了诸如绿化、建筑小品等图形，保留了各个建筑的位置，重点突出监控、照明等电气设施的位置。

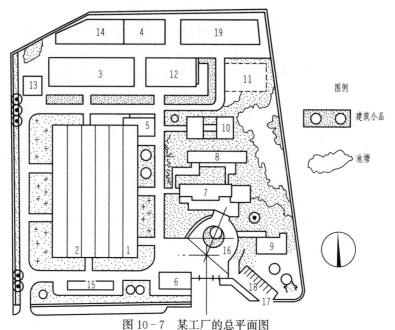

图 10-7　某工厂的总平面图

1—主厂房；2—辅助与修理厂房；3—机加工车间；4—汽车库；5—文化休息中心；6—对外业务室；7—厂部
办公室；8—科教、实验室；9—医务室；10—球场；11—计划扩建车间；12—食堂；13—变电站；
14—综合仓库；15—休息廊；16—建筑小品；17—值班室；18—存车处；19—材料库

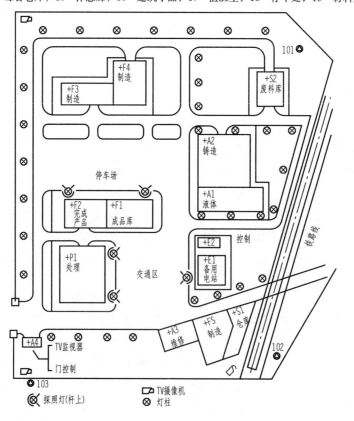

图 10-8　某工厂场地电气布置图

第十一章　电气电子位置图与安装图

电气位置图和电气安装图同属于电气施工图，是既有联系又有区别的两类文件。在电力电子工程领域，位置文件主要用于标明设备、元器件等实物的安装位置，用于项目的安装就位；而安装文件则是指这些实物在安装就位时的方向、安装的方法等。后者也必然要包括组成系统或成套装置的导线连接方法。本章介绍除导线连接方法以外的电力电子位置与安装图，关于导线连接的方法将在下一章介绍。

第一节　位置图与安装图概述

电气和电子位置图与安装图是指电气和电子设备或系统在固定、安装（组装）、接线等场合中所需要的工程技术文件。在电气和电子工程施工中，所需要技术文件不仅包括各种图纸，也包括各种表格、说明书等。

一、电气和电子位置与安装文件的特点

电气和电子位置与安装文件具有以下几个特点。

1. 应用领域的广泛性

电气和电子工程具有广泛的应用领域。以电力设施为例，它包括从发电、输电到用电的整个宏观过程，除电力企业本身外，还包括若干独立的系统，如照明系统、电源系统等。这些系统可以安装在不同的对象内，如船舶、飞机机舱、建筑物、场地、矿山等。再以电子工程为例，小到一台无线电接收机，大到一个通信系统，也都需要用位置与安装文件来作指导。因此，电气和电子位置与安装文件的适用范围并不局限于某一对象，而是针对所有涉及电力传输、转换及电子信息传递等过程的系统。

2. 表达方式的多样性

与机械图不同，电气和电子施工所需要的技术文件不仅包括图纸，也可以是表格、说明书等。在对同一事物的表达上，可以有许多不同的表达方式。

3. 图样构成的综合性

电气和电子工程往往不是孤立存在的，它必须存在于一定的空间和封闭区域之中，如场地、建筑、船舱和机舱、开关柜、电子设备的机壳等。在很多情况下，电气和电子施工文件都是在相关的建筑图或机械图的基础上进行的设计，这又使得电气和电子位置与安装文件具有很强的综合性，是一种多种专业共同完成的工程技术文件。

4. 表达信息的全面性

在电气和电子位置与安装文件中，既要表达出每个设备或元器件的项目代号、具体参数，也要表达出设备或元器件固定和互连的方法，同时还要用作安装管道、导管、机架，铺设导线和电缆及安装检验的依据。因此要求电气和电子位置与安装文件所表达的信息应全面满足这些工作的需要。

5. 表达内容的层次性

电气和电子工程施工过程中，往往需要多个工序分步进行。对设备和元器件的固定和互联是两种基本的作业内容，而在其中又可分为多个步骤。例如对设备或元器件的固定，可能需要有支承结构、连接结构等。为了使用方便，电气和电子施工文件要求对每个步骤或工序都尽可能地给出一份独立的施工文件，而每个技术文件上仅表达了与本道工序相关的信息，省略其他无关信息。这样电气和电子位置与安装文件在表达内容上就表现出很强的层次性。以印制电路板图为例，在印制电路板上，通常要有导电层（电路）、焊接层、阻焊层、符号文字层……每一层都会单独绘制一张图纸，表达内容的层次性特点非常鲜明。

二、电气和电子位置与安装文件的种类

按照不同的划分标准，电气和电子安装文件可分为不同的类型。

1. 根据施工位置的不同进行分类

不同的施工位置，需要不同的施工图。不同施工位置所需要的施工文件见表 11-1。

表 11-1　　　　　　　　　　**不同施工位置所需要的施工文件**

施工位置	所需要的施工文件
场地上的位置	布置图（安装图）
	安装简图
	电缆路由图（平面图）
	接地平面图
建筑物、船舶、飞机等内的位置	布置图（安装图）
	安装简图
	电缆路由图（平面图）
	接地平面图（图、简图）
部件内或部件上的位置	装配图
	布置图

从表 11-1 中可以归纳出，位置文件包括布置图、安装简图、接地平面图、装配图、电缆路由图等。

2. 根据工序的不同进行分类

每一个电气或电子系统都可能是非常复杂的，电气和电子位置与安装文件的层次性已经说明，不同的工序有不同的位置与安装文件需求。从文件编制的角度上分，就有接线图（表）、设备安装图、平面布置图、综合布线图、印制电路板图、线扎图等多种多样的技术文件。

3. 根据系统组成分类

考虑到电气和电子系统的复杂性，一个电气系统或电子系统的施工项目可能由多个子系统组成，同样对每个子系统都应单独编制文件。只有在系统比较简单的情况下，才能采用综合图来表达，但应对不同的子系统做出明显的区分。

三、电气和电子施工技术文件遵循的标准

电力电子位置与安装文件的编制，应符合 GB/T 6988.1—2008《电气技术用文件的编制》的规定。同时也要参照 IEC 61082.4：1996《电气技术用文件的编制　第四部分：位置和安装文件》，后者规定了用于安装工作的位置文件和安装文件的规则。

1. 电气位置文件编制的基本规则

位置文件所提供的信息主要是设备或元器件的位置和尺寸。因而，位置文件的内容主要有以下几方面：设备或元器件的简化外形或图形符号；设备或元器件的主要尺寸；设备或元器件的安装位置；设备或元器件的识别代号；设备或元器件的型号及主要参数。

2. 电气安装文件编制的基本规则

电气安装文件要表示一个组件的零件是如何组装在一起的，其基本规则如下：

(1) 安装图应按国家标准中规定的比例绘制，其表达方法允许采用按透视法、轴测投影法或类似方法绘制。

(2) 安装图应示出所装零件的形状、零件与其被设定位置之间的关系。

(3) 安装图中应有每一零件的识别标记。

(4) 如果安装工作需要专用工具或材料，应在图上示出、列出或加注释。

四、电气和电子施工文件中的符号

在电气和电子位置与安装文件中，设备与元器件通常有两种表示方法：简化轮廓法和图形符号法。其中图形符号法是用国家标准规定的图用图形符号来表示设备或元器件的表达方法。

1. 图形符号

电气和电子位置与安装文件中使用的图形符号由 GB/T 4728.11—2008《电气简图用图形符号 第 11 部分：建筑安装平面布置图》规定。

电气和电子位置与安装文件中使用的电气符号与电气原理图中所用的符号，在用法规则上的要求完全一致，即可以整体放大或缩小，但不能改变符号各部分的比例关系。

电气位置与安装文件图用图形符号示例见表 11 - 2。

表 11 - 2 　　　　　　　　　　电气位置与安装文件图用图形符号示例

图形符号	说　明	图形符号	说　明
	灯与信号灯一般符号。如果要求指示颜色和类型，则在靠近符号处标出相应的字母		单极开关
	热电站	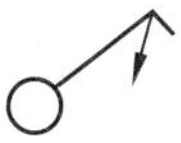	单极拉线开关
	地热发电站		双极开关
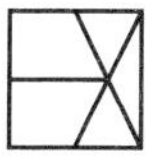	风力发电站		单相（电源）插座
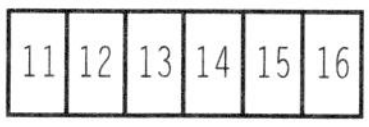 11 12 13 14 15 16	端子板（示出带线端标记的端子板）	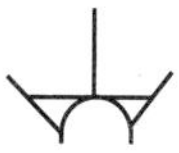	带接地插孔的三相插座
	屏、台、箱、柜一般符号		带接地插孔的三相插座暗装

续表

图形符号	说　明	图形符号	说　明
	发电厂一般符号		开关一般符号
	变电站、配电所一般符号		暗装
	核电站		密闭（防水）
	太阳能发电站		防爆
	等离子发电站		带指示灯开关
			暗装插座
	动力或动力—照明配电箱 注：需要时符号内可标示电流种类符号		电信插座的一般符号 注：可用文字或符号加以区别。如 TP—电话；TX—电传；TV—电视；M—传声器；FM—调频

2. 文字符号

在电气和电子位置与安装文件中，不仅包括了各种图用电气符号，也会有相应的文字说明。这些说明主要包括施工方法和设备与元器件参数两大部分。

（1）关于安装方法或安装方向的说明。安装方法或方向应在文件中表明。如果元件中有的项目要求不同的安装方法或方向，则可以在邻近图形符号处用字母特别标明。例如：

H——水平 horizontal（零件并排安装）；

V——垂直 vertical；

F——齐平 flush；

S——表面 surface；

B——地 floor（bottom）；

T——天花板 ceiling（top）。

字母可以组合使用，并且应在文件或相关文件中加以说明。

（2）关于对相关技术数据的说明。各设备和元器件的技术数据通常在位置与安装文件中的零件表中列出。为了清晰，并与多数项目相区别，也可把设备或元器件的特征值，标注在图形符号和项目代号附近。

在位置与安装文件中，为了说明设备或元器件的大小及实际安装位置，还要有尺寸标注。尺寸标注的方法与机械图或建筑图样的尺寸标注方法相同。如果有必需的信息包含在其他文件中（如安装说明等），则应在文件上注明。

第二节　基于场地和建筑的电气布置图

在场地和建筑物内部的电气布置图往往将建筑图和地形图作为基础图样，电气布置图是在这些图样的基础上绘制的。

一、基于场地的电气布置图

在基于场地电气布置图中，项目可采用设备或元器件外形轮廓或用矩形、圆形等简单的符号表示。

图11-1所示为某变电站电气平面布置图。全图以规划图为基础图样，主要项目采用图形符号表示，部分项目用简化外形表示（如变压器等），并对图中所用符号编制了图例。图中完整的尺寸标注详细说明了每一个项目的确切位置。

图中的建筑部分均采用了简化画法，房屋建筑的墙用粗实线表示，省略了窗，保留了门的位置。

基于场地电气布置图的另一种常见形式是断面图。在如图11-2所示的变电站断面图中，所有设备都采用简化画法，重点突出各设备、连接线和可动元器件间的距离。尺寸标注的重点是设备间的距离、基座距地面的高度和涉及供电安全与操作安全的距离。

断面图中涉及安全距离的部分，按国家标准规定，用双点画线画出安全范围的轨迹，在不致引起误解时，也可以用细实线代替。

图11-2中最左端的围墙，因不是表达的重点，剖面符号使用通用符号，而未采用表示建筑材料的剖面符号。图中有两处用虚线表达的部分是预留部分。

无论是平面图还是断面图，都是按比例绘制的，其中设备或元器件可以采用外形轮廓法绘制。

二、基于建筑物内的电气布置图

在基于建筑物内部的布置图中，电气设备的元器件应采用图形符号或用简化外形表示。图形符号应示出元件的大概位置。尽管布置图不必给出设备和元器件间的连接关系，但要指明各设备和元器件的安装位置。因此，基于建筑物内的电气布置图都是以实际距离和尺寸的形式给出详细信息。有时，该文件可补充详图、说明、有关设备识别的信息和代号。

基于建筑物内的电气布置图主要突出的是电气设备的位置，而在不涉及建筑结构的场合，建筑结构多采用简化画法。

图11-3所示为某变电站高压开关柜布置图，图中的建筑部分全部做了简化，高压开关柜用外形轮廓表示，重点突出对高压开关柜在室内安装位置的要求。

图11-4所示为高压电容器室布置图，图中的建筑结构剖面使用通用剖面符号绘制，电容器的底座要求用混凝土结构。

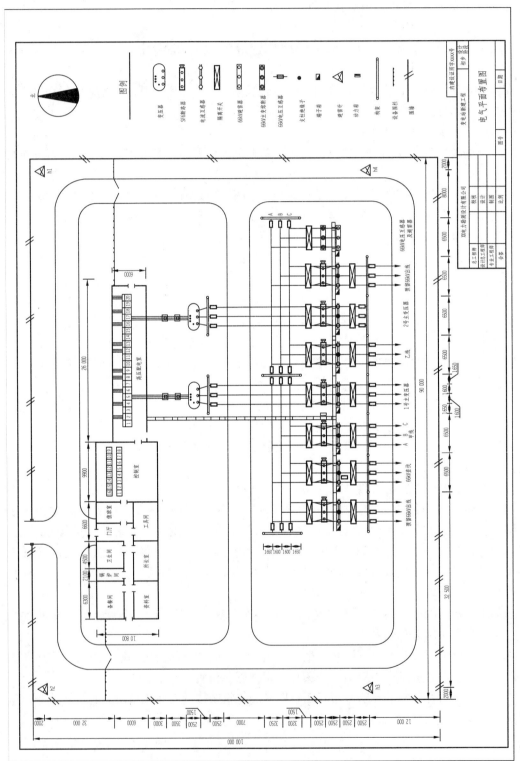

图 11－1　某变电站电气平面布置图

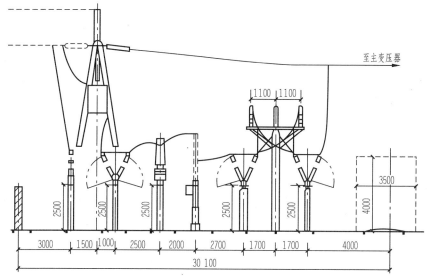

图 11-2　母线配电装置进线间隔断面图

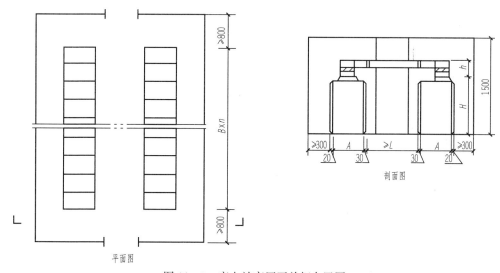

图 11-3　变电站高压开关柜布置图

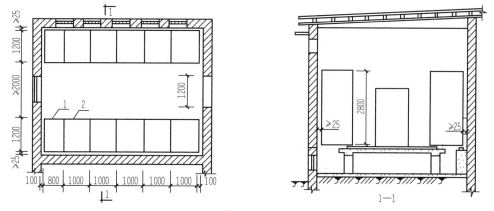

图 11-4　高压电容器室布置图

第三节　基于设备的位置图

位置图或位置简图也用于各种柜、屏、台、箱、盘的表面布置和内部元器件的排列。这些基于设备的位置图可再分为面板图、背板图、衬板图、箱柜装配图等。

一、电气设备用图形符号

电气设备用图形符号也是电气图形符号中的一类，它是用在设备的表面上，或用在电气设备安装、使用场所的图形符号。主要作用是使操作人员了解其功能或操作方法，或在安装、使用等场合，告知使用人员危险、限制等注意事项。

电气设备用图形符号的画法规定和形状由国家标准《电气设备用图形符号》规定，这一规定同样采用了 IEC 标准。

电气设备用图形符号可分为五大类。

(1) 电气设备或者组件标志类。这类符号尽可能地用形象易懂的图形形状表示所代表的设备或组件。

(2) 指示部件的功能状态。例如标在电源开关上或开关附近的，以表示电源接通及断开的符号等。

(3) 连接标志。这类符号用于告诉使用人某些接线柱或插孔是用于连接何种设备或元器件的。

(4) 提供包装信息。包装信息符号是告诉人们设备或包装内容物或内含量的符号。

(5) 提供操作说明。这类符号通常为警告标志，提醒使用者注意不得靠近、接触，或是提醒安装者注意不得在某些特定的场合使用等。

常用电气设备用图形符号示例见表 11-3。

表 11-3　　　　　　　　　　常用电气设备用图形符号示例

类　别	符　号	说　明	类　别	符　号	说　明
电气设备或者组件标志类	◇ Ⅲ	三级设备	连接标志		表示连接扬声器的插座、接线端子或开关
指示部件的功能状态	| ON　○ OFF	表示电源已接通或已断开（标注在开关上或开关位置）	提供操作说明		表示危险电压引起的危险

二、面板图

面板图是工艺要求较高的一种图样，既要实现操作要求，又要讲究美观。面板图的本质是简化的机械图样，因而必须符合机械制图的画法规则，但在比例上不严格要求按国家标准规定的数系选择。

1. 面板图的内容与画法要求

(1) 视图。如图 11-5 所示，面板图通常用一个主视图表示，各个部分均采用外形轮廓画法。

（2）功能编号与功能表。与机械装配图的零件表不同，面板图需要对面板上各部分的使用功能结构编写编号，并编写功能表。功能编号的编写与机械装配图中的编号规则相同，按顺时针或逆时针排列。

功能表通常注写在面板图的下部或右侧。

（3）操作信息。在面板上还要以图形符号或文字提供各种操作、控制信息。如图11-5所示，功能部件6、7、12～14的功能以符号表示，而9、10、11的功能用文字说明。

2. 面板图上文字注写要求

面板上的操作信息要求准确、简练，既要符合操作习惯，又要外形美观。

（1）仪器面板上文字表达应符合国家标准要求并考虑国内用户习惯，说明文字应尽量简单明确。

（2）文字符号的大小应根据面板大小及字数多少来确定，同一面板上同类文字大小应当一致，文字规格不宜过多。

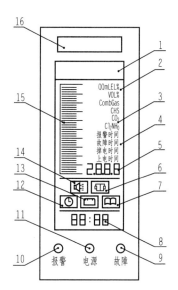

图11-5　某气体浓度监视仪的面板图
1—公司标志；2—浓度计量单位；3—实际测量气体名称；4—查阅时间标志；5—浓度值；6—标定图标；7—查阅图标；8—时间显示；9—故障指示灯；10—报警指示灯；11—电源指示灯；12—时间图标；13—备电图标；14—报警点设定图标；15—光柱浓度显示区；16—用户区域标志区

（3）控制操作件的说明文字位置要符合操作习惯，并在操作时不能被遮住。一般情况下，文字位置应注写在操作钮的上面或左面。

三、背板图与衬板图

如果在电气设备的背板与衬板上安装元器件，也需要画出背板和衬板的平面布置图。如图11-6所示，某气体浓度监视仪采用背板和内衬板作为接线端子的支承板（其面板图见图11-5），图11-6（a）所示为监视仪的背板，图11-6（b）所示为衬板。在这两幅图中对每一个接线端子都做了说明，供安装和使用人员操作时参考。

背板图与衬板图通常也不涉及内部和外部接连的具体方法，只表示各项目的具体安装位置，在画法上也应遵循机械制图的画法规则。

图11-7所示为某型号控制器的机壳背板图。在图11-7（b）所示的平面布置图中，尽管没有给出具体的安装尺寸，但完全可以通过与图11-7的对比，来了解机壳上各孔的意义和功能。图11-7所提供的信息，完全可以满足安装、维修和操作人员的需求。

四、箱柜体的电气装配图

箱柜体的电气装配图不仅要表达元器件的安装位置，还要示出连接的方法。

箱柜体的电气装配图也要按照机械图的画法规则来表达。

箱柜体内部元器件的安装，根据其复杂程度不同，有两种基本结构：单一平面安装和利用支承结构安装。其中，单一平面安装结构因元器件之间的距离较近，通常用在低电压的电

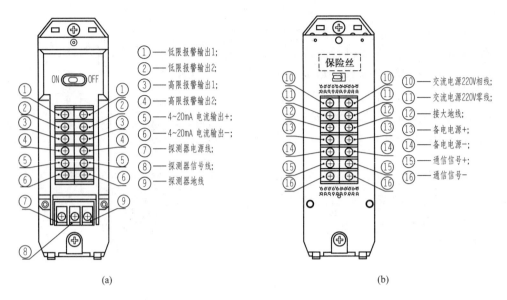

图 11 - 6　某气体浓度监视仪的背板与衬板

（a）背板平面图；（b）衬板平面图

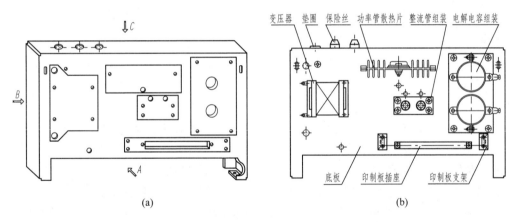

图 11 - 7　控制器机壳背板图

（a）机壳结构示意图；（b）机壳背板元器件布置图

气或电子设备中。

　　1. 平面安装装配图

　　图 11 - 8 所示为一个控制配电装置的装配图。该配电箱内包含 2 个 D C 变换器，2 组花样控制器，电源接线端子排，信号端子排和隔离开关，信号线和电源线等。具体连接关系需要配合电气接线原理图使用，导线的规格、长度及配件的型号等要配合材料表来确定。

　　平面安装装配图通常用一个视图来表达，必要时可增加辅助视图来表达局部的结构。在图 11 - 8 中，用与安装板垂直方向为看图方向的视图作为主视图，并用一个局部放大图 Ⅰ 作为辅助视图来表达。

　　有些时候，平面安装的装配图也要用多个视图来表达。如图 11 - 9 所示，尽管元器件安装在一个平面上，但为了表达柜体结构，用两个视图来表达柜体各主要部分的尺寸。

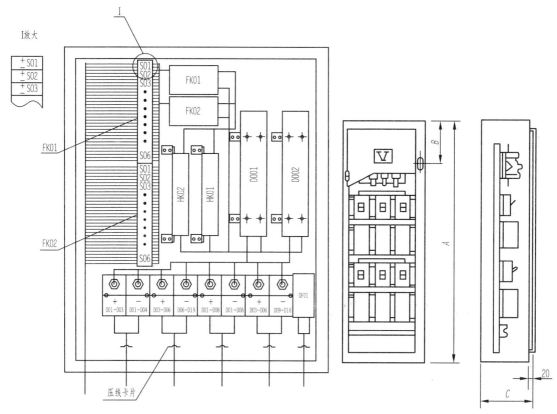

图 11 - 8 太阳能霓虹灯配电箱装配图   图 11 - 9 用两个视图表达的开关柜

2. 带有支承结构的装配图

带有支承结构的装配图通常需要用多个视图来表达，同时也会用到诸如剖视图、局部视图、轴测图等多种表达方法来表达。

图 11 - 10 所示为某型号高压开关柜的安装示意图，图样采用局部剖视图轴测的画法。由于开关柜是由开关厂生产的，所有安装均由生产厂家完成，电力工程技术人员只是在操作、维修时使用设备图，故图中省略各部分的具体尺寸、固定方式、接线方式等细节。图 11 - 10 中对各元器件进行了编号，并列表说明各元器件的规格型号（本书省略元器件表），以利操作和维修人员在使用时参考。

五、电子信息设备的总装图

电子信息设备的总装图与电气设备装配图具有同样的内容，但电子信息设备的总装图与电气设备的装配图相比还有以下差异：

（1）电子信息设备总装图主要表现产品的电气性能和电子电路的连接。

（2）电子信息设备总装图通常采用简化画法来表示机械元件和电子元件。

（3）电子信息设备总装图所采用的元器件较多，所以采用的视图数量多于电气设备装配图。

图 11 - 11 所示为多功能函数信号发生器整机装配图。全图使用主视图、左视图和后视图来表达整机的外部情况，用全剖俯视图表达内部安装结构。图中采用了局部放大剖视图 F—F 来表达组件 1 和 11 的装配情况。

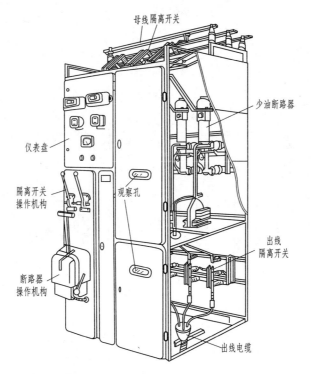

图 11-10　高压开关柜安装示意图

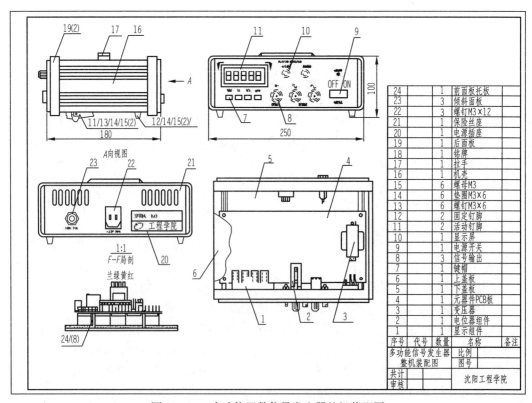

序号	代号	数量	名称	备注
24		1	前面板托板	
23		3	倾斜面板	
22		3	螺钉M3×12	
21		1	保险丝座	
20		1	电源插座	
19		1	后面板	
18		1	铭牌	
17		1	拉手	
16		1	机壳	
15		6	螺母M3	
14		6	垫圈M3×6	
13		6	螺钉M3×6	
12		2	固定钉脚	
11		2	活动钉脚	
10		1	显示屏	
9		1	电源开关	
8		3	信号输出	
7		1	键帽	
6		1	上盖板	
5		1	下盖板	
4		1	元器件PCB板	
3		1	变压器	
2		1	电位器组件	
1		1	显示组件	

多功能信号发生器整机装配图　比例　图号　共计　审核　沈阳工程学院

图 11-11　多功能函数信号发生器整机装配图

第四节　印制电路板图

印制电路板是重要的电子部件，既对电子元器件提供支撑，又能使电子元器件之间形成互联。随着半导体和集成电路的迅速发展，印制板电路也得到了越来越广泛的应用，为此，国家已专门制定了 GB/T 5489—1985《印制板制图》。

一、印制电路板的概念和构成

1. 印制电路板的概念

印制电路板，又称印刷电路板、印刷线路板，简称印制板，英文简称 PCB (printed circuit board)。印制电路板以绝缘板为基材，裁切成一定尺寸，其上至少附有一个导电图形，并布有通孔，用来代替以往装置元器件的底盘，并实现电子元器件之间的相互连接。

印制电路板这一概念并非十分明确，为了阐述方便，本节对印制电路板做以下区分：

(1) 基板：由覆铜箔绝缘隔热、并不易弯曲的材质构成，而未经任何加工的印制板。

(2) 裸板：经过加工，但尚未安装电子元器件的印制板。

(3) 电路板：安装电子元器件的印制板。

图 11-12 所示的印制板为一双面裸板，正反面都有导电的电路。将两张图面对面或背对背镜像重叠，可见其外轮廓和所有的孔洞都是重合的。

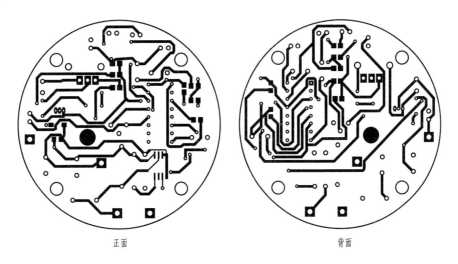

正面　　　　　　　　　　　背面

图 11-12　红外感应控制器印制电路板图

2. 印制电路板的类型

印制电路板的类型按照覆铜的层数来划分，有单面板、双面板和多层板。

3. 裸板的构成

以单面裸板为例，裸板由许多相互叠加的"涂层"构成，不同的电路板"涂层"的数量不同。这里所说的"涂层"的含义是在基板上所做的，除剪裁和钻孔以外的各种加工。

在现代工业化大批量生产的印制板中，通常都会有以下的"涂层"：

(1) 导电层：导电层是将铜箔腐蚀掉一部分，而留的部分就形成网状的、用以连接元件的导线。

（2）阻焊层：将阻焊材料喷涂在不需要焊接的地方，起绝缘的防护作用，以免电子元器件被焊接到错误的地方。

（3）助焊层：在需要焊接的地方，涂上助焊剂，以帮助元器件顺利牢固地焊接到印制板上。

（4）丝印层：用丝网印刷技术将所需的文字、符号印在印制板上，以标示出各元器件在板上的位置、相关技术参数等。丝印层所在的面也被称作印制板的图标面。

对于不同的电路板，可能还有镀金层、防氧化层等更多的"涂层"。

从制图角度上看，印制板图还会需要一个"机械层"。机械层是指经过剪裁和钻孔所形成的印制板的基板。因为这个"层"也是印制板加工过程中所必需的工序，也需要用图纸来指导，而这一层的加工与机械零件的加工完全一致，故称为机械层。

4. 印制板的"涂层"与"层图"

印制板是由各"涂层"组成的，其加工也是一层一层进行加工完成的。对于机械层，是通过剪切、钻孔工具进行加工的，当前的工具加工已经完全由数控设备来完成。

而对于其他"涂层"则是通过腐蚀、喷涂、印刷、涂镀等不同的工艺来实现。以腐蚀为例，首先要绘制描述出需要去掉铜箔范围的图纸，用特殊的材料将不需要去掉的铜箔保护起来，未被保护的铜箔将被腐蚀除去，剩下的部分就是可以导电的电路。

同样道理，对于每一"涂层"都需要有一张描述该"涂层"式样的工程图样，然后才能根据图样，制作出不同的"涂层"。因此，印制电路板图，是由描绘"涂层"的"层图"组成的图集，而不是能用一张图纸来完成的。

二、裸板图的画法

如果将裸板看成是一个机械零件，那么已焊好全部元器件的印制电路板就是一个装配体。按照机械制图的分类方法，印制板图就可以分为印制板零件图和印制板装配图两类。它们都是用机械图画法规则绘制的。裸板图是用于表示导电图形、结构要素、标记符号、技术要求和有关说明的技术图样。

印制板可能由多层铜板组成，而每一层都可能有多个"涂层"，每一"涂层"又都需要用单独的"层图"来表示。裸板"层图"的画法有以下要求：

（1）单面裸板可以只用一个视图表达，在面向导电图形的一面上按比例绘制。

（2）双面印制板应该有主视、后视两个视图，并在后视图的上方加注"后视"字样。当后视图上的导电图形能够在主视图上表示清楚时，也可只绘制一个视图，但背面的导电图形因不可见，应用虚线绘制。多层印制电路板的每一层都应绘制一个视图，视图上应标出层次序号。如有必要，可将结构要素和标记符号分别绘制，并在第一张图上说明。

（3）导电图形一般用双线绘出它的轮廓，也可以在双线轮廓内涂色，或者画上剖面线。当印制导线的宽度小于1mm，或者宽度虽超过1mm但基本一致时，导电图形也可以用单线绘制。此时，应注明导线的宽度、最小间距和焊盘（焊接点）的尺寸数值。

印制板的导线宽度根据载流量、工作环境、工作电压、频率、覆铜厚度、加工条件等因素决定，常在0.2～2mm范围内选择。印制板导线的间距根据电压、频率等电气安全条件确定，一般不小于0.5mm。印制板的导线形状要满足便于制造、易于焊接、对信号感应小等要求。

（4）印制板上导电图形、引线孔及其他结构要素的位置和尺寸，可以选择下列方法中的任何一种进行标注。

　　1）尺寸线法：按照 GB/T 4458.4—2003《机械制图　尺寸注法》的有关规定标注，注意尽量使用某些可以简化标注的方法，例如若干相同结构要素（孔等）以符号区分不同的结构尺寸（孔径）等方法。

　　2）直角坐标网格法：网格的模数（间距）应按国家标准的规定选用，网格的数码间距可根据图形的密度和比例自行确定，如图 11 - 13 所示。

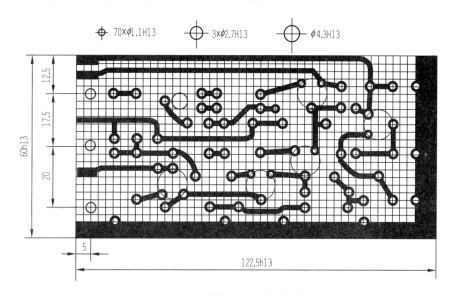

图 11 - 13　裸板导电层图形示例

　　3）极坐标网格法——按角度（度或弧度）和直径（或半径）来确定各种位置和尺寸，可按导电图形的实际配置情况进行标注。

　　4）混合法——同时用尺寸线法和网格法确定并标注尺寸。

　　其中，坐标网格法又可以分别采用以下的不同形式：①在整个图面上标画出网格；②在印制板的部分图面上标画出网格；③在印制板四周（或相邻的两边）用尺寸刻度标线标出网格位置；④在导电图形的边上按图中确定的坐标原点标注出坐标数值等。

　　使用坐标网格法还应注意，孔的中心必须在网格线的交点上，对于成规律排列的孔组，其中至少应有一个孔的中心位于网格线的交点上，若孔组排列成圆形时，该圆的中心也应该在网格的交点上。

　　图 11 - 13 所示的印制板零件图中，5 个细实线圆圈是半导体三极管的位置，它们的中心及圆周上表示基极焊接位置的小孔中心，也都在网格的交点上。板上共有三种不同直径的钻孔，数量和直径是另行标注的，尺寸后加注的 h13、H13 是它们的允许加工公差，具体数值可以从有关机械加工手册中查得。

　　图 11 - 14 所示为丝印层图和阻焊层图的示例。

三、印制电路板图的画法

　　印制电路板图相当于机械图中的装配图，是用于表示各种元件、器件、结构件等与印制板装配后的图样。在电气制图中，印制电路板图相当于位置图与安装图，如图 11 - 15 所示。

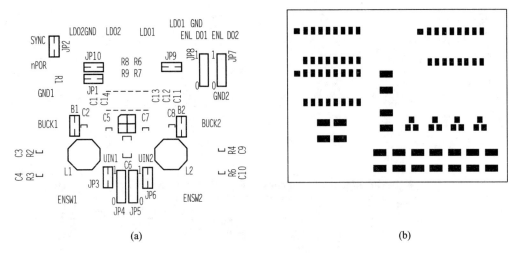

(a)　　　　　　　　　　　　　　　　　　　　(b)

图 11-14　裸板图示例

(a) 丝印图示例；(b) 阻焊图示例

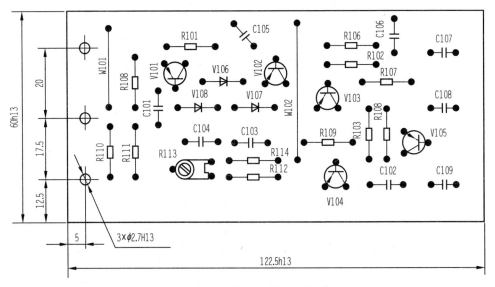

图 11-15　印制电路板图示例

（1）印制电路板图将装有元器件的板面作为主视图的投影面。若印制电路板两面都有元器件时，应确定一面为主视图，另一面为后视图并加注"后视"字样。

（2）在满足清楚表达装配关系的前提下，印制电路板图中各种元器件可以用它们的简化外形表示（见图 11-14），也可以用电气图图形符号表示（见图 11-15）。只有在必须完整、详细地表达装配关系时，有关结构件、元器件等才需要按《机械制图　图样画法》中的规定画出。电子元器件的简化画法见第七章。

（3）图中各元器件（包括跨接导线）都要标注其项目代号（在印制板装配图中又称"位号"）。有极性的元件、器件（如各种半导体管、有极性要求的电容器等）应在图样中标出极性；有方向性要求的元件、器件（如各种集成电路插座等）应标注出定位特征标志（如凸键、缺口、圆点、凹槽等）。

（4）在印制电路板图上，一般不再画出导电图形，但是跨接线必须画出，可见跨接线用粗实线画出，背面的不可见跨接线应画成虚线。

（5）重复出现的各单元，可以只画出其中一个单元，其余单元按简化画法处理，此时应该用细实线画出各个单元线框。

（6）印制电路板图上只需标注 3 类尺寸：外形尺寸、安装尺寸，以及和其他实物相连接的位置尺寸。外形尺寸及定位要求高的印制电路板要绘制机械加工图，标明基板的外形尺寸、孔位、孔径、几何公差、使用材料、工艺要求及其他说明。

（7）供用户使用的印制电路板图可以将外接设备的对应关系在图中示出，如图 11‑16 所示。

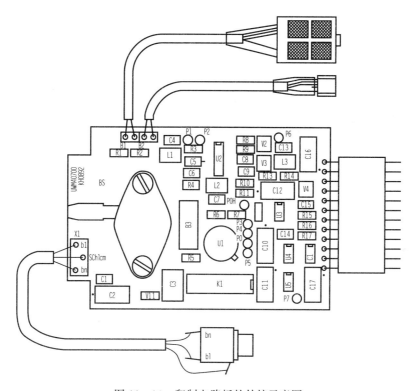

图 11‑16　印制电路板的外接示意图

第十二章　电气电子接线图与线扎图

接线图和线扎图同属电气和电子安装图。电气接线图主要用于表达指定端子之间连接的关系，而线扎图则用于表达成束导线的捆扎方法。

第一节　接　线　图　（表）

电气接线图是用符号表示电气系统和电子产品的内部各个项目（元器件、组件、设备等）之间或与外部之间电气连接关系的一种电气施工简图。将这些连接关系用表格的形式表达，称为接线表。电气接线图是在电路图和逻辑图的基础上绘制的，是进行电气和电子设备连接、整机装配、系统维护和维修不可缺少的技术文件。

一、电气接线图（表）概述

接线图和接线表是表达相同内容的两种不同形式，两者的功能完全相同，均可单独使用，也可以组合在一起使用。

1. 电气接线图（表）的功能

电气接线图（表）的功能是提供项目之间的实际连接信息，主要用于设备的装配、安装和维修。

2. 电气接线图（表）的类型

接线图（表）是表示或列出一个系统、成套装置或设备连接关系的简图（表），根据表达对象和用途不同，接线图（表）分为单元接线图（表）、互连接线图（表）、端子接线图（表）和电缆图（表）。

3. 电气接线图（表）包括的信息

通过电气接线图（表），读者应能识别每一个连接的连接点及所用导线或电缆的信息。

4. 电气接线图（表）适用的标准

电气接线图（表）适用的国家标准为 GB/T 6988.1—2008《电气技术文件的编制　第 1 部分：规则》，该标准等同采用 IEC 1082—3：1993。

5. 电气接线图（表）的布局

电气接线图（表）的布局应按位置布局法布置，元器件的布置位置应反映这些元器件的实际位置，但无需按比例绘制。

6. 设备及元器件的表示

接线图中的设备及元器件有三种表示方法：

（1）用国家标准《电气简图用图形符号》规定的图形符号法表示。

（2）可用设备或元器件的轮廓表示。

（3）用简单的几何图形（通常是正方形、矩形和圆）表示。

二、单元接线图（表）

单元接线图（表）用于表示成套装置或设备中的一个结构单元内部的连接情况，不包括单元与单元之间的外部连接，但需要给出与本单元相关互连图的图号。

1. 单元接线图的基本画法

单元接线图的连接线可以用连续线方式画出（见图 12-1），也可以用中断线方式画出（见图 12-2）。图 12-1 和图 12-2 所示的两种表达方式是完全等效的。

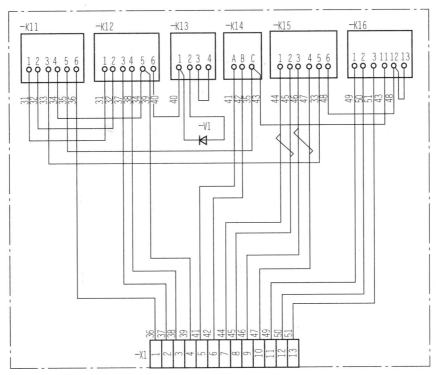

图 12-1　单元接线图用连续线画法示例

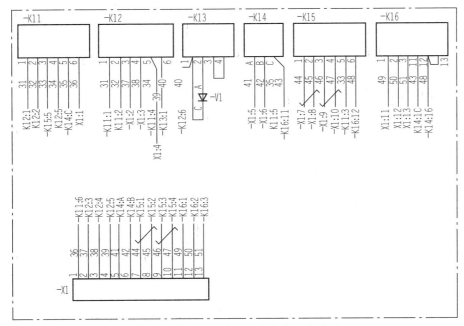

图 12-2　单元接线图用中断线画法示例

　　　　单元接线图对项目的相对位置关系有一定要求，需要参照视图方法来画简图。视图的选择应能清晰地表示出各个项目中的端子位置和布线情况。在图 12-1 和图 12-2 中，端子-X1 与-K11～-K16 六个项目相对配置，而-K11～-K16 顺序放置。接线图的布局与项目的实际空间位置相一致。但项目的表示采用的是符号法，而不是轮廓法，每一项目的实际尺寸及其比例也不要求与项目的实际大小相一致。

　　　　图 12-1 所示的接线图共有 7 个项目，其中项目-K11～-K16 采用简化外形符号，项目-V1 和项目-X1（端子排）采用一般图形符号，各项目的端子代号分别标注在各端子符号旁。

　　　　该单元内部共有 21 根互连接线，其中 15 根连接线按顺序编号。依次为 31～45，这种标记法称为独立标记。项目-K13 和项目-V1 之间有两根互连接线，相距很近，未做标记。

　　　　在图 12-1 中还可以直观看出导线的连接关系。例如，31 号线一端接项目-K11 的端子 1，另一端接项目-K12 的端子 1。

　　2. 单元接线图的特殊表达方法

　　（1）对于接线关系复杂的单元，用一个视图不能清楚地表示多面布线时，可采用多个视图。绘制时，应该以主接线面为基础，其他接线面可按一定方向展开，如图 12-3 所示。

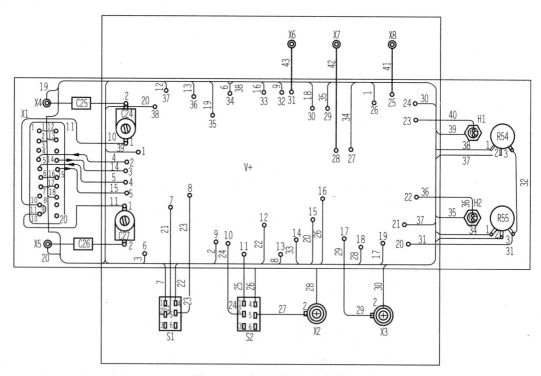

图 12-3　多面布线的展开视图

　　（2）在同一接线面上，单元接线图中项目间若彼此重叠，图中重叠零件的接线图部分可采用翻转、旋转、移开等方法在同一视图中画出，并用简单文字说明处理方法。也可采用剖视图、局部视图和按箭头方向的视图作为辅助视图加以表示，并加注说明。

如图 12-4 所示，当项目具有多层端子时，可将被遮盖的接点端子向外延伸，以表明各层端子间的连接关系。采用这种画法时视图应与实际的位置出入不大，且能够被正确识读。

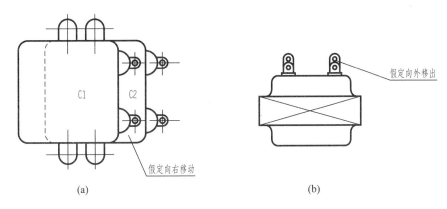

图 12-4　向外延伸端子的画法
(a) 移动画法；(b) 局部延长的画法

(3) 当项目重叠，且不能用移动或延长画法表达时：如果项目用设备或元器件的轮廓法表示，被遮挡的部分及其连接线要画成虚线；如果项目用图形符号法表示，项目符号及连接线要画成实线。

(4) 单元接线图中若有独立的元器件，图中元器件端子的相互位置应与实际的相互位置一致，端子无需画出。

(5) 没有接线关系的项目，可省略不画。

(6) 图中所有装接元器件和导线，均应列入明细栏。

单元接线明细栏的内容与装配图中的明细栏类似，一般包括线缆号、线号、导线的型号、规格、长度、连接点、所属项目的代号和其他说明等。

3. 单元接线表

接线表是单元接线内容的另一种表达形式，与接线图所表达的内容完全相同。表 12-1 所示即为图 12-1 和图 12-2 中接线图表格化的形式，二者内容一致，功能相同，完全可替换使用。

表 12-1　　　　　　　　　　　接 线 表 示 例

连接线			连接点					
型号	线号	备注	项目代号	端子代号	备注	项目代号	端子代号	备注
	31		-K11	: 1		-K12	: 1	
	32		-K11	: 2		-K12	: 2	
	33		-K11	: 3		-K15	: 5	
	34		-K11	: 4		-K12	: 5	39
	35		-K11	: 5		-K14	: C	43
	36		-K11	: 6		-X1	: 1	
	37		-K12	: 3		-X1	: 2	

续表

连接线			连接点					
型号	线号	备注	项目代号	端子代号	备注	项目代号	端子代号	备注
	38		－K12	：4		－X1	：3	
	39		－K12	：5	34	－X1	：4	
	40		－K12	：6		－K13	：1	－V1
	－		－K13	：1	40	－V1	：C	
	－		－K13	：2		－V1	：A	
	短接线		－K13	：3		－K13	：4	

接线表不限于作为单元接线文件使用，也可作为其他接线的技术文件。

三、互连接线图（表）

互连接线图（表）是单元接线图上一层次的接线图（表），是表示系统、成套装置或设备内单元之间的接线图（表）。互连接线图（表）不涉及各单元的内部连接，但要给出与之有关的电路图或单元接线图的图号，以表示其去向，如图12-5所示。

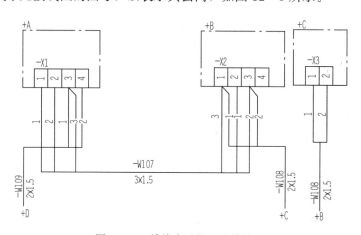

图12-5　单线表示的互连接线图

互连图的画法应遵循以下规则：

（1）在互连接线图中，表示各单元对外接线关系的各个视图，应该画在同一图中，以明确表示各单元之间的连接关系。图中的各单元以点画线围框表示，如图12-5中的项目单元＋A、＋B和＋C。

（2）互连接线图布局比较简单，不注重各单元之间的相对位置关系，以能表达连接关系为准。

（3）各单元视图中只绘制出直接与外部相连接的接线端子，接线端子的位置应与该端子在单元中的相对位置一致，如图12-5中的项目＋C－X3。

（4）图中若有与本图以外的连接线，连接线宜延伸到图纸的边框附近，并标注项目编号和连线编号。如图12-5中的项目＋D、＋C和＋B。

（5）若单元内各个项目需要用外部线缆的芯线连接时，在本图上应该画出完整的接线关系。如图12-5中的＋C－X3：1和2都需要与本图以外的线缆（－W108）连接，而在

图 12-5 中，每条连接线都应完整画出。

（6）应对每条互连连接线编写编号，编号的书写方向以该连接线的走向作为水平方向。

（7）互连图中的连接线可采用单线画法，也可采用多线画法。图 12-6 与图 12-5 所示两种表达方式在内容上是完全一致的。图 12-6 中项目－W107 上有一封闭的曲线，表示这几条线为一条线缆。

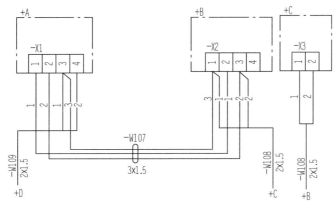

图 12-6　多线表示的互连接线图

（8）如用多芯电缆表示，应加注线缆项目号和电缆规格。如图 12-5 中的－W107 为线缆项目编号，3×1.5 为该线缆的规格。

四、端子接线图（表）

端子接线图（表）用于表示成套装置或设备中的端子及其与外部导线的连接关系，不包括单元或设备的内部连接，但可以给出与之相关的电路图或单元接线图的图号。

端子接线图如图 12-7 所示。

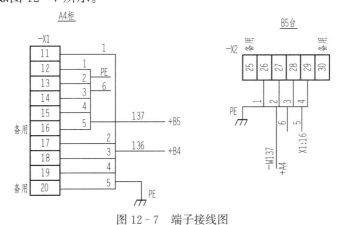

图 12-7　端子接线图

1. 端子的表示方法

在电气接线图中，凡需要用连接线连接的连接点均可称为端子。端子要用图形符号和端子代号表示。

端子的一般符号为一小圆圈，如图 12-8（b）所示；可拆卸的端子用在端子一般符号上加画一短斜线来表示，如图 12-8（c）所示。端子的引线应画到端子符号的边缘，如图 12-8（b）、（c）所示。

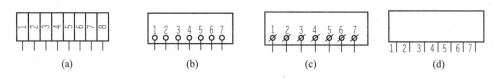

图 12-8　端子符号及其连接线的规定画法

(a) 用方框符号表示的端子及连接线的画法；(b) 用圆形符号表示的固定端子及连接线的画法；
(c) 用圆形符号表示的可拆卸端子及连接线的画法；(d) 省略端子符号的项目或分立元件中端子的画法

2. 端子符号的省略

在以下几种情形时，端子符号可以省略：

(1) 当用简化的外形轮廓表示端子所在项目时，简化的外形轮廓已经确切地表示了端子所在的位置，可省略端子符号。

(2) 某些只有两个接线端的小型元件，如电阻器、电容器等，它们的引出线已经被默认为是元件的接线端子，可省略端子符号。

(3) 带有围框的项目或每引脚都有独立编号的分立元器件，在不致引起误解时，可省略端子符号，如图 12-8 (d) 所示。

(4) 项目中有专门用于接线的端子板，此时，每个连续排列的小矩形可被认为是一个端子。与端子板连接的连线，画至每个小矩形短边的边线上，如图 12-8 (a) 所示。

3. 端子代号的注写规则

(1) 端子代号应注写在端子符号的附近，其注写方向均以标题栏的看图方向为端子代号的正方向，如图 12-8 (b)、(c) 所示。

(2) 端子板上的端子代号应注写在表示端子的小矩形框内，并以小矩形框的长边为水平方向注写，如图 12-8 (a) 所示。

(3) 其他省略端子符号的端子代号注写在端子引出线附近，且以标题栏的正方向作为端子代号注写的正方向，如图 12-8 (d) 所示。

(4) 当端子接线图采用中断画法时，为了表明一个端子与其他端子的连接关系，除要注写本端子的代号外，还需要注写与之相连的另一端子的代号。端子自身的代号称为本端标记，与之相连的另一端的端子标记称为远端标记。远端标记注写在连接线的中断处。图 12-9 所示为带有本端标记的端子接线图，图 12-10 为带有远端标记的端子接线图。

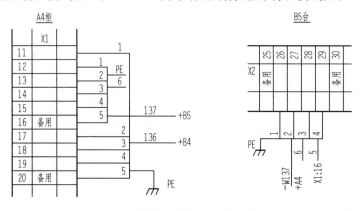

图 12-9　带有本端标记的端子接线图

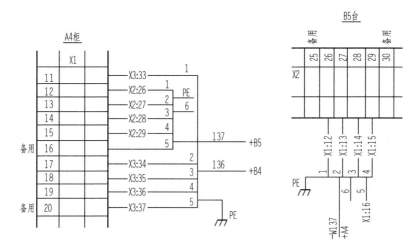

图 12 - 10　带有远端标记的端子接线图

4. 端子接线图的画法

图 12 - 10 所示的端子接线图是一种图与表相结合的形式。在端子板中的端子矩形符号与连接线之间增加了一个辅助表格，以便注写端子特征和其他说明。

端子接线图的内容比较简单，要以实际接线面的视图方式画图。端子接线图的视图应与单元接线图的视图一致，使端子相对位置与实际相符，不能随意布置。

5. 端子接线表的编制

端子接线表的内容一般应包括线缆号、线号、端子代号等。端子接线表要按单元列表，每个单元都需要有独立的接线表。端子接线表同样分为带本端标记和带远端标记两种形式，见表 12 - 2 和表 12 - 3。

表 12 - 2		带本端标记的端子接线表	
A4 柜			
136		A4	
	PE	接地线	
	1	X1：11	
	2	X1：17	
	3	X1：18	
	4	X1：19	
备用	5	X1：20	
137		A4	
	PE	—	
	1	X1：12	
	2	X1：13	
	3	X1：14	
	4	X1：15	
备用	5	X1：16	
备用	6	—	

表 12 - 3		带远端标记的端子接线表	
A4 柜			
136		B4	
	PE	接地线	
	1	X3：33	
	2	X3：34	
	3	X3：35	
	4	X3：36	
备用	5	X3：37	
137		B5	
	PE	接地线	
	1	X2：26	
	2	X2：27	
	3	X2：28	
	4	X2：29	
备用	5	—	
备用	6	—	

五、电缆配置图（表）

电缆配置图（表）用于表示各单元之间电缆的铺设，也可以用来表示线缆的路径。若是专门为电缆铺设使用的，应给出电缆铺设所需的全部信息。必要时，还应包括电缆路径信息。

1. 电缆配置图的画法

电缆配置图中，各单元用实线线框表示，并标注位置代号。电缆配置图示例如图 12-11 所示。

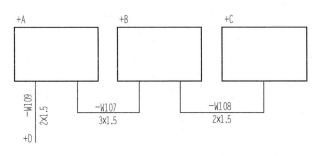

图 12-11　电缆配置图示例

图 12-11 所示为三个单元间的电缆配置图示例，图中标明了电缆 -W107、-W108 与三个单元之间的连接关系。如果不需要提供各单元的接线信息，仅供电缆铺设使用，这张图可简化成图 12-12 的形式。

如果连接单元采用插头和插座与线缆相连接，则单元用点画线围框表示；插头和插座用细线围框表示，并在其内标出项目种类代号，如图 12-13 所示。

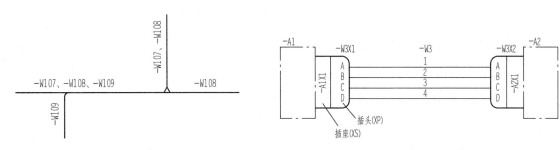

图 12-12　单线表示电缆组　　　　　图 12-13　单元之间采用插头和插座连接的画法

2. 电缆配置表的编制

电缆配置表应包括电缆配置图的全部内容，一般包括线缆号、线缆类型、连接点的位置代号及其他说明等。电缆配置表示例见表 12-4。表 12-4 的内容与图 12-11 所表达的内容是一致的，可对照使用。

表 12-4　　　　　　　　　　　　　　电 缆 配 置 表 示 例

线缆号	电缆型号及规格	连接点	附注
107	H07VV-U3×1.5	+A	+B
108	H07VV-U2×1.5	+B	+C
109	H07VV-U2×1.5	+A	+D

六、安装简图

安装简图是同时表示出设备或元器件位置及其连接关系的一种电气图样。

在安装简图中，连接线要表示出实际的路径走向，或者要表示出元器件以何种顺序接到每个电路。

图 12-14 所示为某建筑物内照明工程的安装简图，图中对连接线的走向、位置、型号都清晰地表示出来了。

安装简图是位置图和接线图的结合，图中的相关项目要按比例绘制，如图中建筑物或设备的尺寸、连接线的尺寸等。尽管比例的选取并不要求严格从国家规定的比例数系中选取，也不一定要求标出每个具体尺寸，但却可以通过与其他图纸对照，来确定电气设备的位置和连接线的长度。因此，在不太复杂的系统中常采用安装简图作为施工图。

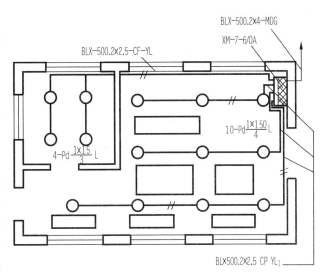

图 12-14　建筑内照明工程安装简图

第二节　线　扎　图

电器产品中的导线通常很多，为了保证布线整齐美观及使用安全，应将导线捆成线扎。表达线扎实际布局的工程图样称为线扎图。

一、线扎图的画法

线扎图是施工图样的一种形式，是按正投影原理绘制的。线扎图通常用一个视图来表示，将主干和分支最多的平面作为投影方向来画出线扎的轮廓。

线扎图有两种表达方法：图例表示法和结构表示法。图 12-15（a）所示为图例表示

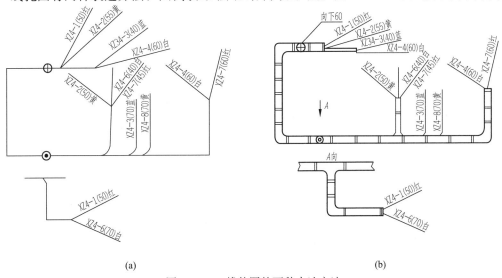

(a)　　　　　　　　　　　　　　　　　　(b)

图 12-15　线扎图的两种表达方法

（a）图例方式表示的线扎；（b）结构方式表示的线扎

法，图中导线的主干、分支和单线都采用粗实线绘制。图 12 - 15（b）所示为结构表示法，图中导线的主干和分支用双线轮廓绘制，线束中引出的单根导线用粗实线绘制，绑扎处用两条细实线绘制，电缆线按实物简化外形用粗实线绘制。

　　图 12 - 15 所示的两种表示方法，在功能上是等效的。两种画法都采用了一个主视图和一个辅助视图来表达，辅助视图为某个方向的局部视图。

　　线扎图用折弯符号来表示线扎的走向。线扎折弯符号见表 12 - 5。

表 12 - 5　　　　　　　　　　　　　　线 扎 折 弯 符 号

基本折弯符号		组合折弯符号	
符号	表示意义	符号	表示意义
⊙	向上折弯 90°	⊙→	向上折弯 90°后，再按箭头方向折弯 90°
⊕	向下折弯 90°	⊕→	同时向上、向下折弯 90°
⊖	表示主干（或分支）中有部分分支	⊕	表示主干（或分支）中部分分支向下折弯 90°
→	表示再次折弯的方向	⊕→	向下折弯 90°后，再按箭头方向折弯 90°

　　注　1. 表示"向上"是指图面前方，"向下"是指图面后方。
　　　　　2. 组合折弯符号为先是向上（前）、向下（后）折弯，后是按箭头方向折弯。

　　对于非 90°折弯，可采用剖面符号及向视图配合表示。如图 12 - 16 所示，剖面采用涂黑表示。

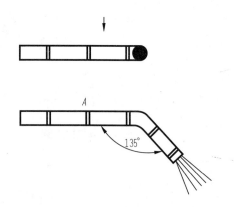

图 12 - 16　非直角折弯的表示

二、线扎图技术要求的注写

　　线扎图的技术要求是线扎施工时所需的技术数据和相关说明，一般包括线扎各部分的代号和尺寸、剥头长度、各抽头的颜色、折弯的方法等。

当采用 1:1 的比例绘制时，可不标注尺寸；若采用其他比例，尺寸不能省略。线扎尺寸的起止点均为线扎的中心点。

导线两端的剥头长度可用文字说明或采用局部视图表示。

导线的始端和末端都应标注导线的线号、两端代号、抽头长度、颜色等，并在抽出线上方从左至右进行标注，如图 12 - 17 所示。

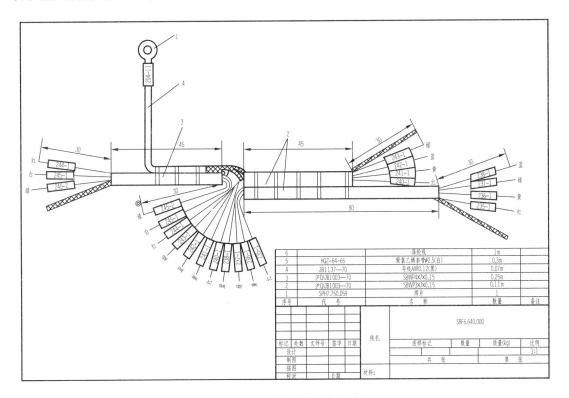

图 12 - 17　某产品线扎图示例

三、导线表和明细栏的编制

在线扎图中应列出导线表，用以说明所有导线的线号、数据、备注、更改等内容。导线表一般列于线扎图的右上方，也可采用 A4 图纸单独编制。导线编号表示例见表 12 - 6。

表 12 - 6　　　　　　导 线 编 号 表

线号	导线数据（牌号　线径　颜色）	预定长度	备注	更改

四、明细栏

作为装配图的一种，线扎图应编制明细栏。线扎图中所用材料应分类汇总填入明细栏，如图 12 - 18 所示。线扎图的明细栏也可以单独编制。

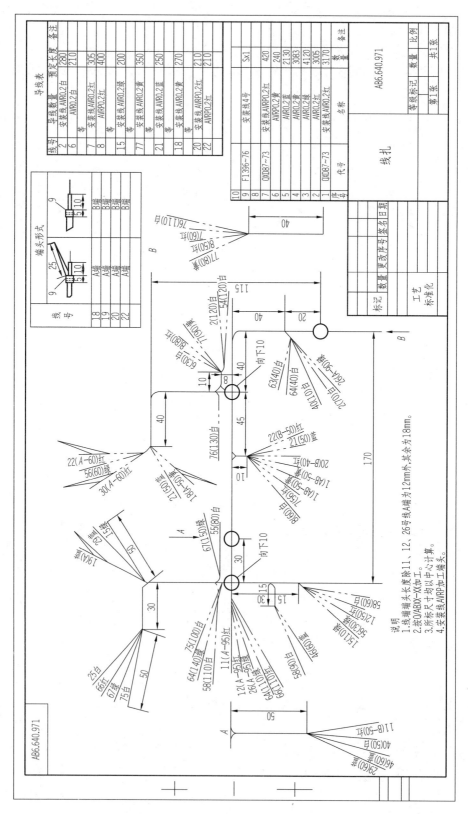

图 12-18　带有导线表和明细栏的线扎图

第五单元　计算机辅助设计

第十三章　CAD基础知识

在工程设计中，设计人员通常是画出草图，再将草图变为工作图，这期间的工作是相当繁重和烦琐的。计算机诞生以后，人们把部分设计工作交给计算机完成，于是就开发出了计算机辅助设计（CAD）软件，以减轻设计人员的劳动，缩短设计周期并提高设计质量。

CAD软件是一个庞大的家族，本章仅介绍CAD的基本知识和使用方法，为后面学习具体的CAD软件打好基础。

第一节　CAD　概　述

CAD是计算机辅助设计computer aided design的英文缩写。从20世纪60年代诞生以来，CAD软件经过50多年的发展，已经成为一个庞大的家族，在几乎所有的工业领域得到应用，并且已经形成了各具特色的行业专用软件。

一、CAD发展简史

20世纪60年代，美国麻省理工学院提出交互式图形学的研究计划，并开发出最早的CAD软件。但由于当时硬件设施昂贵，只有美国通用汽车公司和美国波音航空公司使用自行开发的交互式绘图系统，CAD软件并未在社会上普遍运用。随着计算机技术的发展，特别是PC机的普遍应用，CAD也得以迅速发展，出现了专门从事CAD系统开发的公司。1982年，美国Autodesk公司开发的AutoCAD面世，尽管系统功能有限，但因其可免费拷贝，在社会上得以广泛应用，也使这个仅有数名员工的小公司一跃成为全球知名的CAD开发公司。目前，CAD技术在机械、电子、航空航天、船舶、轻工、纺织、建筑乃至冶金、煤炭、水电等各个行业中得到了广泛的应用。

我国自20世纪80年代开始研究开发CAD软件，经过近三十年的成果积累，CAD软件在多个行业得到应用，使得国产CAD软件获得较大的发展，其典型代表是CAXA。CAXA电子图板是完全自主开发的国产CAD软件。

二、机电领域中常用CAD软件的特点

机电领域中常用的CAD软件有AutoCAD、CAXA、Protel等。目前，AutoCAD、CAXA和Protel这三个软件都是基于Windows操作系统的，因此与大多数基于Windows系统的应用软件都极其相似，这种相似不仅体现在软件的界面上，也体现在操作方式上。例如，可以用双击鼠标左键的方式打开软件或窗口；可以单击窗口右上方按钮▣关闭窗口或软件；都有下拉菜单和工具栏等。

与Windows下的其他图形处理软件相比，CAD软件具有精确绘图的功能，所绘图线的尺寸比例严格，因此能够满足生产加工的需要。

　　有些 CAD 软件（如 CAXA 和 Protel）生成的图形还能够与加工控制软件连接而生成加工程序，实现了无图化生产。即只要把设计好的图形文件导入相应的加工设备，就可以自动完成产品的生产。

　　为了适应不同用户的需要，CAD 软件已经开始向专业化方向发展。例如，CAXA 电子图板专攻实物图，以强大的图形库为自己的特色；Protel 以能根据电路图自动完成印制电路板的设计见长。

三、CAD 的工作界面

　　CAD 的工作界面由以下几个部分组成：标题栏、主菜单栏、工具栏、工作区（绘图区）。图 13-1 所示为三款 CAD 软件的工作界面。

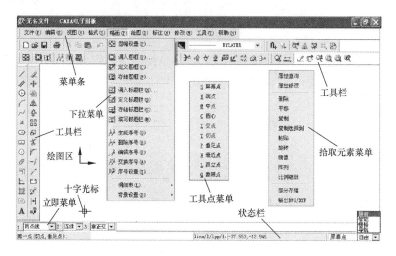

(a)

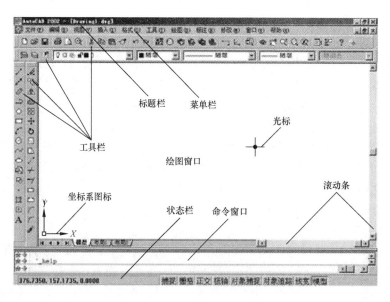

(b)

图 13-1　三款 CAD 软件的工作界面（一）

(a) CAXA；(b) AutoCAD

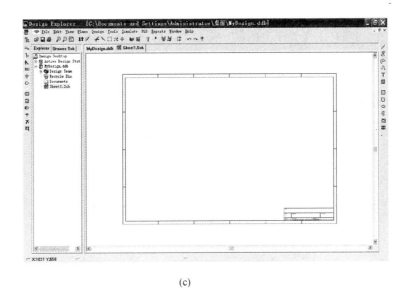

(c)

图 13-1　三款 CAD 软件的工作界面（二）

(c) Protel

这三款 CAD 软件的标题栏、下拉菜单和常用工具栏的外观完全相同，只是在内容上各具特色，其共有菜单有以下几个。

1. CAD 的主菜单

CAD 的主菜单与 Windows 下其他软件的主菜单非常相似。在本书介绍的三款软件中，共有的主菜单项目有以下几个：

（1）文件（File）。文件菜单的主要内容有新建文件、打开文件、关闭文件、保存文件、文件另存为、打印、退出等。

（2）编辑（Edit）。编辑菜单的主要内容为常用的编辑命令，如复制、粘贴、剪切、清除、查找等。

（3）视图（View）。视图菜单包括了屏幕显示命令、工具栏、屏幕刷新等。

（4）窗口（Window）。

（5）帮助（Help）。

2. CAD 的常用工具

常用工具栏的默认位置是在主菜单的下部，用户也可以根据自己的喜好选择其他位置。常用工具的主要内容见表 13-1。

表 13-1　　　　　　　　　　　CAD 常用命令图标示例

命令	新建	打开	保存	剪切	撤销	恢复	打印	放大	缩小
图标									

3. CAD 专用工具

CAD 的专用工具栏有很多，主要有绘图工具栏和修改工具栏。CAD 的工具栏通常放置在工作界面的两侧，以扩大绘图区域。在绘图过程中，还要根据绘图的需要，调用一些特殊的工具。如果需要调用其他工具栏时，可以通过主菜单"视图"→"工具栏"（英文名为

"View" → "Tool Bars"）选择，这时会出现工具栏列表，从中选择所需要的工具栏；也可以将鼠标放置在已出现在工作界面上的某一图标上，然后单击鼠标右键，也会出现工具栏列表或打开工具栏对话框。

4. 状态栏

状态栏位于 CAD 工作界面的底部，用于显示当前的工作状态，包括屏幕状态显示、操作信息提示、当前鼠标所在位置的坐标及拾取状态显示等内容。如果在绘图区内移动鼠标，会发现状态栏内的坐标值会随着鼠标的移动而变化。

5. CAD 的光标

CAD 的光标有两种状态：十字光标和 I 字光标。十字光标用于绘图时的定位，十字光标的交叉点为当前坐标点；I 字光标仅用于注写文字，使用方法与 Word 中的光标使用方法一致。

6. 栅格

栅格是 CAD 软件特有的辅助工具。栅格以点阵或小方格的形式出现在绘图区，点或方格的交叉点为放置图形元素的坐标点。在点或者交叉点之间的距离为最小绘图距离，故不能使用栅格点之间的坐标。栅格是可以消除的，用户可根据需要打开或消除栅格。

7. 命令提示栏

命令提示栏是 CAXA 和 AutoCAD 所特有的，用于提示操作信息和输入数据，如坐标值、长度等。注意，只有当命令提示栏处于"命令："状态时，才能进行输入或选择命令的操作，否则只能按照提示的内容进行操作。如果要取消提示，使系统返回命令状态，需要按键盘上的 ESC 键消除当前的内容。

8. CAD 的坐标

需要精确绘图的 CAXA 和 AutoCAD 都是用坐标来定位的。这两款软件都采用平面直角坐标系，水平方向为 X 方向，向右为正，向左为负；垂直方向为 Y 方向，向上为正，向下为负。书写格式为"X，Y"，中间用逗号隔开，与数学中的坐标写法一致。当绘制平面图形时，可省略 Z 坐标，只标明 X、Y 坐标。

CAXA 和 AutoCAD 的坐标系有绝对坐标系和相对坐标系之分。绝对坐标系称为世界坐标系（WCS），世界坐标系的原点坐标规定为（0.000，0.000）。在采用世界坐标系时，可直接书写 X、Y 值。相对坐标系是以用户指定的一点作为坐标原点的直角坐标系，称为用户坐标系（UCS）。在操作时，系统默认上一次操作的最后一点坐标作为相对坐标的原点。在书写相对坐标时，需要在坐标值前加"@"，例如，"@200，－500"表示距上一点的水平方向为 200、垂直方向为－500 的点坐标。

四、CAD 的基本功能

绘制图形是 CAD 软件的基本功能。为了更方便地绘制图形，并实现图样的保存、打印与交换，CAD 软件都有许多独特的功能。

1. 图形绘制与编辑功能

如前所述，CAD 在图形绘制方面提供了图形库的方式以简化绘图过程。AutoCAD 和 CAXA 还提供了绘制直线、圆、椭圆、多边形等个性化图形的功能。同样，这两款软件也都具有强大的编辑功能，可以对图形对象进行移动、复制、旋转、阵列、拉伸、延长、修剪、缩放等。

2. 精确定位功能

对一些有严格尺寸要求的图形，CAD 给出了定位功能。最基本的定位功能是网格化绘图方式。网格化绘图是按一定的尺寸将绘图区分割成若干小格子栅格。CAXA 和 AutoCAD 软件还提供了屏幕上自动捕捉某些特殊点的功能、画水平线和垂直线的正交功能等，可大幅提高绘图的精确性和绘图效率。

3. 文字编辑功能

CAD 软件能轻易在图形的任何位置、沿任何方向书写文字，并可设定文字字体、倾斜角度及宽度、缩放比例等属性。

4. 数据交换功能

一些 CAD 软件还提供了多种图形图像数据交换格式及相应命令。有了这项功能，可以实现不同 CAD 软件之间生成图样的共享，为充分利用不同 CAD 软件的特殊功能提供了方便。

5. 二次开发功能

为了使 CAD 软件能够适应不同的工作需要，CAD 软件都允许用户定制菜单和工具栏，并可以对其进行二次开发，以实现系统本身所没有的新功能。

五、CAD 软件的版本

每个 CAD 软件的开发公司都致力于对软件不断进行更新，每一次更新都会提出一个新的同名软件，而区别于前一款同名软件的标志就是版本号。

各个不同的公司对版本号的编排都有自己的规定。早期的版本号编排是以推出的次序来编排的，如 1.0、2.0、3.0、…，而对其中较小的更新，又以诸如 3.1、3.2 的方式排列。

进入 20 世纪 90 年代以后，各公司以软件更新时年份作为版本号，如 99、2000、2001 等。对于大多数的 CAD 软件来说，每一个新版本都是在上一版的基础上进行更新，要么增加了新功能，要么简化了操作。而对于较大的改进，通常采用更换软件名称或改变版本号的排序方式来加以区别。如 AutoCAD，DOS 版的用数字序列作为版本号，从 R1 到 R14，2000 年开始推出以 Windows 为操作平台的软件，以年份为版本号，每年推出一款更新版，如 2000、…、2009、2010 等。

本书只作为 CAD 的入门教材，重在介绍基础知识，因而所采用的版本均以目前流行的版本为基础，并不追求最新版本。在教学和学习中，重点要掌握基本的知识和使用技巧，而对于新版本的学习，可以在掌握了这些最基础的知识和技巧的基础上，通过软件的"帮助"文件或全面介绍该软件最新版本的教材来研修。

第二节 CAD 软件的基本操作

CAD 软件是基于 Windows 操作系统的应用软件，因此也与绝大多数基于该系统的其他应用软件具有许多相同的基本操作。由于本章不针对某个具体的 CAD 软件，所以以下说明，则要根据将要使用的 CAD 软件将文中的"CAD"替换成具体的 CAD 软件名称，如 CAXA、AutoCAD、Protel 等。

一、CAD 的启动与退出

CAD 的启动有两种方式：

（1）双击图标方式。双击位于桌面的 CAD 图标，即可启动该软件。

（2）菜单选择方式。单击 Windows 左下角的"开始"菜单，从菜单中选择"CAD"选项即可启动 CAD 软件。

CAD 的退出有三种方式：

（1）单击图标方式。单击 CAD 窗口右上角的按钮⊠，可退出 CAD。

（2）菜单选择方式。选择该软件主菜单"文件/Files"→"关闭/Close"选项，即可退出 CAD。

（3）快捷方式。按 Alt＋F4 键。

注意，在退出 CAD 时，如果有尚未保存的文件，系统会做出提示。

二、命令操作

让计算机执行一段程序或进行某种操作，都是通过命令方式来进行的。Windows 下很多软件的命令操作都有两种基本方式：从下拉菜单中选择相应的操作命令；点击工具栏中相应的命令图标。

CAD 软件也继承了 Windows 的这两种命令操作方式。

为了便于叙述，本书将从菜单中选择命令或用鼠标单击命令图标，以及后面介绍的用输入命令名的方法，来执行命令，称为命令的激活。

1. 命令的命名及格式

在 CAD 中，常常用绘制图形的名称作为绘制该图形的命令名，例如绘制直线命令称为"直线（Line）"，绘制圆的命令就称为"圆（Circle）"等。但也有一些软件（如 Protel）在名称前加上"放置（Place）"一词，例如画直线称为"放置直线（Place Line）"。

CAD 的命令格式总是命令名在前，相应的参数或操作在后，即

命令名＋［参数或操作 1］＋［参数或操作 2］……结束命令

例如，要画一条直线，要经过下列步骤：

激活画直线命令；

确定直线的起点；

确定直线的端点；

确定直线的下一个端点；

……

命令结束。

系统在画完一条直线之后，总是默认以上一条直线的终点为起点要继续画下一条直线。

2. 结束命令

在很多情况下，命令被激活以后，并不能自动停止，需要另外用命令来中止或结束当前命令。CAD 的通用结束命令为单击鼠标右键。不同的 CAD 软件还会有特殊的结束命令。

在 CAXA 和 AutoCAD 中，还可以按键盘的 Enter 键来结束命令，而 Protel 中要用 Esc 键来结束命令。

3. 命令的重复

命令的重复是对刚刚结束命令的重复。

在 Protel 系统中，如果是用单击鼠标右键而结束的命令，在不激活新命令的前提下，可自动重复上一条命令；如果是按 Esc 键结束的命令，则不能重复上一条命令。

在 CAXA 和 AutoCAD 系统中，无论是以何种方式结束的命令，都可以用按空格键或

单击鼠标右键来重复上一条命令。

4. CAXA 和 AutoCAD 的特有命令激活方式

在 CAXA 和 AutoCAD 系统中，除上面两种命令激活方式外，还有第三种命令激活方式——命令名输入方式。

CAXA 和 AutoCAD 的绘图界面会有一个命令提示栏，在命令提示栏出现"命令："的状态下，输入命令名，按 Enter 键，可以激活命令。例如，输入"Line"，按 Enter 键，即可激活画直线命令，这与单击直线图标和从下拉菜单中选择画直线命令是等效的。

三、键盘操作

CAD 中的一些常见命令也可以通过键盘操作来实现。CAD 常用键盘命令见表 13 - 2。

表 13 - 2　　　　　　　　　　　　　CAD 常用键盘命令

命令	操作	命令	操作
命令中止	Esc	复制	Ctrl+S
撤销	Ctrl+Z	剪切复制	Ctrl+X
保存	Ctrl+S	粘贴	Ctrl+V
全部选择	Ctrl+A	删除	Delete
命令执行或结束	Enter	帮助	F1 键

注　Protel 系统在使用删除键时，需要加按 Ctrl 键。

上述命令的含义和使用方法与 Windows 下其他应用软件的用法几乎完全相同。不同的软件也有不同的键盘命令，熟悉这些命令，对提高绘图效率是有帮助的。

四、鼠标操作

鼠标在 CAD 绘图中具有非常重要的地位，鼠标的操作也非常复杂。

1. 命令的输入与结束

大多数 CAD 软件都会有常用命令图标，用鼠标左键单击命令图标，命令便被激活。有一些命令并不能自动结束，需要使用命令来结束，通常是单击鼠标右键确认或按 Enter 键来结束命令。

在 CAXA 和 AutoCAD 系统中，单击鼠标右键，还可以重复执行刚刚结束的上一条命令。

2. 定点输入

绘图时，经常会遇到点的输入问题。一个点可能是一条线的端点、一个圆的圆心，或是一个图形的插入基点。移动鼠标的十字光标，选择合适的位置，单击鼠标左键，该点的坐标即被输入。

3. 图形元素的拾取

（1）若要拾取单个图形元素，可移动鼠标的十字光标，将其靶区方框放到待选的图形元素上，单击鼠标左键后，被拾取的元素变成虚线或其他颜色时，即表示该图形元素已经被拾取。

（2）在绘图区内任意一点单击鼠标左键再移动鼠标，会形成一个矩形框区，这个矩形框区称为窗选框，再次单击鼠标左键，窗框的大小便被确定。窗选框可用于拾取一组图形元素。若窗选窗口是从左向右形成的，则只有完全包含在框内的图形元素才能被选中；若窗选框是从右向左形成的，则所包含在框内和与窗选框边界相交的图形元素都会被选中。

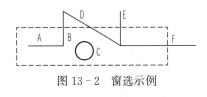

图 13-2　窗选示例

在图 13-2 中，已有图形元素 A～F，虚线所示为用鼠标拉成的窗选框。当窗选框为从左到右形成时，图形元素 A 和 C 全部在窗内，可以被选中，其余图形元素未被选中；当窗选框是从右到左形成时，除 A、C 外，其余各元素因与窗口相交，也可被选中。

被选中的图形元素，可以用命令对其进行各种操作，如删除、移动、复制等。

要取消被选择的图形，CAXA 和 AutoCAD 可按 Esc 键取消，Protel 则要在主菜单的"Edit"→"DeSelect"中选择相应选项来取消。

4. 图形元素的拖动

用鼠标选择图形后，按住鼠标左键，图形将附着在光标上随着鼠标的移动而被拖动，直到放开鼠标左键，图形便被放到新的位置。

五、CAD 的设置

绘制工程图样需要遵循国家标准，而不同的图样所遵循的标准可能有所不同，这就需要对 CAD 软件进行设置。CAD 软件中的设置是相当频繁的，几乎所有的功能都需要进行设置，如文件的形式、绘制的方法、文字的大小、尺寸标注的方法等。

CAD 中的设置通常是通过设置对话框来完成的。图 13-3 所示为 AutoCAD 中的"字体样式"对话框。

在字体样式对话框中有很多需要设置的选项。其中，文本高度是指文字在图中的高度，宽度因子是指文字的高宽比等。按国家标准规定，工程图样中文字符应为长仿宋字，字体的高宽比为 $1:1/\sqrt{2}$，近似取 $1:1/1.4$，所以宽度因子应选 0.7。其他各选项也都应根据国家标准和实际需要选取。

从图 13-3 可知，对话框也是以菜单方式给出的，用户只要根据实际需要选择即可。只有在绘图之前完成这些设置，所绘出的图样才能符合特定的要求。

图 13-3　"字体样式"对话框

第三节　CAD 常用绘图手段

CAD 的绘图手段很多，不同的 CAD 软件也都有各自特殊的绘图手段。这里只介绍通用于各个软件的常用绘图手段。

一、图形库

用 CAD 软件绘制图形称为图形的创建。

在 CAD 中，独立的图形元素称为对象。对象可能是一条直线、曲线，也可能是一个事先预设的图形。

作为一种绘图软件，常会用到一些基本的图形元素，针对不同的用户，CAD 将常用的图形预先做成一个独立的图形存放在图形库中，用户在使用时可以直接调用，如机械图中的螺纹、电气图中的电阻器、电容器等。用户在使用图形库中的图形时，可以按比例对其进行放大或缩小操作，极大地节省了绘图时间，同时也能保证各种图形符合国家标准的规定。

CAD 的图形库是可以由用户自行开发的。对于图形库中没有预存的图形，可以由用户自行创建，新创建的图形也可以存于图形库中。

CAD 的图形库并不随打开绘图软件而自动打开，需要加载之后才能使用。加载图形库的方法因软件不同而有所不同。

二、图层

复杂图样的修改是比较困难的。以机械图为例，常常会出现不同粗细的线条，也会有诸如实线、虚线、点画线等不同的线型。为了在绘图时保持图面清晰，CAD 引入了图层的概念。

1. 图层的特点

图层相当于透明、无厚度的图纸，每一个图层都可以用来创建对象。当把多个图层叠放在一起时，能够看到每个图层上对象相叠加后的情况。实际上，一幅完整的图样，就是由这些图层上的对象叠加后形成的。

图层具有以下特点。

（1）每一图层对应有一个图层名，系统默认设置的初始图层为 0 层，其他图层可由用户根据需要定义，如粗实线层、虚线层、尺寸线层、剖面线层、细实线层、文字层等。

（2）各图层具有同一坐标系，而其缩放系数一致，每一图层对应一种颜色、一种线型。新建图层的默认设置为白色、连续线（实线）。图层的颜色和线型设置可以修改。一般在一个图层上创建图形对象时，采用该图层对应的颜色和线型，称为随层（Bylayer）方式。

（3）当前作图使用的图层称为当前层，当前层只有一个，但可以切换。

（4）绘图时，不仅可以用图层来创建和修改对象，还可以对图层进行多种操作。如创建/删除、冻结/解冻、打开/关闭、锁定/解锁等。图层状态功能见表 13 - 3。

表 13 - 3　　　　　　　　　　　　图层状态功能表

状态	绘图	修改	显示	打印
关闭	可以	可以	不可以	可以
冻结	不可以	不可以	不可以	不可以
锁定	可以	不可以	可以	可以

图层的状态可以同时使用。例如一个图层同时选择了关闭和锁定，那么这个图层不可以修改和显示，但却可以绘图和打印。

2. 图层的建立

图层还有其他选项，如颜色、线型、线宽等图线特性。绘图时，可以通过不同的组合，使绘制出来的图样更加易于辨认和修改。

下面以 CAXA 和 AutoCAD 为例，说明图层的建立和使用方法。

在 CAXA 和 AutoCAD 中，系统预先定义了 0 层，这一层是不可删除的，但是可以修改其属性。

在 CAXA 中，系统还预定义了 6 个层：中心线层、虚线层、尺寸线层、剖面线层、细实线层和隐藏层。

用户根据需要还可建立自己的图层，其创建方法如下：

选择主菜单"格式"→"层控制"，即可弹出如图 13-4 所示的"层控制"对话框。

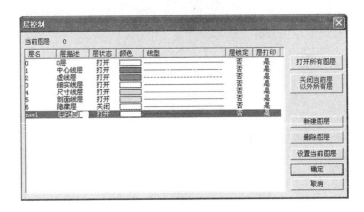

图 13-4　CAXA 的层控制对话框

在层控制对话框中，可以对图层进行新建、删除和设置当前图层的操作。

单击"新建图层"按钮，会在图层列表中出现一个新的图层，默认层名为"new 1"。用鼠标左键双击图层名、颜色、线型、线宽等项目（称为属性），会出现相应的对话框，可以在该对话框中进行修改。例如双击图层名称，会在图名处出现一个小对话窗口，可在这个小对话窗口中对图层更名，图 13-4 所示为将图层更名为"电路层"。更名结束后，用鼠标左键单击小对话窗口外任意一点结束。

在 CAXA 和 AutoCAD 中，线型的设置相对复杂，双击层控制对话框中的线型时，所出现的线型选择对话框中，可能没有所需要的线型，需要调出线型库。单击"加载"按钮，出现线型库对话框，从中选择合适的线型；单击"确定"按钮，所选线型出现在线型选择对话框中；选择合适的线型，单击"确定"按钮，一个图层的线型被确定。

3. 图层的转换

图 13-5　图层设置

绘图总是在当前层进行的，而当前层只有一个，这就需要不断地转换当前层。例如，要画一条虚线，就应该将虚线层作为当前层才能画出虚线。

转换当前层可用鼠标左键单击"属性"工具栏中"图层"下拉列表框，在弹出的图层列表中单击要选择的图层名，即可将该图层设置为当前层，如图 13-5 所示。

第四节　CAD 软件的"帮助"文件

一个软件系统的"帮助"文件相当于该系统的简明教程，而当今的每一款大型软件都会提供帮助文件。学会使用帮助文件，有助于不断提高操作技能，不断发掘软件的功能，以实现软件使用效率的最大化。

一、帮助文件的打开与关闭

帮助文件的打开有两种方式。

（1）下拉菜单打开帮助文件。在 CAD 软件工作界面的下拉菜单中，往往都会有"帮助"菜单。用鼠标单击这个菜单，就会出现"帮助"选项。图 13-6 所示为 AutoCAD 的"帮助"菜单。

（2）通过键盘输入打开"帮助"文件。由图 13-6 可知，"帮助"下拉菜单的快捷键是 F1，按 F1 键也可以打开"帮助"文件。打开帮助文件后，会出现帮助文件窗口，如图 13-7 所示。

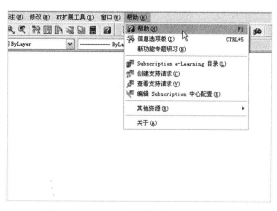

图 13-6 通过下拉菜单打开帮助文件

下面以 AutoCAD 2008 的帮助文件为例，说明帮助文件的使用方法。

关闭帮助文件的方法是单击帮助界面右上方的按钮 ✖。

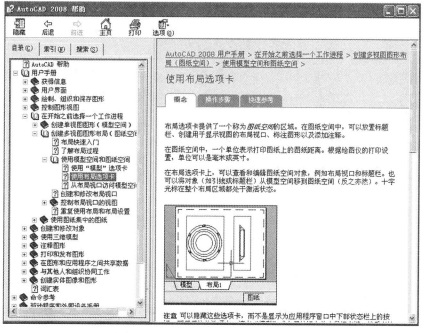

图 13-7 AutoCAD 2008 的帮助界面

二、帮助文件的查询方式

1. 帮助文件的目录树

帮助文件的内容编排与一本教程非常相似，也是按章、节、目的顺序排列的。

以图 13-7 为例，当前的展现方式是目录结构，图标 ⊞ ❤ 表示这个项目（可能是一章或一节）下的内容被隐藏，是可以展开的；图标 ⊟ ❤ 表示这个项目下的内容已经展开；图标 ❓ 则表示这是最后一级标题，单击图标后即可出现具体的说明内容。

图 13-7 当前显示的是"使用布局选项卡"的内容，是属于"在开始之前选择一个工作进程\创建多视图图形布局（图纸空间）\使用模型空间和图纸空间"之下的内容之一。

2. 索引

AutoCAD 帮助文件中的索引和搜索都是按内容的"关键字"来查找的，它与成语辞典中的索引非常相似，将每条成语的字头作为索引的排列顺序，为查找提供了方便。假设要查找"块操作"的相关内容，以"块"为关键字，首先打开帮助窗口左边选项卡的索引选项卡，在"键入要查找的关键字"对话框内输入"块"，按 Enter 键，便得到块相关的主题列表。双击"块"所在行，系统会弹出一个对话框——"已找到的主题"。选择要了解的内容（如图 13 - 8 中选择了"块定义"对话框），单击"显示"按钮，"已找到的主题"对话框关闭，"帮助"窗口右侧会给出相应的内容。

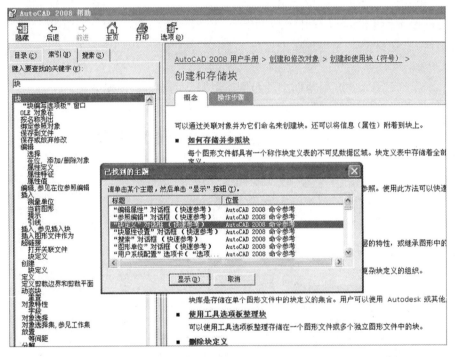

图 13 - 8　索引的界面

在 AutoCAD 帮助窗口的右侧是帮助的内容。

3. 搜索

搜索也是通过关键字来进行的，打开搜索选项卡，输入要查询的关键字，同样可以出现相关的内容。

假设要把一个 CAD 文件变成可以被 Windows 下的画图编辑器能够识别的位图文件，可以在搜索中输入"位图"，就可以出现相关的词条。从而了解到如何实现这一设想。

用同样的方法，还可以找到输出格式为 JPG 格式文件的命令。

4. 帮助内容的显示结构

在帮助窗口中，右边的小窗口显示的是帮助内容。帮助内容有三个选项卡：概念、操作步骤和快速参考。三个选项卡分别对同一内容从三个方面予以介绍。

如图 13 - 9 所示，将 AutoCAD 文件输出为其他格式的文件，在"操作步骤"选项卡中给出了输出成各种不同格式文件的详细操作方法。

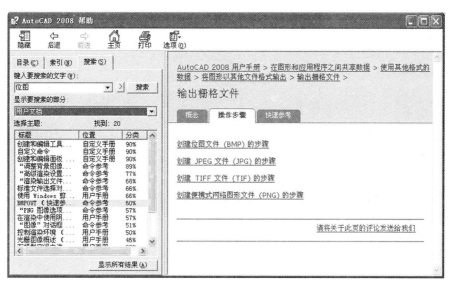

图 13 - 9　帮助内容的选项卡

三、如何更好地利用帮助文件

对初学者而言，通过帮助文件来学习一个新软件往往不是最佳的途径。因为每一个软件都会有自己的术语系统和基本的操作模式。如果不了解这一术语系统和操作模式，学习时会遇到很多困难。最好的方式是先向老师或熟悉该软件的人请教基本概念和基本的操作方法，有了基本的了解和掌握之后，再通过帮助文档来提高自己的应用水平。

第十四章　CAXA电子图板入门

CAXA电子图板是北京数码大方科技有限公司推出的，拥有完全自主知识产权的系列化CAD软件。CAXA，读作"卡萨"，由C（Computer计算机）、A（Aided辅助的）、X（任意的），A（Alliance联盟、Ahead领先）四个字母组成，其含义是"领先一步的计算机辅助技术和服务"（Computer Aided X Alliance‐Always a step Ahead）。

在电气工程中，CAXA软件常被用来绘制机械图、电路图、电气位置图、电气安装图等。CAXA因其具有全中文界面，操作简单，易学易用，在机械和电气工程中得到了广泛的应用。

第一节　CAXA的基本操作

第十三章介绍的CAD软件基本操作，对于CAXA是完全适用的。本节先介绍CAXA的操作界面和基本操作，再举例说明CAXA的绘图方法。

一、CAXA的操作界面

启动CAXA后，会出现如图14‐1所示的操作界面。

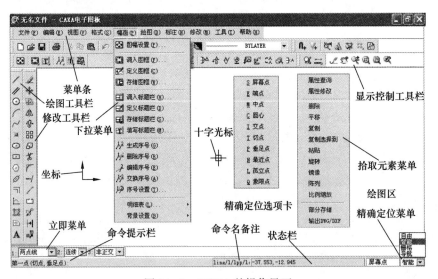

图14‐1　CAXA的操作界面

CAXA的操作界面与大多数CAD软件没有太大的区别，主要特殊之处有以下几个方面：

1. 立即菜单

立即菜单位于操作界面的左下角处。立即菜单的本质是命令参数的选项。当给出一个附带参数的命令后，立即菜单会弹出相应参数选项，不同命令的参数不同，立即菜单窗口出现的个数也不同。图14‐1所示的立即菜单有三个选项，这三个选项都是绘制直线命令的参数。

2. 命令提示栏

命令提示栏的作用有两个：一是可以输入键盘命令；二是提示下一步将要进行的操作。

在命令提示栏中出现"命令:"字样时,系统接受来自键盘输入的命令,当然也接受从下拉菜单或命令工具栏中选择的命令。一个已被激活的命令名会出现在命令提示栏内。在图14-1中,当前正在执行的命令名为 Line,其命令简写为 L。

初学者应该养成随时查看命令提示栏的习惯,根据命令提示进行下一步操作。在很多情况下,操作不被执行或出现错误都是因为当前操作与操作提示不符造成的。例如在图14-1的提示内容下,系统只接受输入的坐标点信息,而拒绝执行其他操作。

3. 精确定位菜单

为方便用鼠标在屏幕上选取坐标点,CAXA 设计了精确定位菜单,置于操作界面的右下角。当选择"智能"选项时,系统会帮助用户对已有图形元素的一些特殊点进行定位引导。如图14-1所示,选择"智能"方式时,单击键盘空格键,会出现精确定位选项卡,以确定要定位的方式。选项卡可以按 Esc 键退出。

4. 显示控制工具栏

视图显示控制工具或命令仅改变图形在屏幕上显示的方法,而不改变图形的实际大小及其属性。在图形绘制和编辑过程中,巧用图形显示控制来辅助绘图操作会大大提高绘图效率和绘图质量。

显示控制命令的菜单操作主要集中在"视图"菜单中,工具图标主要集中在"常用"工具栏中。显示控制命令功能及图标见表14-1。

表 14-1　　　　　　　　　　显示控制命令功能及图标

序号	命令	功　能	图标	命令名	快捷键
1	重画	刷新屏幕,重画全图		Redraw	无
2	显示窗口	将矩形窗口内的图形放大显示到整个屏幕		Zoom	无
3	显示平移	平移待显示的图形		Pan	无
4	显示复原	恢复初始显示状态	无	Home	无
5	显示比例	显示输入比例系数后的缩放图形	无	Vscale	无
6	显示上一步	返回到上一次显示变换前的状态	无	Prev	无
7	显示下一步	返回到下一次显示变换后的状态	无	Next	无
8	显示放大	按 1.25 固定比例放大显示当前图形	无	Zoomin	pageup
9	显示缩小	按 0.8 固定比例缩小显示当前图形	无	Zoomout	pagedown
10	动态缩放	整个图形跟随鼠标动态缩放		Dynscale	Shift+鼠标右键
11	动态平移	整个图形跟随鼠标动态平移		Dyntrans	Shift+鼠标左键
12	显示全图	将当前所绘制的图形全部显示在屏幕绘图区内		Zoomall	无
13	显示回溯	取消当前显示,返回到上一次显示变换前的状态		Prev	无
14	全屏显示	将当前所绘制的图形全部显示在屏幕绘图区内		Fullview	F9

二、体验 CAXA 绘图

下面以绘制如图14-2所示带有立体感的五角星为例,说明用 CAXA 绘图的基本过程。

1. 绘制一个正五边形

(1)输入绘制五边命令。

菜单命令输入:"绘图"→"正多边形"。

图 14-2　五角星

图标命令输入：用鼠标单击"绘图"工具栏中的"绘制正多边形"图标◎。

（2）填写立即菜单，选择绘制方式。假设绘制中心点为（0，0），正五边形与圆内接，内接圆半径100。当输入绘制正多边形命令后，在绘图区左下角会弹出立即菜单。

在立即菜单中按图 14-3 所示选择。

图 14-3　绘制正多边形的立即菜单

（3）填写相关参数。在命令提示栏内填写"中心点"坐标的 X、Y 值。用键盘输入（0，0），按 Enter 键结束输入。

此时，屏幕上会出现一个中心点为（0，0），大小随光标拖动变化的正五边形。在命令提示栏中会提示输入正五边形的"圆上点或外接圆半径"，用键盘输入半径值100，按 Enter 键结束，结果如图 14-4 所示。

2. 绘制五角星草稿

（1）绘制五边形五个顶点的连线。选择"绘图"→"直线"菜单命令或单击"绘图"工具栏中的"绘制直线"的图标╱，系统弹出直线绘制立即菜单，如图 14-5 所示。

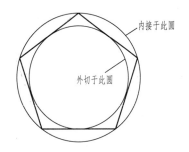

图 14-4　以中心定位方式绘制正五边形

图 14-5　直线绘制立即菜单

选取"两点线"方式绘制五个端点连线。当系统提示输入"第一点（切点，垂足点）"时，按空格键弹出工具点菜单如图 14-6 所示。

单击"交点"或"端点"选项后，选图 14-7 中的 1 点。当出现提示"第二点（切点，垂足点）"时，单击空格键弹出工具点菜单，按上述方法依次选择 2～5 点，最后选择 1 点。当提示栏再次出现选择提示时，直接按 Enter 键或单击鼠标右键结束命令，五个端点连线完成，结果如图 14-7 所示。

（2）删除正五边形。选择主菜单"修改"→"删除"或单击修改工具栏中的"删除"命令图标╱。

当系统在菜单栏提示"拾取添加"时，用鼠标左键一一选取正五边形的各边，各条线变为虚线，单击鼠标右键将正五边形删除，得到如图 14-8（a）所示的图形。

（3）裁剪多余的线段。选择主菜单"修改"→"裁剪"选项或单击"编辑工具"栏"裁剪"命令按钮，系统弹出裁剪的立即菜单，如图 14-9

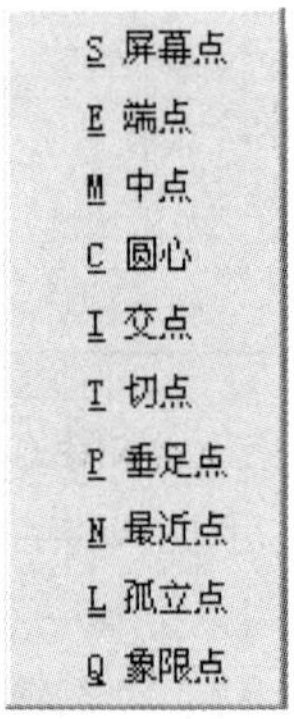

S 屏幕点
E 端点
M 中点
C 圆心
I 交点
T 切点
P 垂足点
N 最近点
L 孤立点
Q 象限点

图 14-6　工具菜单

所示。选取"快速裁剪"方式，用鼠标直接依次单击要裁剪的直线，如图14-8（b）所示，快速裁剪掉所拾取的直线段，裁剪后的图形效果如图14-8（c）所示，五角星草稿绘制完成。

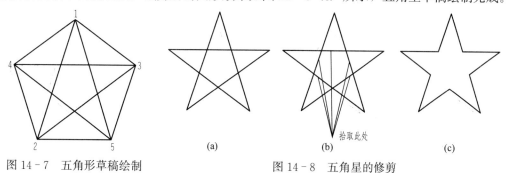

图14-7　五角形草稿绘制　　　　　　图14-8　五角星的修剪

3. 绘制五角星的角等分线

（1）绘制角等分线。单击"绘图"工具栏中的"绘制直线"命令图标 ／，在立即菜单中按图14-10所示分别选择"角等分线"、"等分量＝2"和"长度＝50"。

图14-9　裁剪的立即菜单

图14-10　角等分线绘制菜单

当命令提示栏中提示"拾取第一条直线"时，拾取五角星的任意一个角的边线；当提示"拾取第二条直线"时，拾取该角的另一角边线，即可完成如图14-11（a）所示角等分线的绘制。

按 Enter 键，系统会默认上次命令，重复进行操作，直到五个角的等分线全部画出为止，结果如图14-11（b）所示。

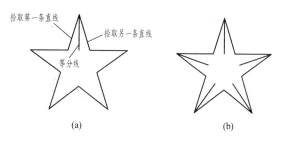

图14-11　角等分线的绘制

（2）齐边操作。齐边命令又称延伸命令，是将某一线段延长到指定的位置。延长后的终点界限称为剪刀线，通常是一条线（直线或曲线）或是一个点，被延长的线称为要编辑的曲线。

选择主菜单"修改"→"齐边"或单击编辑工具栏中的齐边命令图标／，当命令提示栏提示"拾取剪刀线"后，用鼠标左键拾取所需的曲线作为剪刀线。接下来系统会提示"选择要编辑的曲线"，用鼠标拾取一系列曲线进行编辑修改直至完成。图14-12所示为齐边操作示例。

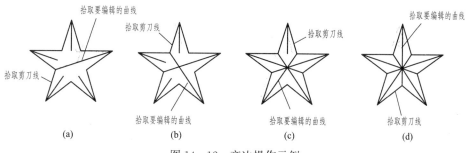

图14-12　齐边操作示例

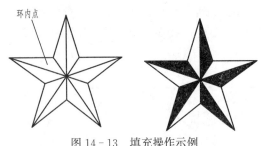

环内点

图 14 - 13　填充操作示例

4. 填充阴影，完成全图

选择主菜单"绘图"→"填充"或单击绘图工具栏中的填充命令图标⬚，系统提示拾取环内点，使用鼠标左键依次拾取要填充的封闭区域内任意一点（环内点），单击鼠标右键结束命令。所绘图形完成，结果如图 14 - 13所示。

第二节　CAXA 的常用命令与尺寸标注

图形绘制是工程绘图的基础，CAXA 提供功能齐全的作图和标注方式，利用这些命令和标注可以绘制出复杂的工程图样。

一、常用图形绘制命令

在 CAXA 中，绘图工具分为两组，一组为基本曲线绘制工具，另一组为高级曲线绘制工具。基本曲线绘图工具称为常用绘图工具，其命令工具栏如图 14 - 14(a)所示。在图 14 - 14(b)所示的绘图菜单中，分割线以上部分（从直线到局部放大图）为基本曲线的绘制工具，分割线以下部分（从轮廓线到孔/轴）为高级曲线绘制工具。

CAXA 的绘图命令较多，本节只介绍最常用的绘图命令。其他绘图命令可以通过系统的帮助文件来自学。

1. 用绘制直线命令绘制带角度的直线

激活画直线命令后，系统会给出带有六个参数项的立即菜单，如图 14 - 15 所示，可按菜单进行选择。

在角度的选择中，规定以逆时针方向为角度的正方向，以顺时针方向为角度的负方向。作图结果如图 14 - 16 所示。

2. 绘制平行线（LL）

绘制平行线的含义是绘制与已知直线的平行线。可选参数有两项，如图 14 - 17(a)所示。

立即菜单"1:"，可以选择"偏移方式"或"两点方式"。

立即菜单"2:"，可在"双向"或"单向"之间切

(a)　　　　(b)

图 14 - 14　CAXA 的常用绘图工具
(a) 绘图工具栏；(b) 绘图菜单

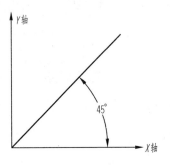

图 14 - 16　角度线作图示例

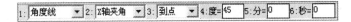

| 1: | 角度线 ▼ | 2: | X轴夹角 ▼ | 3: | 到点 ▼ | 4:度= | 45 | 5:分= | 0 | 6:秒= | 0 |

图 14 - 15　定义角度

换。在"双向"条件下可以画出与已知线段平行、长度相等的双向平行线段。当在"单向"模式下，用键盘输入距离时，系统首先根据十字光标在所选线段的哪一侧来判断绘制线段的位置。绘图结果如图14-17（b）、（c）所示。

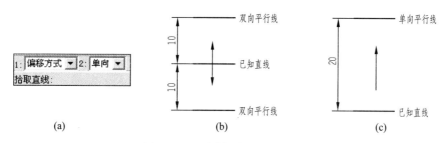

图14-17 绘制已知线的平行线
（a）绘制平行线的立即菜单；（b）绘制双向平行线；（c）绘制单向平行线

3. 圆的绘制（Circle）

激活绘制圆命令后，在屏幕左下角的操作提示区出现绘制圆的立即菜单如图14-18（a）所示。

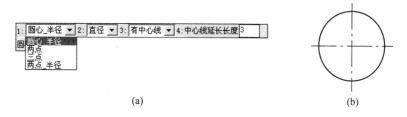

图14-18 绘制圆的立即菜单和有中心线的圆图形
（a）绘制圆的立即菜单；（b）带有中心线的圆

立即菜单"1:"，提供圆心-半径、两点、三点、两点-半径4种绘制图的方式。

立即菜单"2:"，可设定"直径"或"半径"，并由键盘输入所需数值。

立即菜单"3:"，可设定"有中心线"或"无中心线"，系统默认为无中心线。

立即菜单"4:"，可设定"中心线延长长度"，并由键盘输入所需数值。

图14-18（b）所示为以（0，0）为圆心，30mm为半径，中心线延长长度为3mm绘制的圆图形。

4. 绘制等距线（Offset）

绘制等距线是根据选定的曲线经过偏移一定距离创建的。

激活绘制等距线命令后，在屏幕左下角的操作提示区出现绘制等距线立即菜单如图14-19所示。

图14-19 "等距线"立即菜单

立即菜单"1:"，选择"单个拾取"选项或"链拾取"选项。

立即菜单"2:"，可选择"指定距离"或者"过点方式"。"指定距离"方式是指选择箭头方向确定等距方向，用给定距离的数值（用键盘输入）来生成给定曲线的等距线；"过点方式"是指通过某个给定的点生成给定曲线的等距线。

立即菜单"3:"，可选取"单项"或"双向"选项。"单向"是指只在用户选择直线的一侧绘制，而"双向"是指在直线的两侧均绘制等距线。

立即菜单"4:"，可选择"空心"或"实心"。"实心"是指在原曲线与等距线之间进行填充，而"空心"方式只画等距线，不进行填充。

立即菜单"5:"，可用键盘输入等距线与原直线的距离，编辑框中的数值为系统默认值。

立即菜单"6:"，则可按系统提示输入份数。

图 14-20 所示为"单个拾取"和"链拾取"绘制等距线示例。

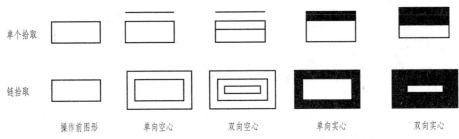

图 14-20　"单个拾取"和"链拾取"绘制等距线示例

5. 绘制剖面线（Hatch）

激活绘制剖面线命令后，在屏幕左下角的操作提示区出现绘制剖面线立即菜单如图 14-21 所示。

立即菜单"1:"，"拾取点"方式是选取封闭曲线；"拾取边界"方式是逐条选取剖面线的边界。

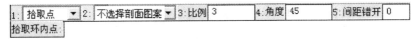

图 14-21　绘制剖面线的立即菜单

立即菜单"2:"，选择"不选择剖面图案"，系统按默认图案生成。

立即菜单"3:比例"、"4:角度"和"5:间距错开"分别设置数值。

立即菜单设置完后，单击鼠标左键在封闭环内拾取一点，再单击鼠标右键即可绘出剖面线。

图 14-22 所示为用剖面线命令绘制的变电站图形符号。

默认情况下，剖面填充图案为通用剖面线，如果要改变剖面图案。可选择"绘图工具"中的剖面图案图标 ⬚，"剖面图案"对话框如图 14-23 所示。

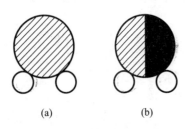

图 14-22　变电站图形符号
(a) 移动；(b) 防爆

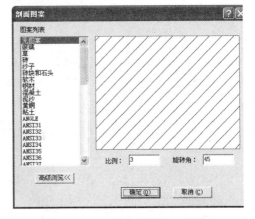

图 14-23　"剖面图案"对话框

用鼠标左键单击需要的剖面图案名称，则该剖面图案显示在右面的预览框中。同时，还可以对"比例"和"旋转角"进行设置。

二、常用编辑命令

CAXA的编辑命令在下拉菜单和工具栏中的命名不同。在下拉菜单中称为"修改"菜单，在工具栏中称为"编辑"工具，但二者所表达的内容是一致的。编辑命令的菜单和工具栏如图14-24所示。

1. 删除图形（Eraser）

功能：从图中删除对象。

操作：激活命令后，根据提示拾取要删除的图形，单击鼠标右键结束命令，图形即被删除。

2. 裁剪（Trim）

功能：对给定曲线进行修剪，删除不需要的部分，得到修剪后的新曲线。

操作：激活裁剪命令后，在屏幕左下角的提示区出现裁剪的立即菜单，单击立即菜单"1:"可选择裁剪的不同方式，如图14-25所示。

"拾取边界"模式是先确定欲裁剪掉线段的两个边界，再单击欲被剪掉的线段，完成剪裁操作。以图14-26所示为例，剪裁前的图形中有两直线——线段1和线段2，以这两条线为边界，可将圆与被这两条直线分割的四个部分中的任何一个或多个剪掉。

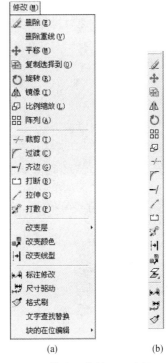

图14-24 "修改"菜单和"编辑"工具栏
(a)"修改"菜单；(b)"编辑"工具栏

"快速剪裁"模式下，系统默认与欲剪裁线段最近的两条交线为边界进行剪裁。由于快速剪裁不用拾取边界，因此具有很大的灵活性，是最为常用的一种曲线裁剪方式。但是"快速剪裁"方式下不能剪裁跨越相交线的部分。假设要将图14-26中的圆剪裁掉一半，必须剪裁2次。而用拾取边界模式，可以选择某一直线为边界，一次将圆剪裁掉一半。因此，当欲被剪裁部分跨越多个相交线时，用拾取边界模式则更方便，两种方法各有特点。

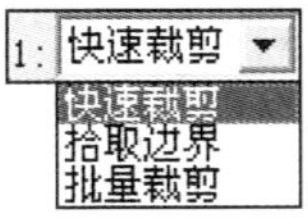

图14-25 裁剪的立即菜单

图14-26 剪裁示例

3. 旋转（Rotate）

功能：将拾取到的图形元素进行旋转或旋转复制。

操作：激活旋转命令后，在屏幕左下角的提示区出现旋转的立即菜单，单击立即菜单"1:"可选择以"给定角度"或"起点和终止点"旋转两种方式，以图14-27为例。

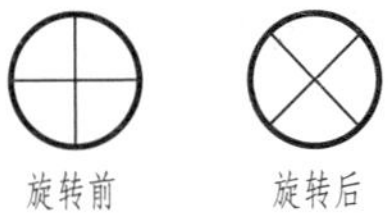

第一步：根据系统提示用光标直接拾取需要旋转的图形并单击鼠标右键确认。在图14-27中，用窗选法选择圆和十字线。

图14-27 旋转命令示例

第二步：根据系统提示输入基准点（旋转中心）。在图 14 - 27 中选择十字线的交叉点为旋转中心。

第三步：按系统提示输入旋转角。选择"拷贝"方式（保留原图）或"旋转"方式（删除原图），再按提示进行操作，即可将图形旋转一指定角度放置。图 14 - 27 选择旋转角度为 45°，删除原图的"旋转"方式。

4. 镜像（Mirror）

功能：将拾取到的图形以某一条直线为轴线进行对称镜像或对称镜像拷贝。

操作：激活镜像命令后，在屏幕左下角的提示区出现镜像的立即菜单，单击立即菜单"1:"可选择不同的镜像方式。

立即菜单"1:"，当利用图中已有线段作为轴线时，选择立即菜单中的"选择轴线"方式；当需要重新建立轴线时，选择"拾取两点"方式。

立即菜单"2:"，如果需要将原图保留，选择立即菜单为"拷贝"；如果不保留原有图形，选择立即菜单为"镜像"。图 14 - 28 所示为图形镜像实例。

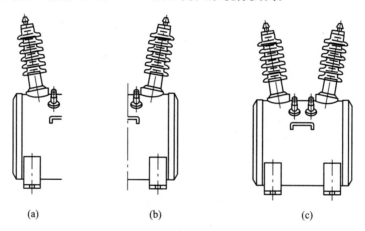

(a)　　　　　(b)　　　　　(c)

图 14 - 28　电力电容器的镜像操作

(a) 原图；(b) 原图删除；(c) 原图保留

5. 过渡（Corner）

功能：过渡在直线与直线、直线与圆弧或圆弧与圆弧之间用圆角、倒角或尖角进行过渡操作。激活命令后，弹出一个过渡立即菜单，可以根据制图情况从立即菜单"1:"下拉列表框中选择所需的过渡形式，如图 14 - 29 所示。

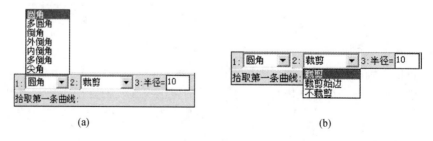

(a)　　　　　　　　　　　　(b)

图 14 - 29　"过渡"立即菜单

(a) 立即菜单 1 的选项；(b) 立即菜单 2 的选项

操作：命令激活后，按要求选择参数，并给出相应的倒直角边长，角度或倒圆角的半径等信息，选择被倒角的两条线即可完成过渡操作。立即菜单各选项的操作结果见图14-30和图14-31。

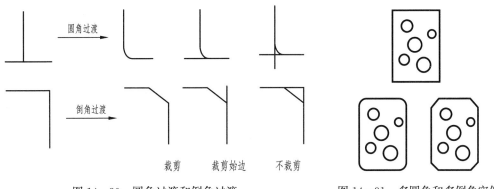

图14-30　圆角过渡和倒角过渡　　　　　　图14-31　多圆角和多倒角实例

6．阵列（Array）

功能：通过一次操作按指定方式同时生成若干个相同的图形。

阵列方式分为圆形阵列和矩形阵列两种方式。

（1）圆形阵列的操作。圆形阵列是将拾取到的图形以给定点为圆心进行圆形阵列复制。立即菜单如图14-32所示。

图14-32　圆形阵列的立即菜单

根据系统提示依次拾取要阵列的元素，全部元素选择完成后，单击鼠标右键确定。在图14-33(a)中，要阵列的图形元素只有一个矩形方框。再根据系统提示选取图14-33(a)中的圆心作为旋转阵列的中心点，圆形阵列完成。

立即菜单"2："有旋转与不旋转两个选项。这两个选项的阵列结果如图14-33(b)、(c)所示。

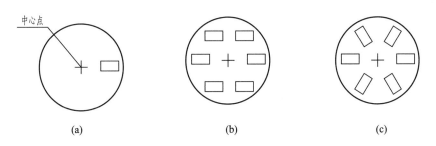

图14-33　圆形阵列的示例

(a) 原有图形；(b) 不旋转圆形阵列；(c) 旋转圆形阵列

（2）矩形阵列的操作。矩形阵列是将拾取到的图形按给定的行数、列数、行间距和列间距进行矩形阵列复制。立即菜单如图14-34所示。

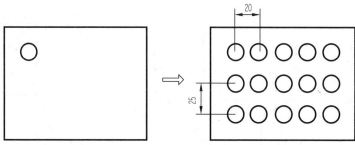

图14-34 "矩形阵列"的立即菜单

根据系统提示依次拾取要阵列的元素；单击鼠标右键确定，阵列效果如图14-35所示。

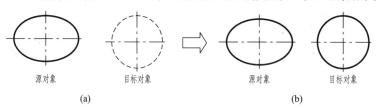

图14-35 矩形阵列操作实例

7. 特性匹配（Match）

功能：特性匹配类似Word软件的格式刷，在CAXA工具栏中也称为格式刷，可将源对象的属性复制到目标对象。这些属性包括线型、线宽、颜色等。

操作步骤：激活特性匹配命令后，按照系统提示依次拾取源对象、目标对象。则目标对象依照源对象的属性进行变化。图14-36所示为将源对象（椭圆）的粗实线属性复制到目标对象——圆上去，操作完成后，圆的线型由原先的虚线变成了与源对象相同的粗实线。

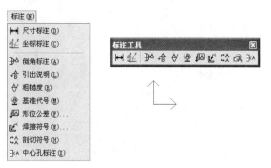

图14-36 格式刷操作的示例
（a）操作前；（b）操作后

三、CAXA的标注

标注是工程图样的重要内容。CAXA提供了一系列工程标注方法，如尺寸标注、文字标注、工程符号标注等。

（一）尺寸标注

用于标注的命令位于菜单栏的"标注"菜单和"标注"工具栏中，如图14-37所示。尺寸标注类型选项的立即菜单如图14-38所示。

图14-37 "标注"菜单和"工程标注"工具栏　　图14-38 类型选项立即菜单

1. 基本标注

基本标注是对尺寸进行标注的基本方法。CAXA 具有智能尺寸标注功能。系统能够根据拾取选择的图形元素，智能地判断出所需尺寸标注类型，然后实时地在屏幕上显示出来，此时可以根据需要来确定最后的标注形式与定位点。系统会根据鼠标拾取的对象来进行不同的尺寸标注。

（1）线性尺寸标注。线性尺寸是指非圆两点间的直线距离。在"拾取标注元素："的提示下，当拾取一条直线时，系统会弹出如图 14-39 所示的立即菜单。

图 14-39　直线长度标注的立即菜单

立即菜单"2："，可选所标注的尺寸文字与尺寸线平行或是文字一律水平标注。

立即菜单"4："，选择"长度"时，将标注出所选直线的长度。

立即菜单"5："，若选"正交"，则尺寸线方向只能为水平或垂直；若选"平行"，则尺寸线与所选线段平行。

立即菜单"8："，输入尺寸数值。若不输入，则默认为测量值。

立即菜单设置完成后，按系统提示，用鼠标拖动确定尺寸线和尺寸文字的位置，即可完成线性尺寸的标注。

（2）圆的尺寸标注。若拾取的图形元素为圆时，系统弹出的立即菜单如图 14-40 所示。

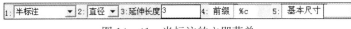

图 14-40　圆标注的立即菜单

基本尺寸标注只能标注整条直线或完整的曲线，若要标注一条线的一部分时，则基本尺寸标注方式是无法完成的。

2. 半标注

半标注是只画一个箭头和半条尺寸线的标注。半标注可以表示直径尺寸，也可以表示距离或长度尺寸。下面以圆的半标注为例进行说明。

圆的半标注立即菜单如图 14-41 所示。

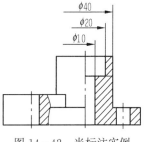

立即菜单填写完成后，按系统提示拾取直线或点，然后用鼠标拖动尺寸线，在适当位置确定尺寸线位置后，即可完成标注。图 14-42 所示为半标注的实例。

在标注时，有时会用到键盘上没有的标注文字或符号。CAXA 系统对一些标注符号用加一些代号来表示。例如半标注圆的立即菜单"4："中的"％c"，表示希腊字母 ϕ。表 14-2 列出了 CAXA 系统常用特殊符号的输入方法。

图 14-42　半标注实例

表 14－2　　　　　　　　　　　CAXA 特殊格式和符号的输入方法

名称	符号	输入数据	标注结果
直径符号 ϕ	前缀为%c	%c60	$\phi60$
角度符号°	后缀为%d	45%d	45°
公差符号±	%p	40%p0.15	40±0.15

3. 基线标注（基准标注）和连续标注

基线标注和连续标注不同于基本标注，它是对图上多个相关尺寸一次性标注，标注的样式如图 14－43 所示。

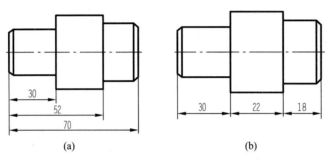

图 14－43　基线标注与连续标注示例

（a）基线标注；（b）连续标注

基线标注的第一个尺寸界限被认为是公共的尺寸界限，而连续标注的后面一条尺寸线与前一条线共用一条尺寸界限。

基线标注和连续标注的结束命令是按 Esc 键，这是与其他操作命令的结束命令大不相同的。

（二）文字标注

工程图样中，一般的说明信息、技术要求等都要进行文字标注。

1. 文字（Text）

命令图标：🅰

操作：激活标注文字的命令后，在屏幕左下角的操作提示区出现标注文字的立即菜单，如图 14－44 所示。

图 14－44　标注文字的立即菜单

点击"指定两点"方式，按系统提示用鼠标左键在屏幕上选取两对角点确定文字输入区，系统弹出"文字标注与编辑"对话框，单击对话框中的"设置"按钮，可以重新设置文字参数。需要输入偏差、ϕ 等特殊符号时，可单击"插入"按钮右边的黑三角，从弹出的下拉列表中选取。在对话框的空白处输入文字，单击"确定"按钮，则输入框中的文字出现在屏幕上，完成文字的输入。

2. 引出说明（Ldtext）

命令图标：✎ᴬ

功能：用于标注图样中的倒角尺寸。

操作：激活引出说明命令后，系统弹出"引出说明"对话框，如图 14－45 所示。

图 14－45　"引出说明"对话框

　　按系统提示在"引出说明"对话框中输入说明文字，单击"确定"按钮，然后根据需要在立即菜单中切换各项，按系统提示分别输入引出线的两个端点。标注示例如图14-46所示。

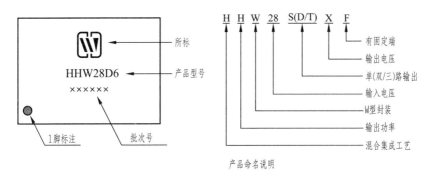

图14-46　引出说明的标注示例

四、图样绘制与标注举例

　　下面以图14-47所示的两视图为例，说明用CAXA绘图和标注的基本操作过程。

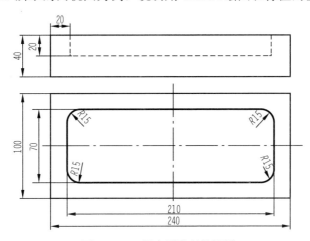

图14-47　长方形孔板的视图

　　本例绘制的方法有很多种，为了使读者熟悉更多的CAXA命令，这里选择较为复杂的方式予以介绍，待熟悉相关命令之后，读者可自行用更简洁的方法绘制。

　　（一）绘制主视图

　　主视图是由一个用粗实线绘制的矩形框和一条用虚线绘制的折线组成。

　　矩形框绘制的基本思路：先用直线命令绘制矩形方框的两个邻边，再用平行线命令绘制方框的对边，矩形方框即告完成。

　　1. 矩形框的绘制

　　（1）用直线命令绘制一条折线。命令激活后，按第一节绘制五角星的方法选择立即菜单。

　　当系统提示"第一点（切点，垂足点）："时，用鼠标在绘图区内适当位置单击，这一点即为直线的第一点。

　　当系统提示要求输入第二点时，给出水平线第二点的相对坐标值。用键盘输入"@240，0"，按Enter键确认。但此时画直线命令仍未结束，系统继续提示要求给出下一点的坐标，键盘输入"@0，－40"，按 Enter 键确认，生成垂直线。再按一次 Enter 键，结束直线命令。绘图结果如图 14－48 所示。

图 14－48　画一条折线

（2）用平行线命令绘制矩形的另两条边。激活平行线命令后，在立即菜单中选择"1：偏移方式"、"2：单向"方式，然后输入距离 40，单击鼠标右键确认，按系统提示，则生成水平线的平行线。重复执行平行线命令，输入距离 240，则生成垂直线的平行线。矩形绘制完成。

2. 虚线的绘制

虚线绘制的基本思路：用等距线命令将矩形框的三条边复制出三条直线，此时的三条直线仍为实线，用改变线型命令将水平线改成虚线，再用特征匹配（格式刷）将另两条垂直线改成虚线。最后用裁剪命令裁去多余线段，完成全图。

（1）用等距线命令复制出三条直线。命令名 Offset，命令图标 。立即菜单选择如图 14－49 所示。按照系统提示拾取已知直线，出现箭头时，按照系统提示已知直线，并选择方向，生成等距线，如图 14－50 所示。

图 14－49　等距线立即菜单

（2）用改变线型命令将水平线改成虚线。命令名 Mltype，命令图标 。激活"改变线型"命令后，系统提示"拾取添加"，用鼠标拾取所需改变线型的图形元素（本例中的水平线），单击鼠标右键确认，系统弹出"设置线型"对话框，在对话框中选择所需要的线型后（本例为改成虚线），单击"确定"按钮。结果如图 14－51 所示。

图 14－50　执行等距线命令生成的结果　　　　　图 14－51　改变线型

（3）用格式刷将另两条垂直线改成虚线，并用裁剪命令将多余的线段裁去，完成主视图中的图形绘制。作图过程省略。

3. 主视图的尺寸标注

（1）主视图中水平方向尺寸的标注。图中水平尺寸不是矩形方框的一整条框线，而是其中的一部分，因此不能采用基本标注的方法进行标注。

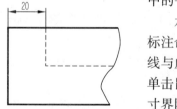

图 14－52　水平尺寸标注（局部）

水平尺寸标注采用"基线标注"方法进行标注，执行基本标注命令后，按系统提示分别拾取矩形框线的左上角点和上框线与虚线的交叉点作为尺寸标注的界限，拖动鼠标到适当位置，单击鼠标左键确认。此时系统会提示要求给出下一个标注的尺寸界限点，按 Esc 键结束命令，即可得到只有一个尺寸的标注。标注结果如图 14－52 所示。

（2）主视图中垂直方向尺寸的标注。垂直方向的尺寸标注仍然采用"基线标注"方法。在第一个尺寸标注之后，继续拾取下一个尺寸界限点（两条虚线的交点），单击鼠标左键确认，按 Esc 键结束命令。

当用"基线标注"的命令标注多条尺寸时，需要填写立即菜单中的尺寸线偏移值，即两尺寸线之间的距离，本例中输入 10。基线标注的立即菜单如图 14-53 所示，标注结果见图 14-54。

图 14-53　基线标注的立即菜单

（二）绘制俯视图

俯视图为两个具有同一对称中心的矩形框，内部小方框有倒角。采用绘制矩形的方法绘制出第一个矩形框，将第一个矩形分解成四条直线，再用等距线命令绘出另一个矩形，最后对小矩形倒圆角。

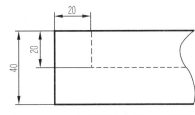

图 14-54　主视图尺寸标注（局部）

1. 用绘制矩形命令绘制外框

命令名 Rect，命令图标▣。

立即菜单按图 14-55 所示选择和填写，中心定位坐标为图上任意一点，用鼠标指定。

图 14-55　矩形的立即菜单

2. 绘制对称中心线

命令名 Centerl，命令图标⌀。

在立即菜单中填写"延伸长度"为 10，分别拾取矩形的两组对边，得到矩形的中心线，结果如图 14-56 所示。

3. 用分解命令将矩形框"炸开"

由于矩形框是用命令一次画成的，整个矩形框是由一条线而不是四条线围成，要使用平行命令，就必须先将四边形分解成四条直线。CAXA 的分解命令可完成这一任务，在习惯上也称为炸开。在早期的版本中，也称为块打散、打散等。

命令名 Explode，命令图标▨。

命令激活后，按提示要求拾取大矩形框，确认后大矩形框就被分解成了四条直线。

4. 绘制小矩形框

可以使用上面提到过的平行线命令、等距线命令作图，如果直接采用矩形命令作图，可用鼠标在图上选择已有的对称中心点为小矩形的中心点作出。作图方法同上，结果如图 14-57 所示。

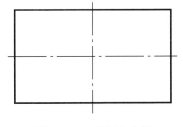

图 14-56　绘制中心线

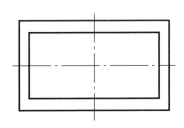

图 14-57　绘制矩形

5. 用过渡命令对小矩形倒圆角

命令名 Corner，命令图标 。

立即菜单按图 14‑58 选择和填写。

按提示分别拾取每对角边线，最后单击鼠标右键结束命令。结果如图 14‑59 所示。

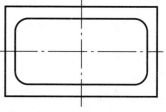

1: 圆角 ▼	2: 裁剪 ▼	3: 半径= 15

拾取第一条曲线:

图 14‑58　圆角的立即菜单　　　　　图 14‑59　对小矩形倒圆角

6. 标注俯视图的尺寸

选择"标注"→"尺寸标注"菜单命令或单击"标注"工具栏中的"尺寸标注"按钮，在立即菜单中选择"基本标注"，按系统提示分别拾取标注元素，单击鼠标右键确认。

（三）调整位置，完成全图

用平移命令将主、俯视图按"三等规则"配置。

命令名 Move，命令图标。

立即菜单按图 14‑60 选择和填写。

1: 给定两点 ▼	2: 保持原态 ▼	3: 非正交 ▼	4: 旋转角 0	5: 比例 1

拾取添加

图 14‑60　平移立即菜单

当系统提示"拾取添加"时，窗选整个俯视图的全部图形元素，单击鼠标右键确认。

系统再次提示"第一点"时，选择俯视图的中心点，单击鼠标右键确认。此时整个俯视图会随鼠标移动，当到达适合的位置时，单击鼠标右键确认。至此，图纸绘制全部完成。

第三节　CAXA 的其他操作

用 CAXA 绘制工程图样，还有许多重要操作是必须用到的。本节择其要点，介绍图形库操作、图幅、标题栏的操作。

一、图形库及其基本操作

CAXA 提供了符合国家标准的多种标准件的参数化图库和电气元件、液压气动符号在内的固定图形库，用户还可以根据自己的实际需要建立自定义的参数化图符或固定图符。在设计绘图时直接提取图库中的图符插入图中，可以避免不必要的重复劳动，提高绘图效率。

选择主菜单"绘图"→"库操作"选项，"库操作"子菜单如图 14‑61 所示。

　提取图符 (G)...
　定义图符 (D)...
　图库管理 (M)...
　驱动图符 (R)...
　图库转换 (T)...

　构件库 (C)...
　技术要求库 (S)...

图 14‑61　"库操作"子菜单

（一）提取图符

提取图符就是从图库中选择合适的图符，并将其插入到图中指定的位置。图库中的每一个图符都会有一个插入基准点，插入时，这个基准点与图中指定的插入点重合。

命令名：Sym，工具图标。

1. 图符的提取

激活图符命令，系统将弹出"提取图符"对话框，如图 14-62 所示。

对话框左半部为图符选择部分。图形将图符分为若干大类，其中每一大类中又包含若干小类。选中所需图符名，则该图符成为当前图符，在右侧窗口中显示出来。

对话框的右侧为图幅浏览窗口，包括"属性"和"图形"两个选项卡，可对用户选择的当前图幅属性和图形进行预览，系统默认为图形预览。

"提取图符"对话框还提供了检索功能。在下部输入图符名称，即可进行检索。

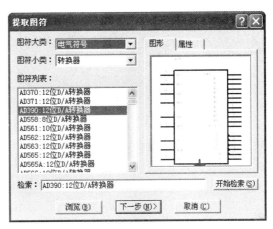

图 14-62　"提取图符"对话框

2. 图符的插入

选定图符后，单击"下一步"按钮，系统会根据图符的类型不同或弹出对话框，或出现立即菜单。

（1）固定图符插入。固定图符是指图形只可改变比例，不改变其相关参数的图形，如电气图形符号等。

选定固定图符后，系统会给出如图 14-63 所示的立即菜单。

图 14-63　系统立即菜单

其中，"打散"为将图形分解，或称为炸开；"消隐"为将被插入图符遮盖的原有图形隐藏。

立即菜单填写完毕，要按照系统提示，选择定位点，指定旋转角度，单击鼠标右键确认，图符的提取完成并插入指定的位置。

（2）参数化图符的插入。参数化图符是指图形会随参数变化，并可直接进行尺寸标注的图符。参数化图符多为标准件。

选定参数化图符后，系统会给出如图 14-64 所示的"图符预处理"对话框。

对话框右半部分是图符预览区，下面排列有 6 个视图控制开关，用鼠标左键单击可打开或关闭任意一个视图。

对话框左半部是图符处理区，利用鼠标和键盘可以对表格中的任意单元格中的内容进行编辑，按 F2 键也可直接进入当前单元格的编辑状态。这里值得注意的是，尺寸变量名后若带有"＊"号，说明该变量为系列变量，它所对应的列中，各单元格中只给出了一个范围，如"25～60"，必须从中选取一个具体值。操作方法是用鼠标左键单击相应单元格，该单元格右端出现一个下拉按钮，单击该按钮后，将列出当前范围内的所有系列值，用鼠标左键单击所需的数值后，在原单元格内显示出用户选定的值。若列表框中没有用户所需的值，还可以直接在单元格内输入新的数值。若变量名后带有"？"号，则表示该变量可以设定为动态变量。动态变量是指尺寸值不设定，当某一变量设定为动态变量时，则它不再受给定的数据的约束，在提取时用户通过键盘输入新值或拖动鼠标可任意改变该变量的大小。该操作方法

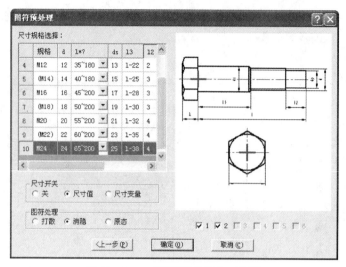

图 14 - 64　"图符预处理"对话框

简单，只需用鼠标右键单击相应的单元格即可，点取后，在数值后标有"?"号。数据输入完毕，该数据行最左边一列的灰色小方格 ▶ 变为 ✍。用鼠标左键单击，该行数据变为蓝色，表示已选中这行数据。注意，在单击"确定"按钮之前，应先选择一行数据，否则系统将按当前行的数据（如果有系列值，则取最小值）提取图符。

"尺寸开关"选项用于控制标注或不标注。"尺寸值"表示提取后标注实际尺寸；"尺寸变量"表示只标注尺寸变量名，而不标注实际尺寸。

"图符处理"选项控制图符的输出形式。"原态"是指图符提取后，保持原有状态不变，不被打散，也不消隐。

图 14 - 65 所示为预处理后的六角头铰制孔用螺栓 M24 图符。

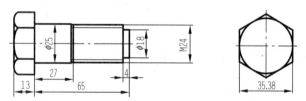

图 14 - 65　预处理后的图符示例

（二）驱动图符

驱动图符是对库内图符所进行的更改。

激活"驱动图符"命令后，屏幕左下角提示"选择要变更的图符"，用鼠标左键拾取要变更的图符。选定以后，屏幕上弹出"图符预处理"对话框，与提取图符的操作一样，可对图符的尺寸规格、尺寸开关、图符处理等项目进行修改。修改完成后，单击"确认"按钮，绘图区内原图符被修改后的图符代替，但图符的定位点和旋转角不改变。至此，图符驱动操作完成。

（三）图符定义

图符定义是用户根据实际需要，向图形库内添加新图符的过程。

在绘图区内按实际尺寸比例绘制出所要定义的图形。图形绘制完成后，激活"定义图符"命令。根据系统提示，输入需定义图符的视图个数，并选择视图。固定图符可用鼠标左键指定图符定位基点。最后，屏幕上会弹出"图符入库"对话框，在该对话框中选择储存的种类，输入类别和图符名称，单击"确定"按钮，图符定义结束。

在"图符入库"对话框还可通过单击"属性编辑"按钮进行。在弹出的"属性编辑"对话框中输入图符的属性，单击"确定"按钮即可把新建的图符加到图库中。此时，固定图符的定义操作全部完成，用户再次提取图符时，可以看到新建的图符已出现在相应的类中。如图 14 - 66 所示，自定义电流表的图符已经存入图库中。

(a)　　　　　　　　　　　　　　　　　(b)

图 14 - 66　提取"自定义图形"对话框

(a) 操作前；(b) 操作后

二、标题栏

CAXA 创建标题栏是十分方便的。CAXA 给出了两种创建标题栏的方法。

1. 调用标准标题栏

CAXA 中已经根据国家标准预先绘制了标题栏供用户直接调用。

CAXA 将调用标准标题栏定义为"填写标题栏"。

选择主菜单"图幅"→"填写标题栏"的选项，或单击"图幅操作"工具栏中的"填写标题栏"图标，系统会弹出"填写标题栏"对话框，在对话框中填写有关的信息并确认即可完成标题栏的调用。填写标题栏对话框和填写示例如图 14 - 67 所示。

生成的标题栏如图 14 - 68 所示。

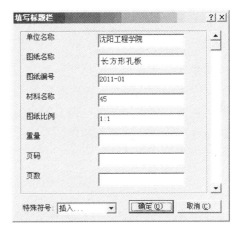

图 14 - 67　"填写标题栏"对话框

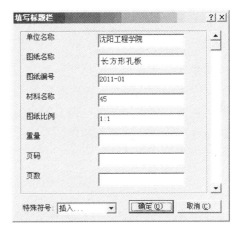

图 14 - 68　CAXA 生成的标准标题栏

2. 创建自己特色的标题栏

CAXA 可以根据用户的需求，给出创建自己特色标题栏的简便方法。这个过程称为定义标题栏。下面以图 14 - 69 为例，介绍定义标题栏的操作过程。

稳压电源机箱主视图		比例	1:1
制图	王雨	图号	
校核	李贺		沈阳工程学院

图 14-69　定义标题栏

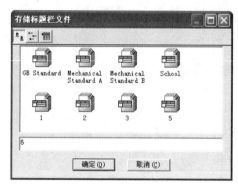

图 14-70　"存储标题栏文件"的对话框

（1）在主菜单中选择"幅面"→"标题栏"→"定义"。

（2）选择组成标题栏的图形元素（包括直线、文字等），拾取所有图形元素后单击鼠标右键。

（3）根据提示，拾取标题栏右下角的点作为标题栏的基准点后，完成标题栏的绘制。

（4）系统弹出如图 14-70 所示的"存储标题栏文件"的对话框。

（5）在"存储标题栏文件"对话框中输入新标题栏的名称，如文件名为"6"。

（6）单击"确定"按钮，新标题栏即被保存在标题栏文件夹中。在需要时可以作为已有标题栏直接调用。

三、图幅的创建

CAXA 专门设置了图幅操作工具，并根据国家标准将各种图幅制成图形存于图幅库内，供用户直接调用。

在主菜单中选择"图幅"→"定义图幅"选项，或单击"图幅操作"工具栏中的"图纸幅面"命令图标 ![icon]，系统会弹出"图幅设置"对话框，如图 14-71 所示。

在图幅对话框中，可以调入不同的图框和标题栏形式。如果在标题栏中已经存储了自定义的标题栏，可以在这里调用。

所有设置完成后，单击"确定"按钮，一个所需的图框和标题栏将出现在绘图区。

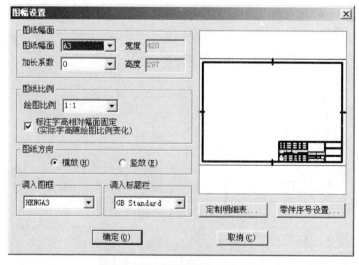

图 14-71　"图幅设置"对话框

第十五章　CAXA 绘制工程图样举例

本章通过两个实例，介绍用 CAXA 绘制完整工程图样的方法。

第一节　用 CAXA 绘制面板图

图 15-1 所示为某开关直流稳压电源的面板图，以此为例说明 CAXA 绘图编辑的操作过程。

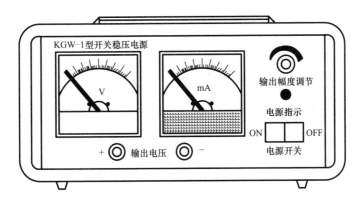

图 15-1　直流稳压电源面板图

面板的主要尺寸如图 15-2 所示。

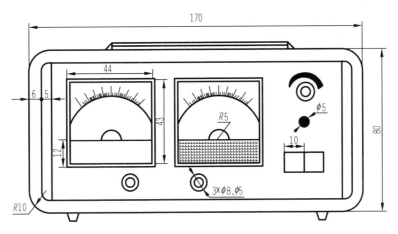

图 15-2　面板的主要尺寸

一、设置图幅，调入图框和标题栏

选择图纸幅面 A3，绘图比例 1:1，图纸方向横放，选择横 A3 图框，标题栏选择国标，单击"确定"按钮，然后调入图框和标题栏。结果如图 15-3 所示。

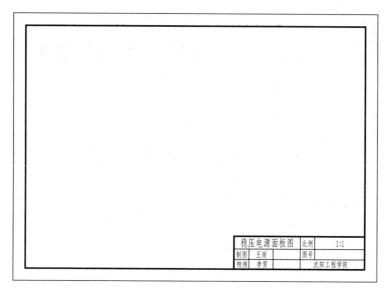

图 15 - 3　图纸、图框与标题栏

二、绘制面板外框

（1）选择"矩形"绘图命令，立即菜单按图 15 - 4 填写。

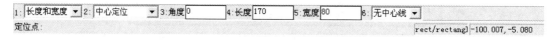

图 15 - 4　"矩形"的立即菜单

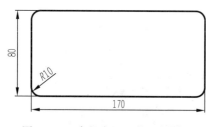

图 15 - 5　半径为 $R10$ 的四段圆弧

（2）用"圆角"命令作半径为 $R10$ 的四段圆弧，如图 15 - 5 所示。（在实际绘图中，并不出现尺寸标注，下同）

（3）用"等距线"命令绘制内框线，选取"链拾取"模式，立即菜单按图 15 - 6 所示填写。

按照系统提示的拾取方向内的箭头方向，生成等距线，如图 15 - 7 所示。

图 15 - 6　链拾取等距线立即菜单

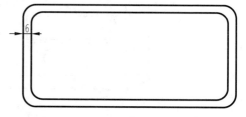

图 15 - 7　外框线的等距线

（4）用打散命令将内侧矩形炸开。

（5）用"等距线"绘制面板内侧两竖直线。选择单个拾取模式，立即菜单如图 15 - 8 所示。

图 15 - 8　单个拾取等距线立即菜单

按照系统提示，拾取方向内的箭头方向，生成等距线，结果如图 15 - 9 所示。

（6）用"齐边"命令延伸两侧垂线。选择内框直线为剪刀线，按系统提示拾取两侧垂线，完成图形。图 15 - 10 所示为稳压电源面板的外框。

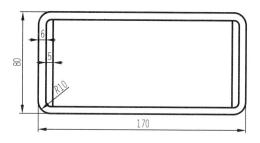

图 15 - 9　面板内的两侧的竖直线绘制

图 15 - 10　稳压电源面板外框

三、绘制电压表和电流表

1. 电压表和电流表矩形外框的绘制

（1）分别用"矩形"命令和"等距线"绘制矩形 44×43，偏移距离为 1 的电流表外框，如图 15 - 11 （a）所示。

（2）用打散命令将内框线分解，用"等距线"将内框线下边向上偏移 11，即得到与外框下水平边线距离为 12 的水平直线，如图 15 - 11 （b）所示。

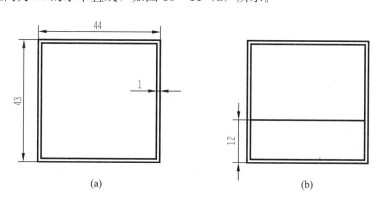

图 15 - 11　电压表矩形外框的绘制

（a）绘制外框线；（b）绘制水平线

2. 表盘刻度轮廓的绘制

（1）用"圆"命令绘制一个圆，立即菜单按图 15 - 12 填写。以水平直线中点为圆心，分别输入半径 5、半径 22 绘出两个同心圆。

（2）用"修剪"命令将两圆裁剪成半圆，修剪模式为快速裁剪。结果如图 15 - 13 所示。

3. 表盘量程刻度线的绘制

（1）用"直线"命令，以大半圆的中点为原点，向上画一条直线，长度为1.5。

图15-12　圆的立即菜单

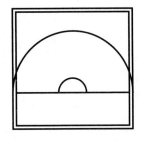

图15-13　表盘刻度轮廓

（2）用"阵列"命令将直线向左复制20条直线，阵列模式为圆形阵列，阵列中心为大圆的圆心。立即菜单按图15-14填写。

（3）用"直线"命令，以大半圆的中点为原点，向上画一条直线，长度为3。

（4）用"阵列"命令，复制长直线。相邻夹角为10，立即菜单其余各项与图15-14相同。

（5）用"镜像"命令复制已画好的半边刻度。立即菜单按图15-15填写，镜像对称线选择大圆上最右侧的垂线。

图15-14　圆形阵列的立即菜单　　　　图15-15　镜像的立即菜单

（6）用"修剪"命令，以两侧刻度线为界剪去多余的半圆。绘图过程如图15-16所示。

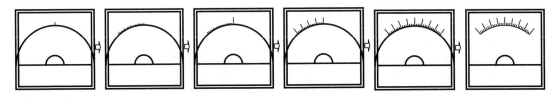

图15-16　表盘刻度的绘制过程

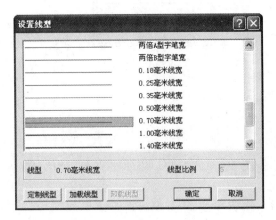

图15-17　"设置线型"对话框

4. 表盘指针、小圆的绘制

（1）选择指针线型。单击主菜单"格式"→"线型"命令，打开"设置线型"对话框，选用0.70mm线宽，如图15-17所示。

（2）用"直线"命令，绘制以半圆圆心为起点，以最左侧刻度线为终点的直线段作为电压表的指针。

（3）用"圆"命令，绘制小圆。先从"设置线型"对话框中选用细实线线型，然后激活"圆"命令，分别以小半圆左、右端点上侧3.5处的点为圆心绘制半径为0.5的小圆。电压表指针与小圆绘制图形如图15-18

所示。

5. 表盘文字注写

(1) 用"复制"命令将已经绘制好的表盘复制成两个表盘。

(2) 设置文字字体。从主菜单"格式"→"文本风格"中打开"文本风格"对话框,选择字高为 6,字宽为 1,字体为 Arial,单击"确定"按钮关闭对话框,如图 15-19 所示。

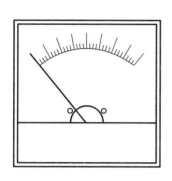 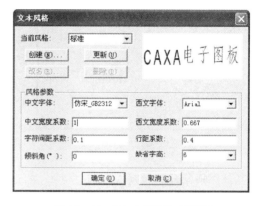

图 15-18 表盘指针与小圆   图 15-19 "文本风格"对话框

(3) 注写文字。单击"文字"图标 **A**,系统弹出如图 15-20 所示绘制文字的立即菜单。

在任一块已经画出的表盘中指定两点,系统弹出文字标注与编辑对话框,在对话框内输入"V",单击"确定"按钮,"V"字便出现在表盘的指定位置。

图 15-20 绘制文字的立即菜单

重复执行"文字"命令,在另一表盘中注写"mA",两表盘上的文字注写完成。结果如图 15-21 所示。

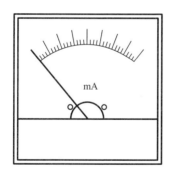 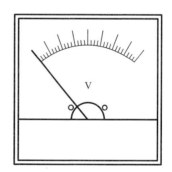

图 15-21 完成表盘的绘制

6. 填充电流表的图案

(1) 确定图案样式。在主菜单中选择"格式"→"剖面图案",图案对话框如图 15-22 所示。在"剖面图案"对话框选 ANGLE 图案,单击"确定"按钮退出。

(2) 填充图案。在主菜单中选择"绘图"→"剖面线",立即菜单按图 15-23 所示填写。

拾取电流表下侧矩形框内的任意一点进行图案填充。完成后电流表的图形如图 15-24 所示。

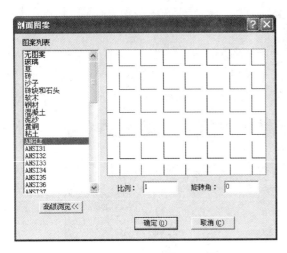

图 15 - 22　"剖面图案"对话框

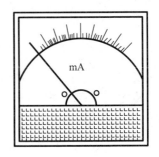

图 15 - 23　剖面线立即菜单

图 15 - 24　完成的电流表

四、其他图形元素的绘制

稳压电源面板上的其他图形元素还有，三组小同心圆、两个小正方形、底脚、提手、说明文字及宽度渐变的指示图形。同心圆、正方形、底脚、提手的画法和说明文字的注写方法与上面介绍的方法相同，为节省篇幅，不再介绍。这里只介绍宽度渐变的指示图形的画法。

（1）画好小同心圆后，仍以同心圆的圆心为圆心，再画一个同心圆，直径为旋钮大圆的 2 倍。

（2）复制新画好的大圆，新复制圆的圆心在同心圆圆心左下约 45°，距离约为 3。

（3）在新复制圆的左上方适当位置画一条斜线与两圆相交。

（4）用剪裁命令去掉多余部分。

（5）用填充命令将封闭区域涂黑。

宽度渐变指示图形绘制完成，绘制过程如图 15 - 25 所示。

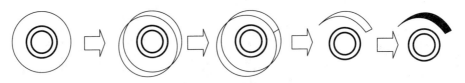

图 15 - 25　宽度渐变指示图形的绘图过程示意

五、编写元器件序号和明细表

CAXA 为绘制装配图设置了明细栏，明细栏与零件序号联动，可随零件序号的生成、插入和删除产生相应的变化。

1. 编写元器件序号

单击主菜单"幅面"中的"生成序号"命令或幅面操作工具栏中按钮 ，弹出如图 15 - 26 所示的立即菜单。

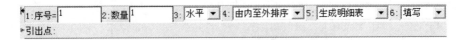

图 15 - 26　"生成序号"的立即菜单

各元器件序号标注的引出点可用鼠标在图上指定。

重复上述操作，直至全部元器件都被标注，单击鼠标右键退出。

2. 填写明细栏

如果立即菜单"6："选择"不填写"，则会在图纸中自动生成明细表，全图完成。

如果立即菜单"6："选择"填写"，则会弹出如图 15-27 所示的"填写明细表"对话框，这时需要在该对话框中填写明细表。

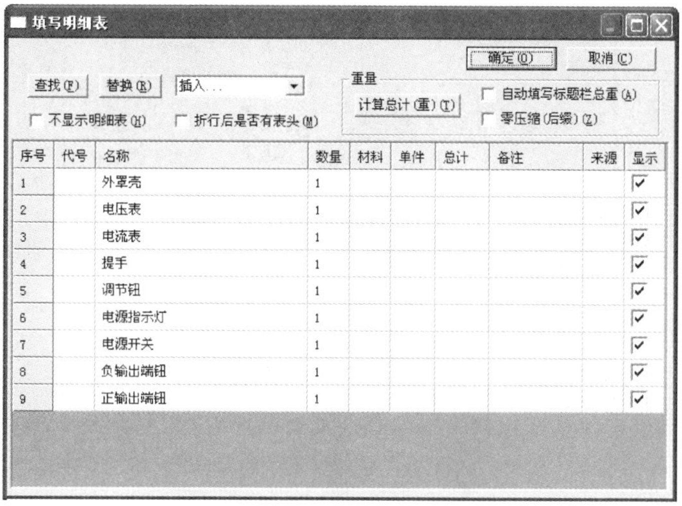

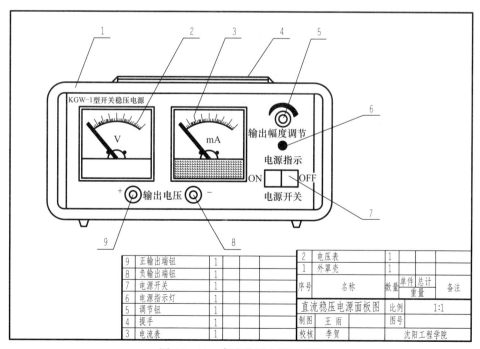

图 15-27　"填写明细栏"对话框

填写完成后单击对话框中的"确定"按钮，全图完成。图 15-28 所示为完成后的直流稳压电源面板图。

图 15-28　直流稳压电源面板图

在选择主菜单的"幅面"→"明细表"→"定制明细表"时，系统会弹出如图 15 - 29 所示的"定制明细表"对话框，在该对话框中可对明细表的各项参数进行设置。

图 15 - 29 "定制明细表"对话框

第二节 用 CAXA 绘制电路图

图 15 - 30 所示为某变电站的一次主接线图，全图基本上由图形符号、连线及文字注释

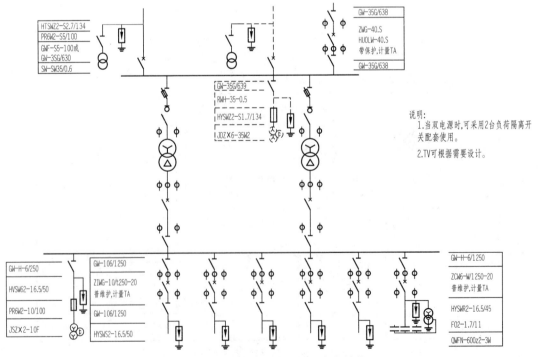

图 15 - 30 某 35kV 变电站一次主接线

组成，不涉及绘图比例。绘制这类图的要点有两个：一是以适当的比例插入提取的图符；二是要使布局合理，图面美观。

一、图纸布局

（1）调用主菜单"格式"→"层控制"命令或单击属性工具栏层控制图标 🖺，弹出"层控制"对话框，如图 15 - 31 所示。

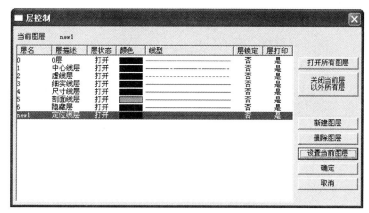

图 15 - 31　"层控制"对话框

在该对话框中单击新建图层按钮，新建图层，命名为"定位线层"。

（2）将定位线层设置为当前层，激活"修剪"命令形成图纸分区以确定各部分图形要素的位置。水平、垂直线间的偏移距离如图 15 - 32 所示。

二、提取与绘制图形符号

本图涉及的图形符号较多，需要调用不同的图形库。

在调用图形符号之前，先将图层转换为细实线层。

（一）提取图符

选择主菜单"绘图"→"库操作"→"提取图符"，如图 15 - 33 所示，也可单击绘图工具栏中或库操作工具栏中的 🖺，将弹出"提取图符"对话框。拾取所选图符，单击鼠标右键选取"比例缩放"后，弹出立即菜单，按照提示进行操作。

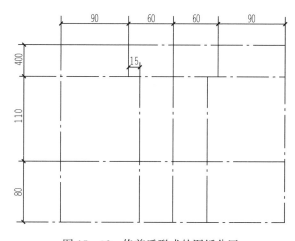

图 15 - 32　修剪后形成的图纸分区

图 15 - 33　"库操作"子菜单

1. 变压器符号的提取

（1）单击"绘图"菜单中"库操作"项中"提取图符"命令或绘图工具栏及库操作工

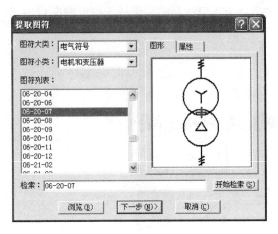

图 15 - 34　"提取图符"对话框

具栏中的按钮 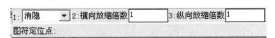，将弹出"提取图符"对话框，选用如图 15 - 34 所示的设置。

（2）单击"下一步"按钮随鼠标出现变压器图形符号并弹出如图 15 - 35 所示的立即菜单。

根据系统提示选择图符定位点，图符旋转角度选"0"。在绘图区适当位置放置变压器符号，如图 15 - 36 所示。

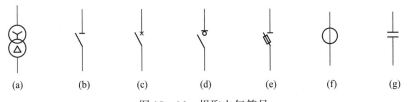

图 15 - 35　"提取图符"立即菜单

图 15 - 36　提取电气符号

(a) 变压器；(b) 隔离开关；(c) 断路器；(d) 负荷开关；(e) 跌落式熔断器；(f) 电流互感器；(g) 电容器

2. 其他电气符号的提取

用同样的方法依次提取隔离开关、断路器、跌落式熔断器、负荷开关、电容器和电流互感器符号，如图 15 - 36 所示，并将符号放置在图中的适当位置。

（二）避雷器符号绘制

一些电气符号可能尚未包括在图形库中，遇到这样的情况，就需要自行绘制图形符号并入库。下面以如图 15 - 37 所示的避雷器符号为例，说明符号的绘制和入库方法。

图 15 - 37　避雷器符号

1. 箭头的绘制

用鼠标点击绘图工具栏中绘制箭头的命令图标 ↗，激活绘制箭头命令。立即菜单 1 可以选择"正向"或"反向"方式。

CAXA 系统用箭头指向与 X 正半轴逆时针方向的夹角 θ 来规定箭头的正反方向：当 $180° > \theta \geqslant 0°$ 时，为正向；当 $360° > \theta \geqslant 180°$ 时，为反向。

2. 绘制矩形及直线

按照绘制矩形和绘制直线的方法绘制如图 15 - 37 的矩形线框及三条短直线。避雷器符号绘制完成。

3. 图形入库

（1）选择主菜单的"绘图"→"库操作"→"定义图符"命令或单击绘图工具栏，或库操作工具栏中的"定义图符"命令图标 。

（2）根据系统提示，输入需定义图符的视图个数（系统默认的视图个数为 1），按 Enter 键确认。

（3）根据系统提示，拾取第一视图的所有元素（可单个拾取，也可用窗口拾取），单击鼠标右键确认。

（4）根据系统提示，指定该视图的基点。本图选择箭头的尾部端点为基点。

（5）如果有多个视图，系统会依次提示指定第二、第三……视图的元素和基准点。当最后一个视图的元素和基准点确定后，系统弹出"图符入库"对话框，如图 15-38 所示。

（6）填写对话框内容，单击"确定"按钮退出对话框，完成避雷器图符入库。

三、图形绘制

（一）绘制主变压器及其相关电路

1. 插入一支路主变压器及其两侧电器设备符号

（1）以主变压器符号中上面圆的最上面象限点为基点，移动主变压器符号至轴线上合适的最近点。

（2）主变压器两侧的其他设备符号也参照插入主变压器符号的方法插入。

（3）在正交方式下复制电流互感器符号至合适位置。

（4）镜像电流互感器符号。结果如图 15-39 所示。

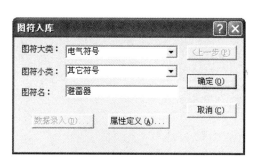

图 15-38　"图符入库"对话框

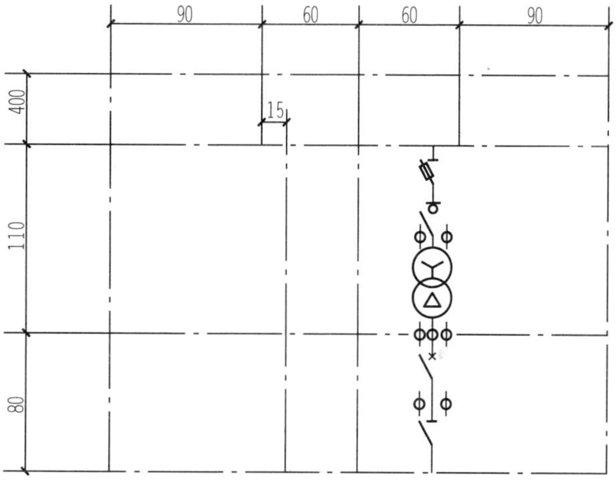

图 15-39　插入主变压器支路的图形符号

2. 连线

用直线编辑命令将各个符号连接在一起。此时可打开捕捉开关。

3. 复制出另一主变压器支路

为了便于观察，关闭定位层进行复制，如图 15-40 所示。

4. 完成主变压器绘制

打开定位层，将新复制的变压器支路移至指定位置，完成主变压器两支路的绘制。

（二）绘制母线及相关电路

（1）用粗实线绘制 35kV 母线及 10kV 母线，线宽设置为 0.7mm。

（2）绘制 10kV 母线上各支路上的电器设备及接线。

（3）按与绘制主变压器支路相同的方法，先插入一条出线上的高压设备符号，并连线（如图 15-41 中的出线 1）。

（4）在正交方式下，用绘制好的出线 1 连续复制出其他各支路，各出线间的距离均为 30mm，结果如图 15-41 所示。

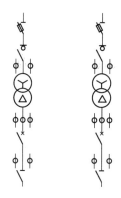

图 15-40　完成变压器
支路的绘制

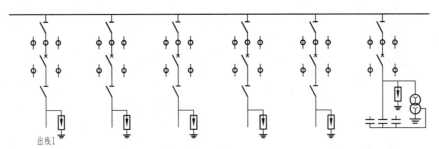

出线1

图 15－41　绘制 10kV 母线上所接的出线接线

（5）补充绘制其他图形。绘制两条 35kV 进线、35kV 主变压器及母线电压互感器（虚线）、10kV 电压互感器（图上距"出线 1"60），结果如图 15－42 所示。

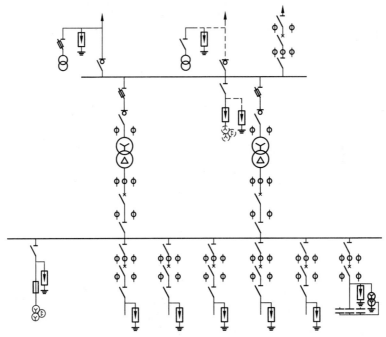

图 15－42　主接线图的图形部分

四、输入注释文字

选择主菜单的"格式"→"文本风格"命令，在弹出的"文本风格"对话框中设置字体为"仿宋 GB—2312"，字高设置为"3"。

按图 15－43 所示对齐隔离开关符号输入文字的形式输入相关文字。

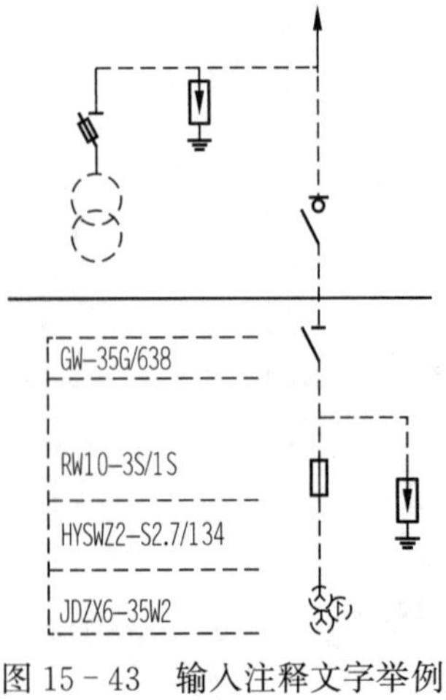

五、完成全图

1. 调入图框和标题栏

调入图框和标题栏，填写标题栏中相关内容。将前面所绘制的全部图形用比例缩放命令进行调整，调整至图形与图框相合适的大小后移到图框的合适位置。

2. 删除定位线层

经检查无误后，删除定位线层，完成全图，结果如图 15－44

GW－35G/638

RW10－3S/1S

HYSWZ2－S2.7/134

JDZX6－35W2

图 15－43　输入注释文字举例

所示。

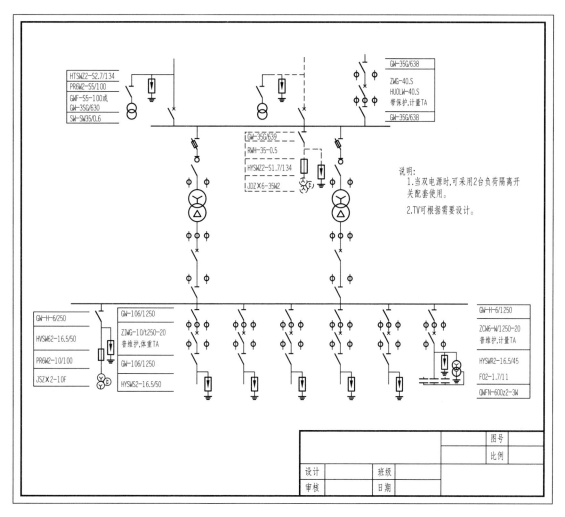

图 15 - 44 某 35kV 变电站主接线图

第十六章　AutoCAD　入　门

AutoCAD 是由美国 Autodesk 公司（中文译名欧特克）开发的计算机辅助设计软件，以实物图形绘制见长，有完善的精确绘图、图形编辑和三维绘图功能。经过不断完善，现已成为国际上广为流行的绘图工具。

第一节　AutoCAD 的基础知识

AutoCAD 的版本升级很快，从 2000 年推出的 AutoCAD 2000 开始，几乎每年都推出一款新版本，但考虑到其最基本功能都是在 2000 版的基础上进行的扩充和改进，所以本章以目前流行的 AutoCAD 2008 为基础，介绍 AutoCAD 的基本功能。

一、AutoCAD 的工作界面

AutoCAD 的工作界面如图 16 - 1 所示。中文版的工作界面主要包括标题行、视窗控制按钮及滚动条、下拉菜单、工具栏、绘图窗口、十字光标、命令提示区、状态栏、坐标系图标、模型标签、布局标签等。

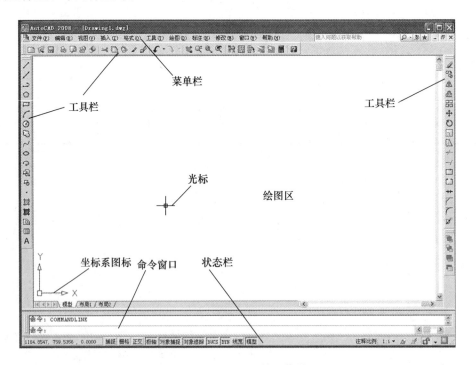

图 16 - 1　AutoCAD 的工作界面

AutoCAD 的工作界面与其他 CAD 软件有很多相同之处，但也有其自己的特色。

1. 命令窗口

命令窗口又称命令提示栏，位于工作界面的下方，其主要功能有以下三个：

（1）在窗口中提示"命令："的状态下，用户可以在命令窗口输入键盘命令。例如输入Line，表示绘制直线，其效果与单击绘制直线命令图标和从下拉菜单中选择绘制直线命令相同。

（2）向用户提示操作信息之用。当命令窗口处于命令执行状态时，会根据命令的不同向用户提示进一步的操作要求。例如在 Line 命令下，系统会提示"输入第一点（或下一点）"坐标。用户可以通过鼠标在屏幕上取点，或输入点的坐标值。

（3）向系统输入操作数据或其他操作信息，如上面提到的输入点坐标。有一些命令会带有不同操作方式的选择信息。例如绘制圆，可以通过圆心半径方式，也可以通过圆上三点方式，还可以指定半径并与两线相切的方式，在每种方式的后面，会有一个字母代码，用户可根据需要选择一种绘制圆的方式，并输入表示该种方式的字母代码。

2. 精确定位菜单

为方便用鼠标在屏幕上选取坐标点，AutoCAD 设计了精确定位菜单，位于操作界面的最下方，包括捕捉、栅格、正交、极轴、对象捕捉和对象追踪六个选项。选项的按钮均为开关按钮，按第一次打开，再按一次则关闭。

3. "线宽"显示按钮

在精确定位菜单中还有一个"线宽"显示按钮。当按钮不被点击时，屏幕上并不显示各种线宽之间的区别，但这并不影响打印；当按钮被点击时，屏幕上会显示出各种不同线宽的区别。"线宽"显示按钮也是一个开关按钮。

4. "模型"/"布局"视图标签

"模型"标签和"布局"标签在绘图区的下方，主要是方便用户对模型空间与布局（图纸空间）的切换、新建和删除布局的操作。一般情况下，先在模型空间进行设计，然后创建布局以绘制和打印图纸空间中的图形。

二、AutoCAD 的命令操作

命令是所有软件的操作基础，命令系统通常包括命令的格式和命令的操作两大部分。

1. AutoCAD 的命令格式

AutoCAD 的命令格式为

［命令名］＋［参数 1］＋［参数 2］＋…＋［参数 n］

AutoCAD 的命令格式总是命令名在前，参数在后。

对于不同的命令可能需要不同的参数，有些时候参数不止一个，可能有多个，这时就要逐个、逐层选择。

例如，绘制直线命令的参数有两个：第一点和下一点。这两个点是不同的参数，只有选择了第一点，才能选择第二点。再如，绘制圆的命令，第一层只有一个参数，即如何绘制圆。假设选择了半径、圆心的绘制方式，那么就会出现第二层参数，指定圆心和半径大小。

2. 命令的激活、结束与重复

AutoCAD 可用三种方式激活命令：下拉菜单方式、单击图标方式和通过键盘输入命令名方式。

很多命令都是执行完就立即结束的，但也有些命令却是自动重复执行，直到以人工命令的方式要求结束时才能停止重复而结束命令。如画一条直线，系统总是要求接着上一条直线的最后一个端点再画出一条新的直线。在这种情况下，就需要按 Enter 键、空格键或单击鼠标右键来结束命令。

对已经结束了的命令，如果要求它重复执行，可用键盘的空格键或鼠标的右键来激活上一个刚刚结束的命令。注意，这种方法只能激活刚刚执行完毕的命令。

三、体验 AutoCAD 绘图

下面以绘制如图 14－2 所示的带有立体感的五角星为例，说明 AutoCAD 绘图的基本过程。

1. 绘制一个正五边形

（1）激活绘制正多边形命令。

图标命令输入：用鼠标单击"绘图"工具栏中的"绘制正多边形"图标 ◎ ；选择菜单命令输入："绘图"→"正多边形"；也可以通过键盘输入命令名 Polygon。

大多数命令的输入方式都是一致的，为节省篇幅，以下只介绍单击图标方式输入命令，省略菜单方式和命令名方式输入命令。

（2）输入参数 1："边数"。当激活绘制正五边形命令后，命令提示栏中会出现命令名和操作提示，如图 16－2 所示。

当前的操作要求是输入绘制正多边形的第一个参数：边的数目。系统默认为 4。在"："后面用键盘直接输入所要绘制正多边形的数目，然后按 Enter 键即可。本例输入 5，按 Enter 键。

（3）输入参数 2：指定正五边形的中心点。系统再次提示"指定正多边形的中心点或［边（E）］："，如图 16－3 所示。

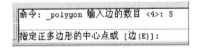

图 16－2　参数选择 1　　　　　　图 16－3　参数选择 2

AutoCAD 给出了正多边形的两种画法，指定中心点，或指定多边形的边，其中系统默认画法为指定中心点。若选择默认画法，可在命令后直接输入中心点的坐标，或在屏幕上指定某点作为中心点坐标；若选择非默认项，即指定多边形边的选项，需要在命令后输入边的字母代码 E。

本例中选择默认画法，指定正五边形的中心点坐标。用鼠标在屏幕适当位置单击左键，这一点便被系统认为是正五边形中心点的坐标。

（4）输入参数 3：内接于圆。系统继续提示要求选择参数"输入选项：［内接于圆（I）/外切于圆（C）］＜I＞："，如图 16－4 所示。

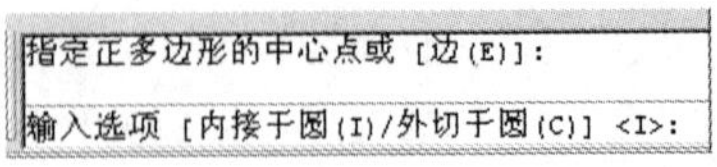

![图16-4](指定正多边形的中心点或 [边(E)]: / 输入选项 [内接于圆(I)/外切于圆(C)] <I>:)

图 16－4　参数选择 3

该提示的默认选项为 I，即内接于圆。如果选择默认选项，可直接按 Enter 键；但若选择外切于圆，则要输入其代码 C。

本例选默认选项，直接按 Enter 键。

（5）指定尺寸，完成五边形。系统提示"指定圆的半径"。

此时为了保证五角星的两个下角在一条水平线上，打开正交开关，并拖动鼠标，在目测大小合适的位置单击鼠标左键确定，正五边形绘制完成，如图 16-5 所示。

2. 绘制五角星草稿

（1）绘制五边形五个顶点的连线。单击绘制的直线图标 ✐，系统提示"指定第一点"，即直线的第一点。此时要连接五边形的五个角点。因所绘的线并非都是正交线，因此需要将"正交"开关关闭。

为了准确地连接正五边形的五个角点，可打开对象捕捉。

首先要设置对象捕捉。将鼠标移至"对象捕捉"按钮，单击鼠标右键，会出现如图 16-6 所示的菜单。选择"设置"单击左键，打开草图设置窗口，如图 16-7 所示。草图设置窗口有四个选项卡，图 16-7 所示为对象捕捉选项卡，在对象捕捉模式中的每一项都有一个正方形复选框。单击这个复选框，在框中出现"√"时，该项被选中。被选中的项目，可以在图上捕捉到相关的点。但要注意，如果选项过多，实际绘图时各种符合捕捉条件的点都会出现提示，影响判断，因此选择的选项内容和数量应以满足需要为准。

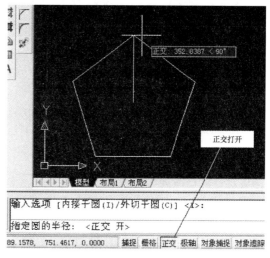

图 16-5　正五边形绘制完成

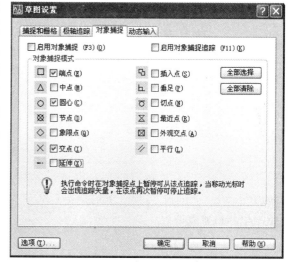

图 16-7　对象捕捉的设置

图 16-6　打开对象捕捉设置窗口

如图 16-7 所示，端点、圆心和交点已经被选中。选择完成后单击"确定"按钮退出。

如果在退出前选中对话窗口左上角的"启用对象捕捉"复选框，则可直接进入对象捕捉状态；反之，可以退出后，单击对象捕捉按钮进入对象捕捉。

上述工作完成后，将鼠标移至正五边形的第一个角点，单击鼠标左键，并依次经过各角点，画出连接各点的直线，完成后按 Enter 键退出绘制直线命令。

图 16-8 所示为当鼠标接近捕捉点时的状态。在绘图时，当光标接近符合捕捉条件的点时，图中该点上会出现与选项卡中该项前面符号相同的符号及文字说明，如果出现此符号时单击左键，所绘制的点坐标就是出现符号的点的坐标。

（2）删除正五边形。单击修改工具栏中的【删除】图标 ✐。系统提示"选择对象"。用

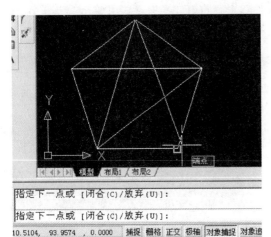

图 16 - 8　捕捉到交点时的屏幕

鼠标选择五边形，单击鼠标左键，选中的五边形变成虚线，单击鼠标右键或按 Enter 键，所选的对象被删除。

删除对象的另一种方法是，先用鼠标选择要删除的对象，当对象变成虚线时，按 Delete 键，也可以删除被选中的对象。

（3）修剪多余的线段。单击修改工具栏中的修剪命令图标 ⊹，系统提示"选择对象"。

选择可作为修剪边界的对象，如一条线段、一个点等，单击鼠标右键确定。

系统提示"选择要修剪的对象……"时，用鼠标依次选择要剪掉的线段，全部完成后按 Enter 键退出命令。

如图 16 - 9 所示，先选五角星 AC、AD 和 CE 作为修剪边界，按 Enter 键，将以 AD 和 AC 为边界的 BE 线段 12 剪掉，可将以 AC 和 CE 为边界的线段 45 剪掉。按 Enter 键，退出修剪命令。

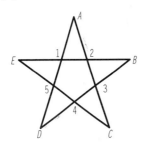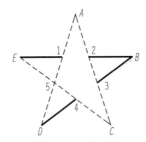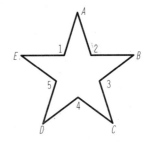

图 16 - 9　五角星的修剪过程

按空格键，重复修剪命令，再选择 AD 和 $D4$、$2B$ 和 $3B$ 为边界，将 45 和 23 剪掉，最后以 $E1$ 和 $E5$ 为边界，将 15 剪掉。全部修剪完成。

3．绘制五角星的角等分线

用绘制直线命令分别作五角星五个角的角等分线。作图过程如前所述，结果如图 16 - 10 所示。

4．填充阴影，完成全图

选择菜单中的"绘图"→"填充"命令或单击绘图工具栏中

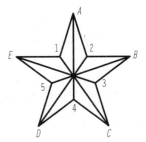

图 16 - 10　作五角星角的等分线

的填充命令图标 ▨，系统会弹出"图案填充和渐变色"对话框，如图 16 - 11（a）所示。

单击图案中的样例预览窗口，会出现如图 16 - 11（b）所示的选项板。选中选项板中的 SOLID，单击"确定"按钮关闭选项板。

单击"图案填充和渐变色"对话框右上角的"添加：拾取点"，系统会自动隐藏对话框，出现绘图界面。用鼠标左键依次拾取要填充的封闭区域内任意一点，单击鼠标右键结束命令，系统返回"图案填充和渐变色"对话框。单击"确定"按钮，退出对话框，所绘图形完成，其过程与结果如图 14 - 13 所示。

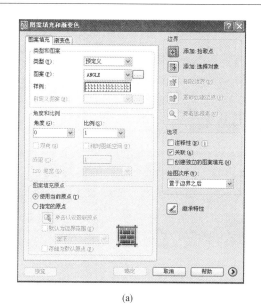 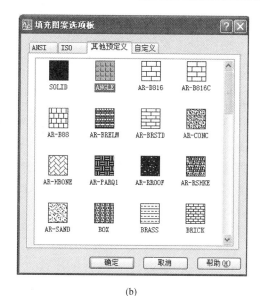

(a)   (b)

图 16 - 11　图案填充设置

（a）图案填充和渐变色对话框；（b）填充图案选项板

第二节　AutoCAD 的常用命令与标注

AutoCAD 的常用命令包括常用绘图命令和常用修改（编辑）命令两大类。图 16 - 12 所示为这两类命令的菜单和工具栏。

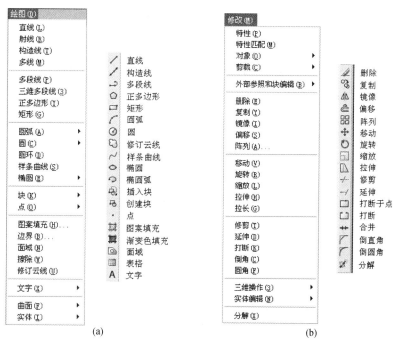

(a)   (b)

图 16 - 12　常用绘图命令菜单与工具栏

（a）绘图菜单与工具栏图标；（b）修改菜单与工具栏图标

一、AutoCAD 常用命令举例

AutoCAD 尽管有丰富的绘图命令和修改命令，但其使用方法大同小异。下面举例说明常用命令的使用方法。

1. 用多段线命令（Polygon）绘制带实心箭头的直线

使用绘制多段线命令，可以绘制由若干直线和圆弧合成的折线和曲线。其中，每个线段的宽度都可以不同。例如，要绘制一条中间带实心箭头的直线（见图 16-13），就可以用多段线命令绘制。

将直线分为三段。第一段采用系统默认值绘制，第二段时根据提示栏的提示，选择"宽度（W）"，按 Enter 键。系统提示"输入起点宽度＜0.0000＞："，直接输入起点宽度值，如"10"，按 Enter 键，系统提示输入端点的宽度，此时可输入系统默认值 0，按 Enter 键，就会绘制出箭头。第三段不做任何选择，按系统默认值绘制，如图 16-14 所示。

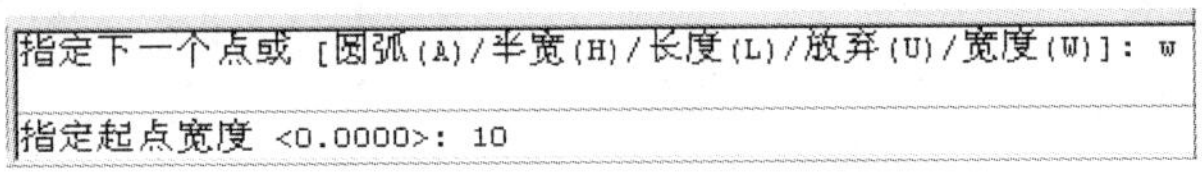

```
指定下一个点或 [圆弧(A)/半宽(H)/长度(L)/放弃(U)/宽度(W)]: w
指定起点宽度 <0.0000>: 10
```

图 16-13　多段线　　　　　　图 16-14　多段线的提示与操作

图 16-15　绘制圆弧方
法的下拉菜单

注意：用多段线命令绘制的曲线，不论有多么曲折，它都是一个图形元素。而用直线命令绘制的曲线，每两点之间都构成一个独立的图形元素。

2. 用圆弧命令（Arc）和复制图形命令（Copy）绘制电感符号

电感符号是由一连串的圆弧曲线组成的图形。设电感符号的每一弧形的水平距离为 18，半径为 10，共由 4 个圆弧组成。

绘制圆弧方法有多种（见图 16-15 绘制圆弧菜单）。默认的画圆弧方法是三点法：起点、圆弧上一点和端点。

这里采用起点、端点、半径方法绘制。

（1）绘制圆弧。调用"圆弧"命令，系统提示：

命令：arc

指定圆弧的起点或 [圆心（C）]：

选择系统默认方式，在绘图区内任意一点单击鼠标左键，确定圆弧的起点。系统提示：

指定圆弧的第二点或 [圆心（C）/端点（E）]：e

指定圆弧的端点：@-18,0

圆弧的第二个端点，采用相对坐标方式输入。其 X 坐标值若采用正值，则圆弧向下弯曲，故采用负值。系统提示：

指定圆弧的圆心或 [角度（A）/方向（D）/半径（R）]：r

指定圆弧的半径：10

圆弧绘制完成。

（2）将圆弧复制成首尾相连的电感符号。

命令：copy

选择对象：

在屏幕上选择已绘好的圆弧。系统提示：

指定基点或［位移（D）］＜位移＞：

用鼠标选取圆弧的左端点作为基点。按系统提示，移动鼠标至圆弧的另一端点，单击鼠标左键，复制圆弧，继续移动鼠标复制圆弧，直至复制出三个圆弧，按 Enter 键退出命令。

为了保证复制圆弧与前一个圆弧准确相接，可打开"对象捕捉"开关。

（3）绘制电感符号的引线。用直线命令绘制电感符号的两条引线。绘制过程如图 16-16 所示。

3. 用直线命令（Line）和镜像命令（Mirror）绘制二极管符号

（1）两次调用直线命令，绘出二极管符号的上半部分，如图 16-17（a）所示。

图 16-16　电感符号的绘制过程　　　　图 16-17　二极管符号绘制过程示例

(a) 部分符号；(b) 二极管符号

（2）用镜像命令将二极管的上半部分复制成对称的下半部分。

激活镜像命令，系统提示"选择对象："，用窗选方式选择已绘好的二极管上半部分，单击鼠标右键或按 Enter 键确定。系统提示"指定镜像线第一点："。可以将二极管的引线作为镜像线，用鼠标单击二极管引线上的一点，系统继续提示要求指定镜像线的第二点。单击二极管引线上的另外一点。系统提示：

"要删除源对象吗？［是（Y）/否（N）］＜N＞："

按系统默认方式，直接按 Enter 键或单击鼠标右键确认。二极管图形绘制完成，效果如图 16-17（b）所示。

4. 用构造线命令（Xline）、绘制圆命令（Circle）和阵列命令（Array）绘制三相绕组变压器符号

三相绕组变压器如图 16-18 所示。

绘图的基本思路：先绘制一个圆，再用它复制另外两个圆，这三个圆交叉在一起，三个圆心的连线在正三角形的顶点上；然后再画出三条直线作为变压器的引线。

（1）用构造线命令绘制一条垂线。构造线是一条无限长直线，一般用来作辅助线使用。

调用构造线命令，打开正交开关，用与画直线相同的方法画一条正垂线。

（2）圆的绘制。圆的绘制方法有多种。图 16-19 所示为绘制圆的下拉菜单。

圆心、半径(R)
圆心、直径(D)

两点(2)
三点(3)

相切、相切、半径(T)
相切、相切、相切(A)

图 16-18　三相绕组变压器符号　　　　图 16-19　绘制圆的下拉菜单

其中，"两点"式是指定圆的直径与圆周的交点；"三点"式是指定圆周上任意不重合的三个点；"相切、相切、半径"是指与两条线（可以是曲线也可以是直线）相切并指定半径；而"相切、相切、相切"则是指与三条线相切。

这里采用最简单的圆心、半径方式绘制。

调用绘制圆命令，按系统提示，默认方式是指定圆心。指定构造线上任意一点，系统提示要求指定半径。此时移动鼠标，当圆的大小适当时确认，圆绘制完成。

（3）用阵列命令复制成三个圆。激活 Array 命令，系统首先询问阵列的方式，如图 16-20 所示。

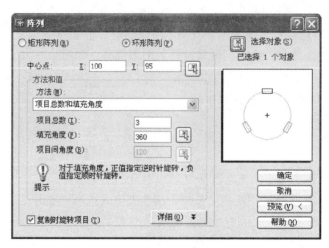

图 16-20　阵列命令设置窗口

阵列有矩形和环形两种。矩形列阵时将所选对象复制成类似于矩形的排列方式，需要提供行数、列数、行间距、列间距等参数。

环形阵列是将所选对象按圆周等距离复制，需要提供阵列后生成的拷贝总数（包括源对象）、图形所占圆周对应的圆心角等。

图 16-20 所示为选择环形阵列时的对话窗口，在窗口下部有一个"复制时旋转项目"的复选框。旋转和不旋转的效果对比如图 16-21 所示。

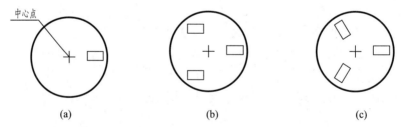

图 16-21　圆形阵列的示例
(a)原有图形；(b)不旋转圆形阵列；(c)旋转圆形阵列

本例中的原有图形是圆形，旋转与否对复制后的图形没有影响。

填写对话窗口中的项目总数为"3"，填充角度为"360"。

单击对话窗口右上方的"选择对象"图标，系统隐藏对话窗口。用鼠标选择已经绘制好的圆，单击鼠标右键或按 Enter 键确认后，系统返回对话窗口。

若需要在图上选取阵列中心点的 XY 坐标时，可单击坐标点输入框右边的小图标。

单击小图标后，系统再次隐藏对话窗口，用鼠标在圆内下半部的构造线上确定圆形阵列中心，系统返回对话框，单击窗口的"确定"按钮，阵列完成。

（4）用直线命令画出三相绕组变压器的三条引线。最后删除构造线，三相绕组变压器绘制完成。结果如图 16 - 18 所示。

AutoCAD 其他命令的使用方法可通过系统的帮助菜单来学习。

二、AutoCAD 的标注

AutoCAD 的标注分为尺寸标注、文字标注与技术标注三大部分。对于电气电子工程技术人员来说，主要用尺寸标注和文字标注。

（一）尺寸标注

AutoCAD 提供了多种为对象标注尺寸和设置标注样式的方法，可以为各种类型的对象创建尺寸标注。

1. 尺寸标注样式的设置与修改

标注样式是一组标注系列变量的集合，可以通过对话框直观地设置和修改。标注样式管理器可以通过命令 Dimstyle 调出，也还可以通过主菜单"格式"→"标注样式"调出。标注样式管理器对话窗口如图 16 - 22 所示。

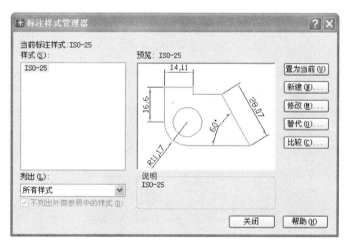

图 16 - 22　标注样式管理对话窗口

（1）新建标注样式。AutoCAD 的默认标注样式为英制标准。在使用时应改为符合我国国家标准的国际标准（ISO - 25 标准）。

在标注样式管理对话窗口中单击"新建"按钮，出现"创建新标注样式"对话框，在"新样式名"文本框中输入新的样式名，如"A"，如图 16 - 23 所示。

图 16 - 23　创建新标注样式对话框

（2）完善自己的标注样式。单击"继续"按钮，激活"新建标注样式"对话框。"新建标注样式"对话框中的每个选项卡内容都可以按照绘图需要进行更改。图 16 - 24 所示为"新建标注样式"对话框。

在图 16 - 24（a）的预览窗口中，大圆的尺寸标注样式是选用"与尺寸线对齐"的方式，而图 16 - 24（b）的尺寸标注样式是选用"ISO 标准"样式。

 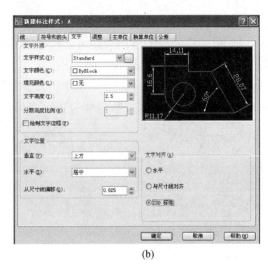

(a)　　　　　　　　　　　　　　　　　(b)

图 16 - 24　"新建标注样式"对话框

(a) 直线与箭头选项卡；(b) 文字选项卡

2. 尺寸标注中的术语

如图 16 - 25 所示，AutoCAD 的尺寸标注方式有许多形式。

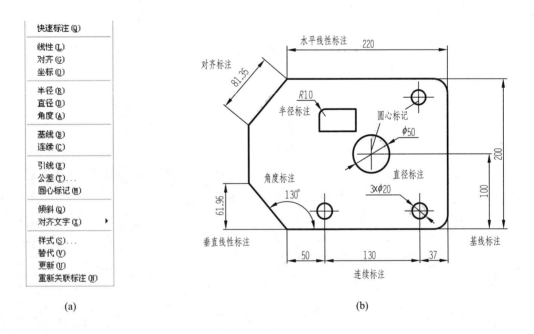

(a)　　　　　　　　　　　　　　　　　(b)

图 16 - 25　尺寸标注的类型

(a) 下拉菜单；(b) 标注样式应用举例

（1）线性标注。线性标注用于表示当前用户坐标系 XY 平面上两点间的直线距离测量值，它标注水平、垂直和指定角度的尺寸。

（2）对齐标注。对齐标注是以鼠标单击的两个标注界限点连成的直线为参照，尺寸线与这条参照线成平行线的标注。

（3）基线标注。基线标注是用于多个平行尺寸以具有同一标注起点为基准的标注。选择基线标注命令时，所有标注都以第一个基线标注的第一个尺寸界限作为原点。

（4）连续标注。用于一系列端对端放置的标注，每个标注都从前一个标注第二条尺寸界线开始。选择连续标注时，总是以前一条尺寸线的第二个尺寸界线作为原点，顺序标注下一个尺寸。

3. 标注的方法

对于非圆标注，选择标注方式菜单命令后，用鼠标左键单击欲标注的尺寸界限起始点，再单击第二个尺寸界限的起始点，移动鼠标到合适的位置，单击鼠标右键或按 Enter 键确认，一个尺寸即标注完成。

对于圆或圆弧的尺寸，选择标注方式菜单命令后，用鼠标单击圆或圆弧，移动鼠标到合适的位置，单击鼠标右键或按 Enter 键确认，一个尺寸即标注完成。

如果有修改尺寸数值，在确认前按提示栏的提示编辑尺寸文字或旋转文字和标注，修改完成后再用鼠标或键盘命令确认。

对于基线标注和连续标注，系统总是在标注完成第一个尺寸后提示进行下一个尺寸标注，直到完成全部标注后，单击鼠标右键或按 Enter 键结束命令。

由于 AutoCAD 使用键盘字符，而有一些标注中的常用字符并不在键盘上，其中常用的特殊字符见表 14-2。

（二）AutoCAD 的文字标注

AutoCAD 中文版可用于标注汉字。

1. 文字标注样式设置

与尺寸标注一样，在标注文字之前，先要对文字样式进行设置。选择主菜单的"格式"→"文字样式"，可打开"文字样式"对话框。

图 16-26 所示的文字样式设置对话框为系统的默认状态。

图 16-26 "文字样式"对话框

系统的默认模式为"Standard"，当单击"新建"按钮时，可以命名自己的样式。单击"确定"按钮，新建的样式名称将出现在对话框的左上方列表中。

（1）字体的选择。在字体选项中有一个"使用大字体"的复选框，系统默认为"使用大字体"，但此时"SHX 字体"库中没有中文字体，去掉复选框中的"√"，才可以使用中文。

在"SHX 字体"中有多种字体可供选择，每种字体都有前面带符号"@"和不带符号两种。带符号的供竖式书写使用，不带符号的供横式书写使用。

（2）字体的大小与效果选择。字体的大小应根据所绘图样的大小来确定，用 A3 图纸绘制时，通常设为 3.5。在"效果"选项中，根据国家标准规定，字体的宽度因子应为 0.707，近似取 0.7。倾斜角度为 0。

选择完成后，顺序单击"应用"、"关闭"按钮，设置完成。

2. 文字的书写

AutoCAD 的文字标注图标为 Ａ，菜单命令为"绘图"→"文字"。

在 AutoCAD 较高的版本中，文字书写方式有"单行文字"和"多行文字"两种。常用"多行文字"方式。多行文字方式下，有类似于 Word 软件的工具，可以对文字进行对齐方式、字体大小、字型等多项选择编辑。完成后按"确定"按钮退出。

下面以绘制简化标题栏为例，说明文字标注的方法。简化标题栏的样式如图 16 - 27 所示。

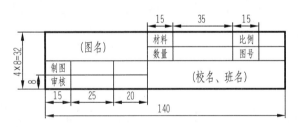

图 16 - 27　制图教学中推荐的标题栏格式

（1）用"矩形"命令绘制外框线。单击"矩形"命令图标，按系统提示在绘图区适当位置单击鼠标左键，确定矩形的一个角点。

按系统提示，用相对坐标输入矩形另一个角的坐标"@140，32"，按 Enter 键确认，矩形绘制完成。

用矩形命令绘制的矩形四个边框为同一个对象，而不是独立的四条直线。

（2）用"分解"命令将四边形炸开。"分解"命令俗称炸开，可将折线、尺寸线等分解成若干图形要素，但不能分解圆和文字。

单击修改工具栏中的分解命令图标，按系统提示，用鼠标选择四边形，单击鼠标右键或按 Enter 键确认，四边形被分解成四条直线。

（3）用"偏移"命令绘制内部框线。偏移是按指定距离复制对象的一种绘图方法。标题栏的水平内框线间的距离均为 8，用这一命令的效率较高。

单击修改工具栏中的偏移命令图标，按系统提示，输入偏移距离"8"，按 Enter 键确认。

根据系统要求，选择四边形的上框线为"要偏移的对象"，按系统提示，在上框线下方单击鼠标左键，一条距离上框线为 8 的平行线被复制出来。再按系统提示，选择新复制出的直线为"要偏移的对象"，重复执行上述操作，直到完成，单击鼠标右键退出命令。结果如图 16 - 28 所示。

用同样的方法，可绘制出标题栏的垂直线。但

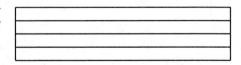

图 16 - 28　用偏移命令作出的水平线

由于列间的宽度不同，需要多次使用偏移命令才能完成。

当用偏移命令对封闭曲线进行偏移时，会以曲线的中心为基点，将封闭曲线按指定的距离放大或缩小。例如偏移一个圆会获得多个同心圆。

（4）用修剪命令去掉多余的线条，完成标题栏表格部分的绘制。

（5）文字注写。按上述方法确定文字样式后，单击绘图工具栏中的"多行文字"图标，或在下拉菜单中选择多行文字。按系统提示要求分别指定要填写文字表框的两个对角点，系统出现如图 16-29 所示的工具栏，按与 Word 软件类似的方法输入汉字并排版后，单击工具栏上的"确定"按钮退出。

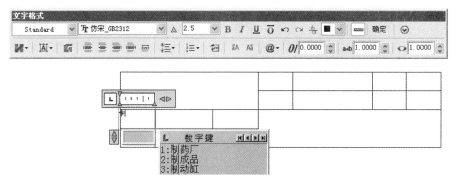

图 16-29　注写多行文字示例

第三节　AutoCAD 绘制二维图形举例

本节以图 16-30 所示的建筑平面图为例，介绍用 AutoCAD 绘制平面图形的方法。

一、绘图准备

（1）启动 AutoCAD 软件。

（2）设置图层。用第十四章所述方法设置图层，其中要有一个辅助线层、门窗层和墙体层。

（3）绘制图纸、图框和标题栏。用矩形、直线及有关修改命令绘制图纸、图框和标题栏，保存为模板格式（A4.dwt）备用。注意要记住保存路径。

二、绘制建筑辅助线网

所绘图形的最大外形尺寸为 11 700×10 200，选取比例 1:100，则其图上最大尺寸为 117×102。

（1）单击"正交"模式开关。

（2）将辅助线层作为当前层。

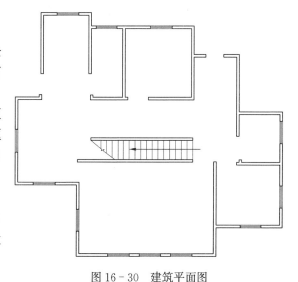

图 16-30　建筑平面图

（3）用构造线在适当位置画两条垂直相交的直线，其交点应为所绘图形的左下角。

（4）激活修改工具栏中的偏移命令。让水平构造线连续分别向上偏移 1200、1800、900、

2100、600、1800、1200 和 600，得到水平方向的辅助线。让垂直构造线连续分别向右偏移 1100、1600、500、1500、3000、1000、1000 和 2000 距离，得到垂直方向的辅助线。结果如图 16‑31 所示。

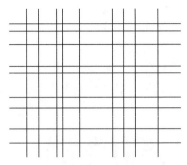

图 16‑31　建筑辅助线网格

三、绘制墙体

（1）将当前图层转换为"墙体"。

（2）设置多线样式：

1）调用主菜单命令："格式"→"多线样式"，系统弹出"多线样式"对话框，如图 16‑32（a）所示。

2）单击新建按钮，在打开的"创建新的多线样式"对话框中输入样式名称，如"平面图"。单击"确定"按钮，出现"新建多线样式"对话框，如图 16‑32（b）所示。

(a)

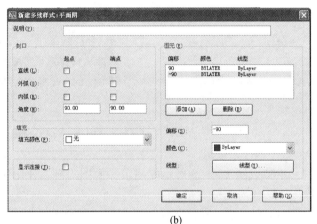

(b)

图 16‑32　多线样式设置
(a) 多线样式对话框；(b) 新建多线样式对话框

3）在"新建样式"对话框的"图元"（早期版本称"元素"）选项中选中最上面的一行字，"偏移（S）"对话窗口会被激活，在窗口中输入"90"，上面的偏移值也会随之改变。用同样的方法选择下面一行字，改为−90。单击"确定"按钮退出"多线样式"对话框，系统返回"多线样式"对话框。

4）在"多线样式"对话框中应该出现"平面图"样式，选中这个样式并按"置为当前"按钮，再单击"确定"按钮退出，样式设置完成。

（3）绘制内外墙体：

1）在主菜单中选择"绘图"→"多线"，如图 16‑33（a）所示，在辅助线网格上绘制外墙线，绘图方法与绘制直线相同。

2）绘制内墙线。再次激活"多线"命令，在辅助线网格上绘制内墙线，结果如图 16‑33（b）所示。

3）用多线编辑命令将墙体连通。选择主菜单的"修改"→"对象"→"多线"，系统弹出

"多线编辑工具"对话框，如图 16 - 34 所示。

选择适当的工具将墙体连通，结果如图 16 - 35 所示。

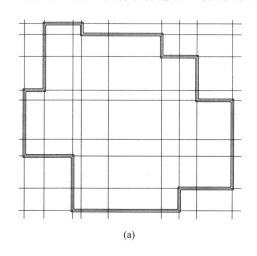

(a)

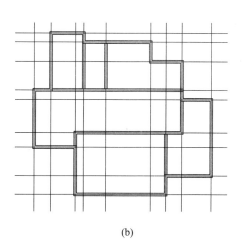

(b)

图 16 - 33 墙体的绘制

(a) 外墙绘制结果；(b) 内墙绘制结果

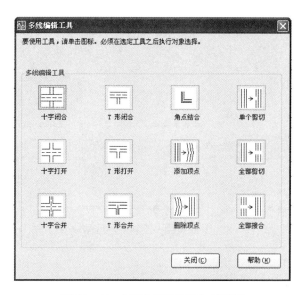

图 16 - 34 "多线编辑工具"对话框

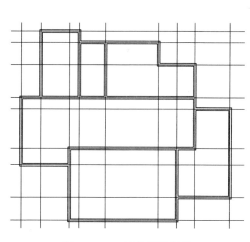

图 16 - 35 墙体编辑结果

四、绘制窗

(1) 将图层转换为门窗层。

(2) 建立"窗"的多线样式。调用"多线样式"对话框，新建名为"窗"的多线样式。在"新建多线样式对话框"的"元素"选项组中单击"添加"按钮，添加两个元素，将其中的元素偏移量设为 90、20、－20、－90，封口选项组中的起点和端点均采用直线方式，如图 16 - 36 所示。确定后在"多线样式"对话框中将"窗"置为当前样式，单击"确定"按钮退出。

图 16-36　建立"窗"的多线样式

　　(3) 激活"多线"命令，在空白处绘制一段
长为 1000 距离的多线，结果如图 16-37 所示。

　　(4) 将窗的图例按图 16-38 复制到各墙体。

五、绘制门洞

　　(1) 激活直线命令，在任一门的中点处画一
条与墙垂直的直线。

　　(2) 激活偏移命令，直线向左右各偏移 600
距离。

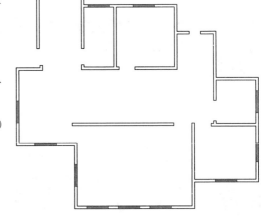

图 16-37　窗的图例　　　　　　　　　　图 16-38　绘制门窗后的结果

　　(3) 用修剪命令去掉多余的墙体和直线，该门洞绘制完成。

　　(4) 用同样的方法绘制其他各门洞。

　　窗与门洞绘制完成的结果如图 16-38 所示。

六、绘制楼梯

　　(1) 激活偏移命令，将图中孤立的内墙向上偏移 1000 距离。

　　(2) 用直线命令画踏步，并用偏移命令按 252 间隔偏移 13 个。

　　(3) 画出断裂线。

　　(4) 用修剪命令剪去多余的线。

七、调用图板，插入图形完成全图

　　(1) 选择主菜单的"文件"→"打开"，调用名为 A4.dwt 的模板文件。

　　(2) 用比例缩放命令调整图形的大小，并将图形移至合适位置。

全图完成，结果如图 16-39 所示。

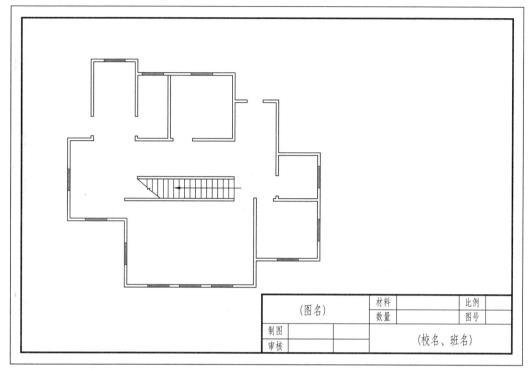

图 16-39　平面图绘制最终结果

第四节　AutoCAD 的三维技术简介

工程设计中也常使用三维图形来描述三维实体，这是由于三维图形的逼真效果，以及可以通过三维立体图直接得到透视图或平面效果图。AutoCAD 提供了等轴测图、线框模型、表面模型、实心体模型等多种三维建模方法。本节通过几个实例，介绍实心体模型的建模方法。

一、五角星建模

本章第一节曾绘制过一个带立体感的五角星，但它仍是一个平面图形。如果能将五角星中每个角的中心线向上拉起，才能真正是一个立体的五角星。

1. 建立三维坐标

在主菜单中选择"视图"→"三维视图"→"俯视"。

2. 绘制五角星的外轮廓

按第一节的方法绘制五角星的外轮廓。此时五角星的外轮廓是由十条直线组成的，每条直线都是一个独立的图形元素，如图 16-40（a）所示。

在绘制工具栏中单击"面域"命令，按命令提示，窗选五角星的十条直线，单击鼠标右键确认。此时的五角星的十条边线已经变成一个图形元素，如图 16-40（b）所示。

3. 将五角星拉成立体图形

（1）用鼠标指向任一图标，单击鼠标右键，选择"建模"，调出建模工具栏，如图 16-41 所示。

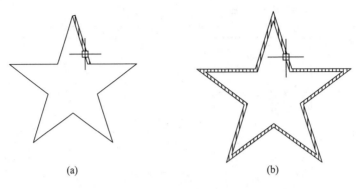

图 16 - 40　执行"面域"命令前后对比

(a) 十个图形元素组成的五角星；(b) 一个图形元素组成的五角星

图 16 - 41　"建模"工具栏

（2）激活"拉伸"命令。系统提示：

选择要拉伸的对象：(用鼠标选择五角星面域，单击鼠标右键确认)

指定拉伸高度或 [方向（D）/路径（P）/倾斜角（T）]：t

指定拉伸的倾斜角度 <0>：(输入适当角度值)

指定拉伸高度或 [方向（D）/路径（P）/倾斜角（T）]：(输入适当高度值)

命令结束，拉伸完成，结果如图 16 - 42（a）所示。

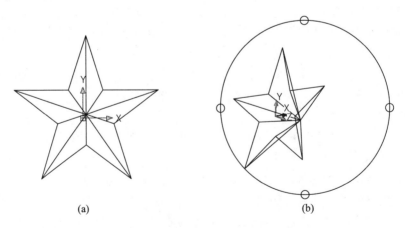

图 16 - 42　五角星拉伸

(a) 拉伸后的结果；(b) 自由旋转后的结果

（3）观察拉伸后的结果。调用"动态观察"工具栏，单击"自由动态观察"命令图标，图上会出现一个大圆环，鼠标指向五角星，按住鼠标左键不放，同时移动鼠标，五角星随之旋转，如图 16 - 42（b）所示。松开鼠标左键，并单击右键退出观察。

（4）为五角星着色。选择主菜单的"修改"→"特性"，出现"特性"对话框，在颜色选项中选择一种颜色，五角星即被着色。

选择主菜单的"视图"→"视觉式样"→"真实"，结果如图 16 - 43 所示。

二、绝缘子建模

绝缘子是电力工程中的常用零件。当找不到其具体尺寸时，可以按下述方法绘出其立体图。

（1）启动 AutoCAD，选择主菜单的"视图"→"三维视图"→"主视图"，并新建两个图层，如 A 层和 B 层，B 图层的颜色设为红色，两图层的其他属性按系统默认设置。将 A 层置为当前层。

（2）将图 16 - 44（a）用扫描仪或用其他方法制成电子图片。注意图中的对称中心应保证垂直。

图 16 - 43　着色后的五角星

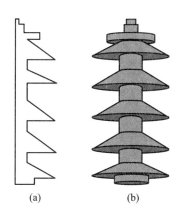

(a)　　　　(b)

图 16 - 44　绝缘子三维零件图

(a) 剖视图；(b) 三维旋转视图

（3）用 Windows 的"画图"编辑器打开扫描图片，用窗选法选择图片并复制。

（4）在 AutoCAD 的 A 层中粘贴图片。完成后关闭 Windows 的"画图"。

（5）将 B 层置为当前层，用适当的绘图和修改命令描绘出绝缘子的轮廓。

（6）关闭图层 A 的显示，检查并修改图层 B 中所绘的图形，使之符合封闭曲线的要求。检查无误后，删除图层 A 中的图片。

（7）用"面域"命令将图形做成单一图形元素的封闭面域。（此步骤也可省略）

（8）激活"建模"工具栏中的"旋转"命令，按系统提示用鼠标选择整个图形。

（9）选择图形左侧的对称线上的两点，确认后即得到绝缘子的立体图。

（10）按与五角星同样的方法进行着色和渲染，得到如图 16 - 44（b）所示的立体图。

当然也可以找一张图片作为背景，粘贴在图层 A 上，合并两图层，可得到一张带有背景的立体图。

三、开关盒建模

图 16 - 45 所示为一个开关盒的三维模型图，图 16 - 46 所示为它的主、俯两视图。

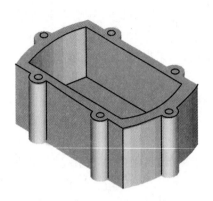

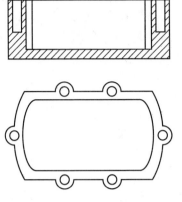

图 16-45 开关盒三维模型图　　　　　　图 16-46 开关盒视图

（一）绘制开关盒主体

该开关盒为一个厚度为 15 的壳体，只有一个开口面。

1. 先用二维绘图的方法绘出开关盒的大概底面轮廓

绘制一个长为 220，宽度为 150 的长方形。

激活"圆弧"命令（Arc）绘制通过长方形两边交点，半径为 180 的圆弧。完成后的视图如图 16-47 所示。

调用主菜单"修改"→"对象"→"多段线"命令，将所有线段连接成一条多段线。

2. 拉伸成三维实体

（1）选择主菜单"视图"→"三维视图"→"西南正等轴测"。

（2）激活"建模"中的实体拉伸命令，以 115 为拉伸高度，将开关盒的底面图拉伸成三维实体。拉伸后的视图见图 16-48，消隐后如图 16-49 所示。

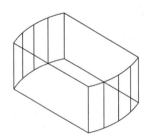
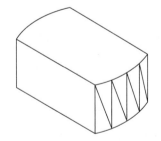

图 16-47 底面二维视图　　　　图 16-48 拉抻成三维实体　　　　图 16-49 三维实体消隐视图

3. 三维实体抽壳

调用主菜单"修改"→"实体编辑"→"抽壳"命令，系统提示：

输入实体编辑选项［面（F）/边（E）/体（B）/放弃（U）/退出（X）]＜退出＞：b

　　　　　　　　　　　　　　　　　　　　　　　（选择对实体进行体编辑）

输入体编辑选项［压印（I）/分割实体（P）/抽壳（S）/清除（L）/检查（C）/放弃（U）/退出（X）]＜退出＞：s　　　　　　　　　　　　　　（选择进行抽壳操作）

选择三维实体：　　　　　　　　　　　　　　　　　　　（在图上选择实体）

删除面或［放弃（U）/添加（A）/全部（ALL）]：　　　　　　　（按 Enter 键）

输入抽壳偏移距离：15　　　　　　　　　　　　　（输入保留的壳厚度 15）

输入体编辑选项［压印（I）/分割实体（P）/抽壳（S）/清除（L）/检查（C）/放弃（U）/

退出（X）］＜退出＞：　　　　　　　　　　　（按 Enter 键，不再选择新的实体）

输入实体编辑选项［面（F）/边（E）/体（B）/放弃（U）/退出（X）］＜退出＞：

（按 Enter 键，结束命令）

抽壳后的开关盒如图 16 - 50 所示。

4．实体剖切

抽壳后的开关盒是一个中空的，而没有开口面，这就要去除上端的"壁"来开口。

调用主菜单"修改"→"三维操作"→"剖切"命令，系统提示：

选择对象：　　　　　　　　　　　　　　　　　（选择要进行剖切的实体）

选择对象：　　　　　　　　　　　　　（按 Enter 键，不再选择其他实体）

指定切面上的第一个点，依照［对象（O）/Z 轴（Z）/视图（V）/XY 平面（XY）/YZ 平

面（YZ）/ZX 平面（ZX）/三点（3）］＜三点＞：

（在图上指定，按 Enter 键，再指定另两点。默认为三点确定平面的方式，分别指定剖

切平面上的三个点。即图中的内壁上端的点 A、B、C）

在要保留的一侧指定点或［保留两侧（B）］：（指定实体下部。默认选项为只保留一侧，

删除另一侧。所以应选择实体的下部）

完成后的实体如图 16 - 51 所示。

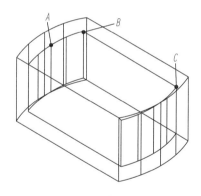 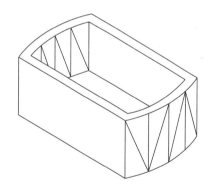

　　图 16 - 50　抽壳后的开关盒　　　　　　图 16 - 51　剖切上部后的消隐图

（二）绘制盒体螺孔筋

1．绘制圆

由于螺孔筋在盒体上是对称的，可通过绘制二个筋，然后用镜像的方法获得其他的螺孔

筋。用二维的绘制圆命令 Circle 画圆，圆的半径为 15，如图 16 - 52 所示。

2．拉伸成圆柱体

激活建模中的拉伸命令，指定拉伸高度为 100，倾斜角度为 0°。完成后如图 16 - 53

所示。

3．镜像

对两圆柱体分别做镜像，完成后如图 16 - 54 所示。

4．将螺孔筋柱与盒体合成

用布尔运算"并集"算法绘制。激活建模工具栏中的"并集"命令 Union，按提示选

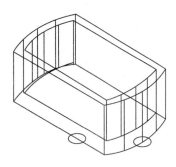　　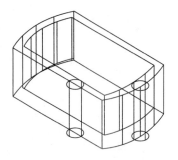　　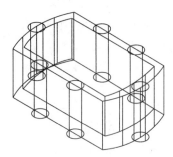

图 16-52　用二维命令画底圆　　　图 16-53　拉抻成圆柱　　　图 16-54　镜像后的视图

择六个圆柱和一个盒体，按 Enter 键，即形成图 16-55 所示的形状。

　　5. 绘制螺钉孔

　　螺钉孔为长 55，底圆半径为 8 的小圆柱。经过布尔运算"差集"的算法，即可得到螺钉孔。需要注意的是，在绘制过程中，小圆柱应取大圆柱的上端面为基准，位伸的高度为负值。完成后如图 16-56 所示。

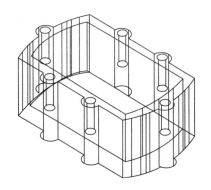　　　　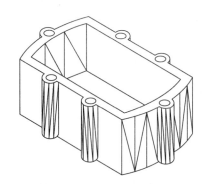

图 16-55　带有六个小圆柱的视图　　　图 16-56　带有螺钉孔的消隐视图

第十七章　Protel　入　门

Protel 99 SE 是专门用于电子产品设计的 CAD 软件，是电子线路设计和开发非常实用的工具。本章以 Protel 99 SE 为基础，介绍 Protel 99 SE 在电路原理图设计、印制电路板（PCB）设计的基础知识及常用技巧。

第一节　Protel 99 SE 概述

Protel 99 SE 主要应用于电子电路原理图的设计、印制电路板设计、电路逻辑分析与仿真等。在电子行业的 CAD 软件中，国内使用较早，普及率也最高。

一、Protel 发展简史

Protel 是 Altium 公司在 20 世纪 80 年代末期推出的 EDA（electronic design automation，电子设计自动化）软件，并先后形成了 1.0、2.0、3.0 等版本。到了 20 世纪 90 年代初，Windows 系统已经普及，Protel 公司又将 Protel 升级为 Windows 下的 1.0、2.0 等版本。20 世纪 90 年代末期，Protel 公司设计了 Protel 99 及 99 SE，这两款软件很快在电子行业中流行起来。2002 年，公司在推出了 Protel dxp 版本的同时，公司更名 Altium 公司，中文译名为奥腾公司。此后，该公司又分别在 2004 年推出了 Protel DXP 2004，在 2006 年推出了 Altium Designer 6.0 等版本。目前最为流行的仍然是 Protel 99 和 Protel 99 SE。

早期的 Protel 主要作为印制板自动布线的工具来使用，以 DOS 系统作为操作平台，对硬件的要求较低，功能也较少。而现今在 Windows 环境下的 Protel 99 SE，已经成为全方位电子设计系统，它包含了电路原理图绘制、模拟电路与数字电路混合信号仿真、多层印制电路板设计（包含印制电路板自动布线）、可编程逻辑器件设计、图表生成、电子表格生成、支持宏操作等功能，并具有 Client/Server（客户/服务器）体系结构，同时还可兼容一些其他设计软件的文件格式，如 OrCAD、PSpice、Excel 等。

Protel 和其他 CAD 软件一样，也一直处在不断的改进与发展之中。本章只是 Protel 的入门教材，不可能全面介绍 Protel 的各项功能和各版本的特点，因此本章以 Protel 99 SE 为基础，介绍 Protel 的基础知识，并将 Protel 99 SE 简称为 Protel。

二、Protel 99 SE 的组成

完整的 Protel 99 SE 由五个模块组成：原理图设计模块、印制电路板（PCB）设计模块、自动布线模块、原理图混合信号仿真模块和可编程逻辑器件 PLD 设计模块。其中，最常用的是原理图设计模块和 PCB 模块。

1. 原理图设计系统

电子电路原理图的两大要素是图形符号和导线。为了减轻设计者的工作量，Protel 的原理图编辑器自带有多个元件图形库，同时不但可以不断更新，还可以由用户自主开发。此外，原理图编辑器还可以为印制电路板设计提供所必需的网络表。

2. 印制电路板设计系统

Protel 的印制电路板设计模块，以交互式布线和元件布局来设计印制电路板，所生成 PCB 文件可直接关联到印制电路板的生产设备。用 Protel 99 SE 设计的印制电路板，最多可达 32 个信号层和 16 个内部电源/接地布线层，可满足绝大多数电子产品设计的需要。同时，它还包含有 PCB 信号分析、打印管理、三维视图预览等子系统。

3. 仿真系统

Protel 99 SE 还包含一个基于 SPICE 3f5 的模/数混合信号仿真器，供设计者在设计中对一组混合信号进行仿真分析。同时，它还提供了通用的可编程逻辑器件设计工具，可通过 CUPL 语言来描述 PLD 设计的逻辑功能源文件，也可以用 PLC 元件库来绘制 PLD 器件内部的逻辑功能原理图。

三、用 Protel 进行设计的基本步骤

一般而言，电子设计的最终成果是电路板。电路板设计的基本过程可以分为以下三个阶段。

1. 电路原理图设计

电路原理图的设计主要是用 Protel 99 SE 的原理图设计系统来实现的。Protel 99 SE 提供了原理图绘制所需的各种绘图工具、测试工具和各种编辑工具，运用这些工具可设计出正确、完整的电路原理图。

2. 产生网络报表

网络报表含有电路原理图或印制电路板图中各元件之间连线关系信息，是电路原理图设计与印制电路板设计之间的沟通工具，也是电路板自动布线的基础。网络报表可从电路原理图中提取，也可从电路板图中提取。

3. 印制电路板设计

电路设计的一个重要目的就是设计 PCB 印制电路板。Protel 99 SE 可以通过原理图自动生成 PCB 图，也可以直接在 PCB 编辑器中设计电路板。

四、Protel 的基本操作

1. Protel 的启动与退出

与其他 CAD 软件一样，Protel 也可以通过桌面图标方式或 Protel 菜单方式启动运行。Protel 99 SE 的开机界面如图 17 - 1 所示。

Protel 99 SE 的主菜单只有三项：File（文件）、View（视图）和 Help（帮助）。

退出 Protel 也可通过点击当前窗口中右上角的图标☒来实现。

2. 用 Protel 进行设计前的准备

在使用 Protel 99 SE 进行设计之前，必须先创建一个设计文件数据库（Design File）。

（1）打开设计项目数据库。选择主菜单的"File"→"New"选项，系统弹出如图 17 - 2 所示的"新建项目数据库"（New Design Database）对话框。该对话框只有两个选项卡，分别是路径（Location）和密码（Password）。

（2）编辑项目数据库。"Location"选项卡对应的是新建数据库的基本信息，如文件名和路径。在这个选项卡中，输入数据库文件名称（如 MSD. ddb），就可建立了名称为 MSD. ddb 的设计数据库文件。以后与该设计项目相关的各种文件都将保存在这个数据库中。

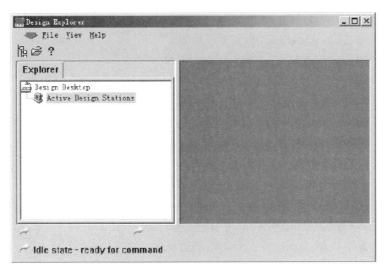

图 17-1 Protel 99 SE 的开机界面

图 17-2 中的保存路径是系统默认路径，也可以通过单击"Browse"按钮来更改保存路径。

（3）文件加密。若想给数据库加密码，选择"Password"选项卡，打开如图 17-3 所示的密码设置对话框。在此窗口中将左边的选项选为"是（Yes）"，然后在右边的密码（Password）和确认密码（Confirm Password）编辑框中输入相同的密码。

图 17-2 "新建项目数据库保存"对话框

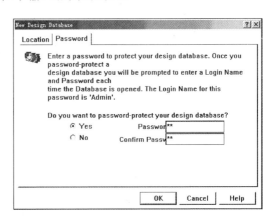

图 17-3 "新建项目数据库密码设置"对话框

上述准备工作结束后，单击"OK"按钮就创建了名为"MSD"的项目数据库，数据库的扩展名为".ddb"。

（4）选择设计服务器。创建数据库后，系统会自动进入数据库文件，打开数据库对话窗口。数据库文件对话窗口如图 17-4 所示。

如果不立即进行设计，可关闭这个窗口。以后可以通过主菜单中的"File"→"Open"来打开。

在 MSD.ddb 项目数据库对话窗口中，选择主菜单"File"→"New"会弹出如图 17-5 所示的"设计服务器选择"窗口。

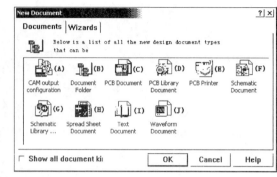

图 17-4　数据库对话窗口　　　　　　　图 17-5　设计服务器选择窗口

"项目服务器"的实质就是编辑工具。Protel 提供的服务器共有 10 个，其中分为主要服务器、附带的编辑器和 Wizard。各服务器的功能见表 17-1。

表 17-1　　　　　　　　　　　　项目服务器功能表

序号	名称	功能/含义
1	CAM Output Configuration	生成 CAM 制造输出文件。可直接生成数控设备能够识别的代码加工电路板
2	Document Folder	建立设计文档或文件夹
3	PCB Document	印制电路板（PCB）设计编辑器
4	PCB Library Document	印制电路板元件封装编辑器
5	PCB Printer	印制电路板打印编辑器
6	Schematic Document	原理图（SCH）设计编辑器
7	Schematic Library Document	原理图元件编辑器
8	Spread Sheet Document	表格处理编辑器
9	Text Document	文字处理编辑器
10	Waveform Document	波形处理编辑器

第二节　电子线路原理图设计

设计电子电路原理图，是 Protel 设计电子产品的第一步，只有完成这一步骤，才能进行电子产品装配设计。用 Protel 设计电子电路原理图的过程可用图 17-6 所示的程序图来表达。

一、电路设计的准备

1. 启动原理图设计系统

启动 Protel 并创建数据库文件后，在打开的项目数据库对话框中双击原理图设计编辑器图标（图 17-5 中的"Schematic Document"），单击"确定"按钮可出现如图 17-7 所示的窗口。窗口中有一个默认名为"Sheet1. Sch"的文件。将这个文件更名（如"Control"），作为电路原理图文件，如图 17-7 所示。

双击"Control. sch"图标即可启动原理图编辑器，如图 17-8 所示。

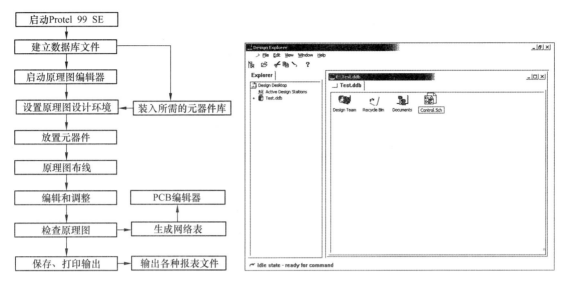

图 17-6 电路原理图的设计过程   图 17-7 输入原理图文件名称

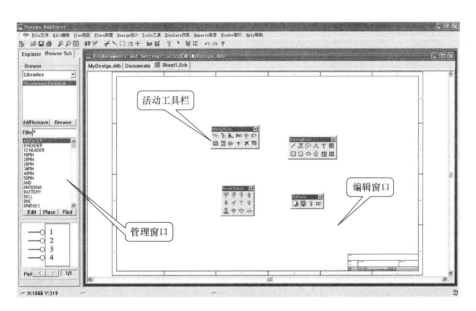

图 17-8 原理图编辑器

原理图编辑器中共有两个窗口,左边为管理窗口,右边为原理图绘图窗口,也称工作界面。

在管理窗口中,有两个选项卡,导航(Explorer)和浏览(Browse Sch)。图 17-8 所示为浏览选项卡的内容。

原理图编辑器的主菜单共有 10 项,如图 17-9 所示。

图 17-9 原理图编辑器主菜单及其中文含义

为便于理解，图中在每个菜单名称后标注了中文，这在正式的 Protel 中是不存在的。图 17 - 10 所示为各主菜单中几个重要菜单的内容及中文含义。

图 17 - 10　电路绘制主菜单中重要菜单中英文对照

2. 调入绘图工具栏

与其他 CAD 软件一样，除主工具栏之外，Protel 也有许多专用绘图工作栏。图 17 - 11 所示为可供选择的工具栏，用鼠标单击相应的工具条，即可将其调入当前界面。

(a)　　　　　　　　　　　　　　　　　　(b)

图 17 - 11　两个重要三级菜单中英文对照
(a) View 中的工具栏内容；(b) Place 中的绘图工具内容

连线工具和绘图工具栏的内容如图 17 - 12 所示。这两个工具栏都可以在绘图区画出相应的图形。二者的区别是，用"连线"工具（Wring Tool）画出的图形是可导电的，而"绘图"工具（Drawing Tool）画出的图形是不导电的。例如绘制电路图，图中电路本身要用"连线"工具来绘制，而非电路部分如说明的表格、图例等要用"绘图"工具绘制。

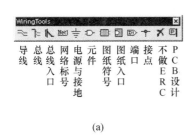

(a)　　　　　　　　　(b)

图 17 - 12　连线工具栏与绘图工具栏及中文释义

（a）连线工具栏；（b）绘图工具栏

3. 装载元器件库

电路图是以电子元器件为基础的，电路图中的所有元器件都放在元器件库中，若没有装载元器件库文件，当执行放置元器件操作时，系统将无法找到要放置的元件。

"元器件库装载"命令有两种激活方式。

（1）点击原理图编辑器（见图 17 - 8）管理窗口中"Browse Sch"选项卡下面的"Add/Remove"（添加/删除）按钮。

（2）选择主菜单"Design"→"Add/Remove Library"选项。

激活"元器件库装载"命令后，系统弹出库文件选择对话框，如图 17 - 13 所示。用鼠标左键双击需要的库文件，再单击"OK"按钮即可完成元器件库的装载。

图 17 - 13　"元器件库装载"对话框

元器件在元器件库中的存放是分类存放的，例如分立元器件、数字元器件等。也有一些是按生产厂商为分类名称来存放的。

一般来说，"Protel DOS Schematic Libraries. ddb"、"Sim. ddb"两个文件库是常用的，所以都要添加。对所需的文件，单击选中，然后再单击"Add"按钮，被选中的库文件即出现在"Selected Files"列表框中，成为当前的活动库文件，如图 17 - 13 所示。单击"OK"按钮就可将上述元器件库装入原理图管理浏览器中。

值得说明的是，Protel 元器件库及其元器件的名称均为英文。

二、放置元器件操作

1. 元器件的调用

元器件的调用有三种方法。

（1）通过管理窗口调用元器件。在管理窗口的"Browse Sch"选项卡中选择元器件所在库的名称，管理窗口中部的小窗口中就会出现该库所有元器件的列表。在列表中选择所需要的元器件（如 RES2），下部的小窗口会出现该元器件图形的预览。用鼠标左键双击元器件名称，该元器件即被调用。

（2）通过主菜单调用元器件。用与上面相同的方法选择库文件，然后从主菜单中选择

"Place"→"Part"选项，系统弹出"元器件选择"对话框，如图 17-14 所示。在 Lib Ref 框中输入元件名称（如 RES2），在 Designator 框中输入元件代号 R1，在 Footprint 框中输入元件的封装形式 AXIAL0.3，然后单击"OK"按钮，该元件即被调用。

（3）利用绘图工具栏调用元器件。对于一些常用元器件，Protel 对它们设置了专用工具栏。选择主菜单"View"→"Tool Bar"选项，即可调出专用工具栏，见图 17-11（a）。Protel 的专门工具栏有两个，分别为"电源与接地"工具栏和"常用元器件"工具栏，如图 17-15 所示。

图 17-14　"元器件选择"对话框

(a)　　　　　　　(b)

图 17-15　电路图绘制专用工具栏示例

(a) 常用元器件工具栏；(b) 电源与接地工具栏

将相应的工具栏调出后，点击对应的图标，该元器件也会被调入。但用这种方法调入的元器件是有限的，并不能实现对所有元器件的调入。

2. 元器件放置与方向调整

元器件调用后会附着在十字光标上，随鼠标的移动而移动，当十字光标达到放置元器件的合适位置时，单击鼠标左键，元器件即被放置。

元器件的默认方向与预览窗口中的方向相一致，但不一定与实际电路中要求的方向相一致，这就需要对元器件的方向进行调整。

（1）元器件放置前进行方向调整。在放置前，直接输入调整命令，将元器件调整到所需方向后，再移动鼠标到达合适位置，单击鼠标左键放置元器件。对元器件的方向进行调整可用下列方法进行：按 Space（空格）键，元件会按逆时针方向旋转，每按一次元件旋转 90°，直至达到所需要的方向；按 X 键，则以十字光标为轴元件做左右对调；按 Y 键，则以十字光标为轴元件做上下对调。

（2）元器件放置后进行方向调整。元器件放置后，可以通过元器件"属性"对话框对元器件的方向进行调整。

用鼠标左键双击要调整的元器件，系统会弹出元器件"属性"对话框，如图 17-16 所示。点击对话框中的"Graphical Attrs"选项卡，在"Orientatio"中选择要旋转的角度，然后单击"OK"按钮，即可实现对元器件方向的调整。

（3）结束元器件放置命令。放置一个元器件后，系统的默认状态是继续放置同一元器件。单击鼠标右键可结束放置命令。

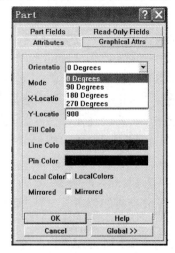

图 17-16　通过对话框调整
元器件方向

3. 元器件位置的调整

放置好的元器件，会因绘图的需要调整其位置。

（1）单个元器件位置的调整。用鼠标左键选中要调整位置的元器件不放，移动鼠标，即可实现对单个元器件位置的调整。

（2）对多个元器件位置的调整。用窗选法选择一组或多组元器件，用鼠标左键按住其中一个被选元器件，移动鼠标，即可实现对多个元器件位置的调整。

对元器件进行调整结束时，要注意撤销选择。方法是选择主菜单"Edit"→"Deselect"下的相关选项。其中：

Inside Area 命令，用窗选法选择要取消的目标区域，单击鼠标左键即可撤销。

Outside Area 命令，用窗选法选择要保留被选中的状态的元器件，而将选框外其他被选中元器件的选中状态撤销。

All 命令，撤销工作平面上所有元件的选中状态。

（3）对齐操作。对齐操作是对成组元器件进行对齐排列的操作。选择要对齐的相关元器件，在主菜单中选择"Edit"→"Align"选项，再从中选择要对齐方式，即可实现对所选元器件的对齐排列操作。常用的对齐排列有左对齐、右对齐、顶部对齐、底部对齐、中部对齐等。

三、绘制完整的电路图

下面以图 17-17 为例，介绍用 Protel 绘制电路图的方法。

考虑到读者在学习本章时可能尚未接触到电子技术课程的内容，故不涉及专业电子元器件库的内容，图 17-18 所示电路仅为画法示例，并不具有实际的功能。

在图 17-17 所示的电路中，仅有两个元器件——电阻和集成电路。

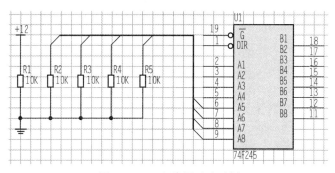

图 17-17　电路图画法示例

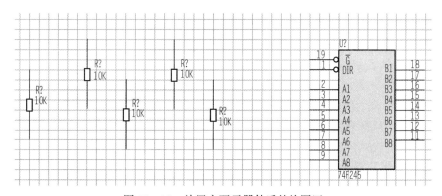

图 17-18　放置主要元器件后的绘图区

1. 调入工具栏

通过主菜单"View"→"Tool Bar"，调入三个工具栏："Wiring Tools"、"Power Objects"和"Digital Objects"。

2. 放置集成电路

单击"Digital Objects"工具栏中的"Quad Bus Tranceiver 3SO"项目（该工具栏中的最后一个），将其放置到绘图区的适当位置。

3. 放置电阻

单击"Digital Objects"工具栏中的"10K Resistor"，在绘图区适当位置放置。重复执行操作，共放置 5 个电阻，单击鼠标右键结束，放置结果如图 17 - 18 所示。

4. 调整位置

用窗选法选择 5 个电阻，用主菜单中的"Edit"→"Align"命令排齐，对齐方式选择底部对齐。适当调整电阻的位置，使之与集成电路之间的距离合适，电阻之间的距离相等。

5. 画总线和汇入线

单击"连线"工具栏中的"总线"图标，画出总线，每次转折都需要单击鼠标左键，最后单击鼠标右键结束。结果如图 17 - 19 所示。

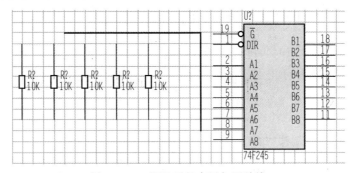

图 17 - 19 调整后的布局与画总线

单击总线入口图标，将光标移至电阻引线上端，用空格键调整汇入线的方向，当方向符合要求时，依次连接各电阻与总线。用同样方法，调整汇入线的方向，将总线与集成电路连接。

6. 画公共接地连线

在主菜单中选择"Tools"→"Preferences"选项，系统弹出如图 17 - 20 所示的对话框。如果选中"Auto - Junction"选项，在画导线时，就会在导线 T 字相接处自动产生连接点，而十字相接处不会产生连接点；如果没选中本选项，则无论在 T 字或十字相连接处都不会自动产生连接点。

单击绘制导线图标，在各电阻下引线端画一条直线，单击鼠标右键结束命令。

如果未选择"Auto - Junction"选项，电阻与公共接地连线间没有接点符号，需要用"连线"工具栏中的"放置接点"命令依次画出接点符号。

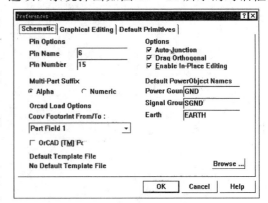

图 17 - 20 "节点属性设置"对话框

7. 放置电源和接地符号

单击"Power Objects"工具栏中的电源和接地符号，并放置到电路中。

至此，电路部分已经绘制完成。

8. 元器件属性的设置

用鼠标左键双击电路图中最左边的电阻图形符号，系统会弹出"元器件属性"对话框，如图 17-21 所示。

元器件属性的编辑主要包括元件的封装、标号、管脚号定义等。

"元器件属性"对话框有四个选项卡，在"Attributes"选项卡中，Foot Print（元器件封装形式）、Designator（元件标号）、Part（元器件类别或标称值）、Hidden Pins（引脚是否隐藏）等是需要修改的内容，而 Lib Ref（元件名称）则不允许修改。

本例中，要将"Designator"中的"R?"改为"R1"，其他各项按图 17-22 填写，单击"OK"按钮退出。

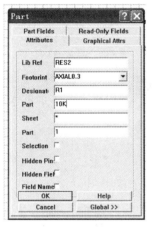

图 17-21 "元器件属性"对话框

图 17-22 "注释文字属性"对话框

按此方法依次将电阻的编号改为 R1~R5，将集成电路的编号改为 U1。

四、放置文字说明

放置注释文字的方法如下：

1. 放置注释文字

（1）选择主菜单"Place"→"Annotation"选择或单击"绘图"工具栏上的"文字"命令图标T，系统进入放置注释文字模式。此时"Text"字串将附着在十字光标上，移动鼠标至需要注写文字的位置，单击鼠标左键，"Text"字串便被放置到了图上，按 Esc 键或单击鼠标右键结束文字放置命令。

（2）双击图中的"Text"，系统会弹出如图 17-22 所示的"注释文字属性"（Annotation）对话框，在名为"Text"的下拉框中输入所需要的文字，如"电路画法示例"，单击"OK"按钮完成，结果如图 17-23 所示。

2. 编辑修改注释文字

在"注释文字属性"对话框（见图 17-22）中，单击"Change"按钮，系统将进入"字体设置"对话框，如图 17-24 所示。如果系统置于中文的 Windows 操作系统中，那么这个对话框也是中文的。按照需要在对话框中进行设置，完成后单击"确定"按钮退出。

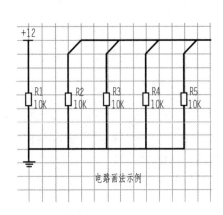

图 17-23　放置注释文字

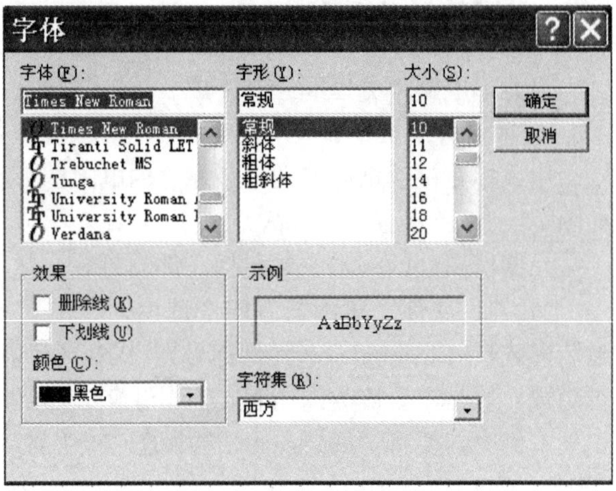

图 17-24　字体设置对话框

3. 放置文本框

如果需要放置的文字较多，就要使用"Text Frame"（文本框）来放置文字。

单击"绘图"工具栏上的"文本框"命令图标▣或选择主菜单的"Place"→"Text Frame"选项，系统进入放置文本框状态。这个状态与 Word 中插入文本框的操作相同，可用鼠标在图中适当位置"拉"出一个矩形区域，单击鼠标右键或按 Esc 键确定，然后按与"放置注释文字"相同的方法修改文字内容。

五、设置图纸

选择主菜单的"Design"→"Options"选项，系统会弹出如图 17-25 所示的"图纸属性设置"对话框。

"图纸属性设置"对话框有两个选项卡："图纸样式"（Sheet Options）选项卡和"图纸信息"（Organization）选项卡。

1. 图纸样式选项卡

图纸样式选项卡如图 17-25 所示。

（1）尺寸设置。图纸尺寸设置栏在对话框的右侧。Protel 可以用两种方式设置图纸：标准图纸（Standard Style）和用户自定义图纸（Custom Style）。在标准图纸的设置中，可以通过下拉菜单来选择国家标准规定的各种图纸。在用户自定义图纸设置中，则要输入图纸的宽度、高度，水平参考边框、垂直参考边框划分的等份，边框宽度等信息。

（2）图框与标题栏的设置。图框与标题栏的设置栏在对话框的左侧，包括以下内容。

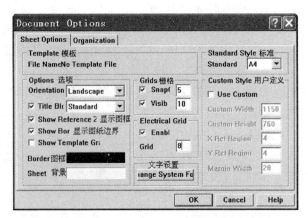

图 17-25　"图纸属性设置"选项卡及中文含意

图纸方向（Orientation）：有横式图纸（Landscape）和竖式图纸（Portrait）两个选项。

标题栏（Title Bar）：有标准格式（Standard）和美国标准（ANSI）格式两个选项。

其他关于是否显示图框（Show Reference 2）、图纸边界（Show Border）和模板边框（Show Template）等信息，可通过复选框来选择它的显示与隐藏特性，复选框内出现"√"时可显示。

图框颜色（Border）和绘图区背景颜色（Sheet）可用鼠标左键双击颜色预览窗口进行选择。

（3）字型设置。单击"Change System Font"按钮会出现"字体"的对话框，如图 17 - 24 所示，可以对文字的字形、字体、字号、文字显示颜色等进行设定。

2. 标题栏信息选项卡

单击"Organization"按钮可打开"图纸信息设置"选项卡，如图 17 - 26 所示。

该选项卡支持中文字符的输入。

六、原理图的输出

原理图输出一般通过打印机或绘图仪输出，其基本操作步骤如下：

（1）打印机设置。选择主菜单"File"→"setup Printer"选项，系统弹出"打印机设置"对话框（见图 17 - 27），在对话框中可对打印机的各项参数以及目标图形文件类型、缩放比例等进行设置。

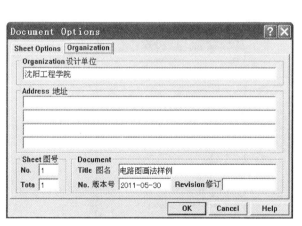

图 17 - 26 图纸信息选项卡

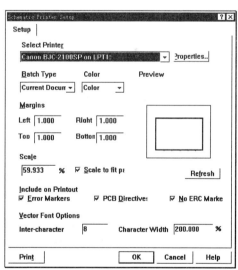

图 17 - 27 原理图打印设置

（2）打印。打印设置完毕，激活"打印"命令，即可完成打印。打印效果如图 17 - 28 所示。

七、网络表的生成

如果要用原理图生成印制电路板，就必须生成网络表文件，只有这样才能在 PCB 编辑器中将原理图文件和 PCB 编辑器相互联系起来。没有网络表，Protel 是无法完成自动布线的。网络表可以直接从电路原理图转化而来，也可以在印制电路板设计系统中获取。

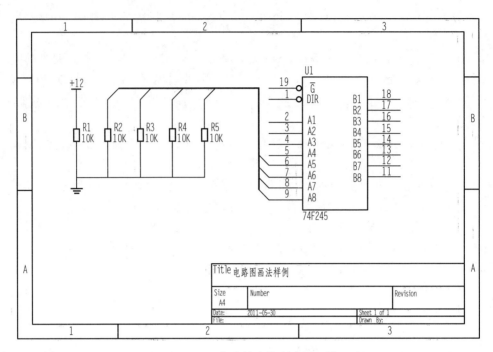

图 17 - 28　打印输出的电路原理图

生成网络表的一般过程如下：

(1) 打开原理图文件。

(2) 选择主菜单"Design"→"Create Netlist"选项。

(3) 系统出现的"网络表"对话框，如图 17 - 29 所示。

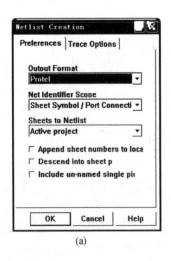

(a)

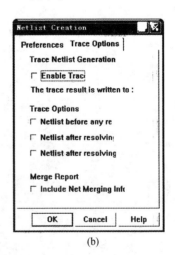

(b)

图 17 - 29　"网络表"对话框

(a) 属性对话框；(b) 选项对话框

"网络表"对话框中有两个选项卡，"Preferences"选项卡和"Trace Options"选项卡。

"Preferences"选项卡中的"Output Format"主要用于选择生成网络表的格式，在下拉式列表中可选择不同的网络表格式，最常用的是 Protel 格式。

"Trace Options"选项中的"Enable Trace"可进行跟踪，并将跟踪结果保存为"＊.tng"文件。

（4）对话框设置完成后，单击"OK"按钮，系统自动生成与原理图文件同名的网络表文件。

第三节 印制电路板设计

电路板的设计依据是电路原理图，如果要用 PCB 设计系统自动完成布线工作，还需要有网络表，但如果是手工布线，网络表可省略。

一、印制电路板设计的步骤

印制电路板设计的实质是绘制电路元器件之间的连接布线图。印制电路板的设计包括的主要内容有机械结构设计、元器件布局设计和电路布线设计。

用 Protel 99 SE 设计印制电路板的基本步骤如图 17-30 所示。

二、印制电路板设计的前期准备

在 Protel 中打开要创建数据库（如"MSD.ddb"数据库）文件，然后启动 PCB 设计系统。

（一）启动 PCB 编辑器

启动 Protel、建立数据库，选择主菜单"File"→"New"选项，进入如图 17-5 所示的"文件类型选择"对话框。

（1）选择印制电路板设计服务器（PCB Documnt）。双击"PCB Documnt"图标，建立印制电路板设计文件，并进行命名（如 CONTROL），如图 17-31 所示。

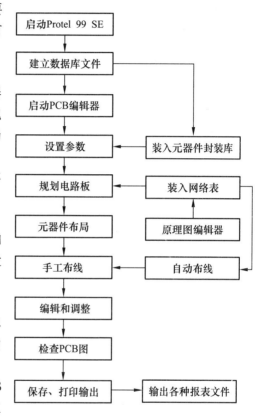

图 17-30 设计印制电路板基本步骤

（2）双击"CONTROL"文件图标，进入印制电路板编辑器界面，如图 17-32 所示。

（二）PCB 编辑器的界面

同电路原理图编辑器一样，PCB 编辑器工作界面的左边为管理窗口，右边为编辑窗口。

1. PCD 编辑器的主菜单

PCB 的主菜单共有 10 项，其中多数与电路原理图编辑器的主菜单相同，如文件菜单（File）、编辑菜单（Edit）、视图菜单（View）、窗口菜单（Window）和帮助菜单（Help）。

PCB 编辑器中特有的菜单有以下 5 个。

（1）放置菜单（Place）：在 PCB 编辑器窗口放置各种对象的操作，包含放置元件、焊盘、过孔、印制导线等的操作。

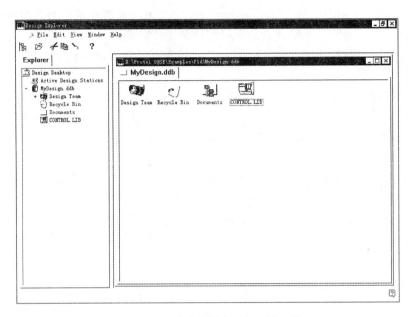

图 17-31　建立印制电路板设计文件

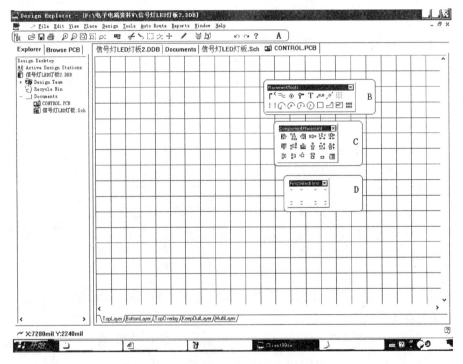

图 17-32　印制电路板设计工作环境

（2）设计菜单（Design）：完成元件库管理、引导网络表、工作层面管理和设置、布线规则设计等操作。

（3）工具菜单（Tools）：完成 ERC 检查、元件的自动放置与自动布局、PCB 编辑器环境和默认设置的操作。

（4）自动布线菜单（Auto Route）：完成 PCB 编辑器自动布线有关的操作。

（5）报表菜单（Reports）：完成产生原理图各种报表的操作，包含电路板信息、元器件管脚连接信息、选择各种类型的报告等。

2．PCB 编辑器的工具栏

印制电路板编辑器中提供了 4 个工具栏，在图 17 - 32 中，A 区的"Main Toolbar"为主工具栏，主要提供缩放、选取对象等操作；B 区的"Placement Tools"为放置工具栏，主要提供图形绘制及布线的操作；C 区的"Component Placement"为元件位置调整工具栏，主要提供元件排列和布局的操作；D 区的"Find Selections"查找与选择工具栏，主要提供查找与选择对象的操作。

（三）PCB 编辑器的系统设置

1．电路板工作层面的设置

在绘制印制电路板之前，首先要对电路板作一个初步规划，如电路板物理尺寸大小，电路板的结构（单面板、双面板）等。

电路板工作层面的设置是在"板层管理器"中完成的。加载 PCB 文件，然后选择主菜单的"Design"→"Layer Stack Manager"选项，系统将弹出如图 17 - 33 所示的对话框。通过该对话框可以添加/删除工作层面。

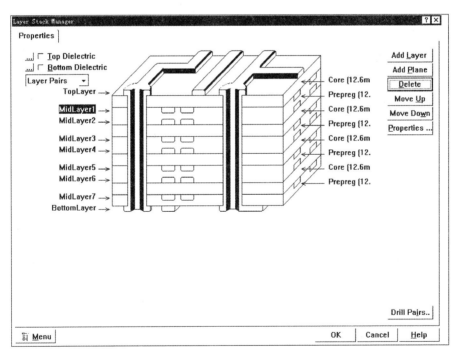

图 17 - 33　印制电路板板层管理器

2．工作层面的设置与切换

在设计过程中，不仅需要对电路板工作层面进行设置，还需要进行工作层面的打开隐藏等操作。

（1）工作层面的确定。选择主菜单的"Design"→"Options"→"Layers"选项，系统会弹出如图 17-34 所示的"PCB 文件设置"对话框。这个对话框有两个选项卡，图 17-34 所示为"工作层面"（Document Options）设置选项卡。

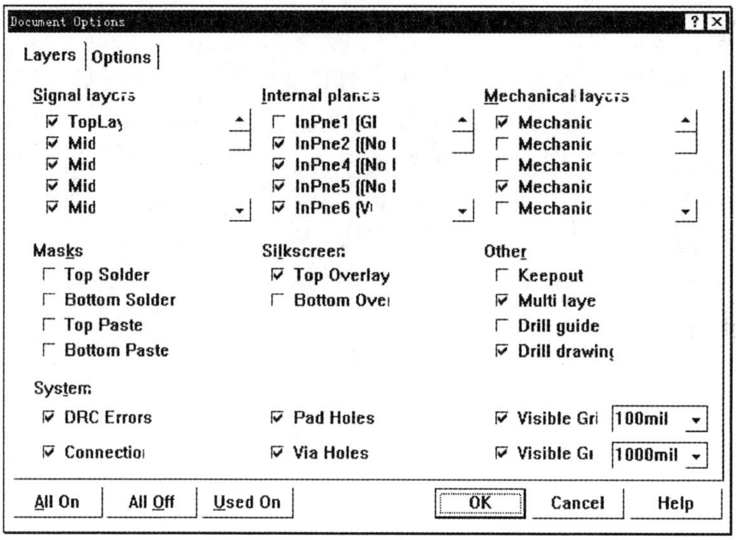

图 17-34　"工作层面"选项卡

根据具体的设计项目，将所需工作层面前的复选框选为"√"，则该工作层面即被打开。

单击"OK"按钮确认后，在 PCB 编辑器工作区下方会出现相应的"层标签"，如图 17-32 和图 17-35 所示。

（2）工作层面的切换。在 PCB 设计过程中经常需要切换工作层面。切换时可用鼠标单击"层标签"即可直接切换到相应的工作层面，如图 17-35 所示。

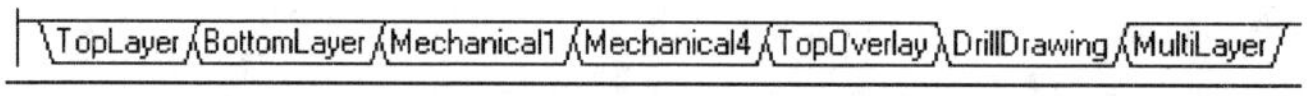

图 17-35　工作层面选择标签

3. 参数设置

在"PCB 文件设置"对话框中（见图 17-34），用鼠标左键单击"Options"选项卡，即可设置相关选项，"Options"选项卡包括格点设置（Grids）、电气栅格设置（Electrical Grid）、计量单位设置等。

在设置时，按键盘"+"或"-"键，可依次从左到右或从右到左选择工作层面。

4. 工作环境设置

工作环境设置的内容包括光标显示、板层颜色、系统默认设置、印制电路板等。

选择主菜单"Tools"→"Preference"选项，系统会弹出如图 17-36 所示的对话框。该对话框共有 6 个选项，其中，Options 选项用于设置编辑操作的特性、设置自动移动功能、设置元件旋转角度、光标类型等功能；Display 选项用于设置屏幕显示和元件显示模式；Colors 选项用于设置各板层颜色；Show/Hide 选项用于设置各种图形的显示模式；Defaults 选项用于设置各个组件的系统默认设置；Signal Integrity 选项用于对信号完整性分析的元件进行设置。

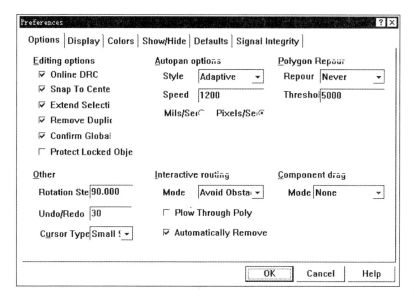

图 17-36　Preference 设置

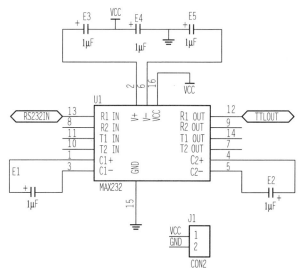

图 17-37　电路原理图

（四）准备原理图和网络表

原理图和网络表在设计 PCB 中的重要性如前所述。

以下操作均以图 17-37 所示的电路原理图为例进行说明。

（五）装载元件封装库文件

元件封装库文件存放在 Library 路径中的 PCB 文件夹内。装载 PCB 元件封装库文件的方法与电路原理图装载元器件库的方法相同。

（1）单击 PCB 编辑器工作界面上的 "Browse PCB"。

（2）在 Browse 下拉框内选择 Libraries，单击 "Add/Remove" 按钮，系统弹出库文件选择对话框。

（3）在对话框中选择 Protel99SE \ Library \ PCB \ Generic Footprints \ Miscellaneous 文件，单击 "Add" 按钮，然后单击 "OK" 按钮，完成元件封装库的装载。

三、印制电路板的设计

（一）规划电路板

1. 选择 PCB 编辑器的工作层面

在图 17-34 中选择工作层面，例如选择打开 Keep Out Layer、Top Overlay、Multilayer、Top Layer、Bottom Layer、Multilayer 等工作层面，激活主菜单 "View" → "Toggle Units" 命令，将计量单位设置为公制单位。

2. 确定电路板的形状和尺寸

(1) 将工作层面切换到 Keep Out Layer 禁止布线层，该层可用于设置电路板的外形边界线。

(2) 激活"绘图"工具栏中的画直线命令，根据电路板的形状和相关尺寸画出 PCB 板外形轮廓线，如图 17 - 38 所示。

(二) 印制电路板的手工布线

1. 放置元件

(1) 选择主菜单"Place"→"Component"选项，或单击"绘图"工具栏中的"放置元件"图标。

(2) 系统弹出"元件设置"对话框，在对话框中输入元件的封装"DIP16"、标号"U1"、注释"MAX232"等参数。

(3) 移动鼠标将该元件放置到工作区中，如图 17 - 39 所示。

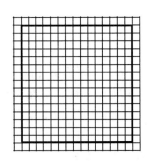

图 17 - 38　完成电路板边界

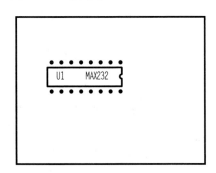

图 17 - 39　放置一个元件

(4) 按上述方法放置其他元件。

在实际操作中，最好把电路图中的所有元件一次性放置到工作平面中，以提高工作效率，如图 17 - 40 所示。

2. 放置焊盘及过孔

用鼠标点击"绘图工具栏"中的焊盘（过孔）图标，将光标移到所需位置，单击鼠标左键确认，即可放置一个焊盘（过孔）。

3. 放置导线

激活"放置导线"命令，绘制印制导线，如图 17 - 41 所示。

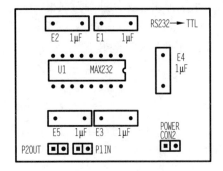

图 17 - 40　放置所有元件

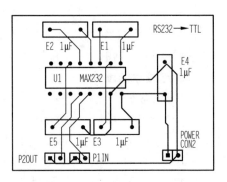

图 17 - 41　绘制印制导线

双击导线，打开"导线属性"对话框，可以修改导线的宽度、起始位置、终点位置、工作层面等参数。

4. 放置文字

放置文字的方法与原理图的相似，在这里不再赘述。

5. 放置尺寸标注等

（1）放置尺寸标注。选择主菜单的"Place"→"Dimension"选项，激活尺寸标注命令，在尺寸的起点和终点位置单击鼠标左键，即可完成尺寸标注。

（2）放置填充。包括矩形填充和多边形填充。

1）矩形填充。用鼠标单击"绘图工具栏"中的"矩形"命令图标，在矩形块的第一个角单击鼠标左键，拖动光标到矩形块的对角，单击鼠标左键确认，即可画出一个矩形块，结果如图 17－42 所示。

2）多边形填充。激活绘制"多边形"命令，系统会弹出"多边形填充属性设置"对话框，设置完成后，将光标沿多边形周边的每一个角点单击鼠标左键，在终点处单击鼠标右键，程序会自动将终点和起点连接在一起，形成一个封闭的多边形，如图 17－43 所示。

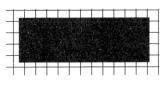

图 17－42　矩形填充图

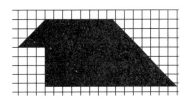

图 17－43　多边形填充

6. 调整与修改

（1）印制导线连接检查。从主菜单中选择"Edit"→"Select"→"Connected Copper"选项，再选择印制板上的一条导线或元件的一个引脚、电源端、接地端等，使其呈现高亮状态，然后检查该高亮线上连接的所有元件是否连接正确，是否有漏接的元件或管脚，若有错误应立即修正。逐个项目进行检查，直至全部项目检查完成。

（2）调整布线。将布线层设为当前工作层，调整各元件或导线的位置，使之更合理，同时对需要加宽的导线进行加宽处理。元件和导线移动可以通过对其进行属性设置来进行，也可以通过相关命令来进行；导线加宽通过属性设置来完成。

（3）文字标注的调整。文字标注调整的目的是让文字标注排列整齐，字体一致，使电路板更加美观。调整方法与原理图相同。

（4）元件的移动与旋转。元件的移动与旋转方法与原理图绘制中元件位置的移动与旋转方法完全相同。执行菜单命令"Ineractive Placemenwove To Grid"，所有的元件将被移动到栅格上。至此，元件的手工调整完成。

（5）元件标注的调整。用鼠标左键双击已标注的文字，系统弹出文字属性设置对话框，通过该对话框，可以设置文字标注。

四、印制电路板设计的自动布线

Protel 具有自动布线功能。下面仍以图 17－37 为例，说明用 Protel 进行自动布线的操作。

（一）装入网络表

（1）选择主菜单的"Design"→"Load Nets"选项，系统弹出"装入网络表与元件设置"对话框。

（2）在"Netlist File"输入框中，输入网络表文件名。也可以用对话框中的"Browse"按钮，查找出网络表文件。

（3）单击"Execute"按钮，即可装入网络表与元件，结果如图 17-44 所示。

（二）元器件自动布局

装入网络表和元件封装后，需要把元件封装放入工作区，对元件封装进行布局。元器件自动布局就是将重叠的元件封装分离开来，均匀地分布在工作区内。

（1）选择主菜单"Tools"→"Auto Placement"→"Auto Placer"选项，系统弹出"自动布局"对话框，在对话框中选择自动布局的方式。

（2）设置完成后，系统进入元件自动布局状态，如图 17-45 所示。

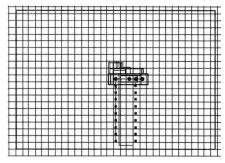

图 17-44　装入网络表与元件

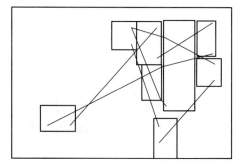

图 17-45　元件自动布局状态

（3）自动布局结束后，系统提示自动布局已经完成，根据系统提示进行确认，确认后即可返回原来的窗口。图 17-46 所示为元件自动布局完成后的状态。

（4）Protel 对元件的自动布局往往不太理想，需要进行手工调整。经过手工调整元器件布局如图 17-47 所示。

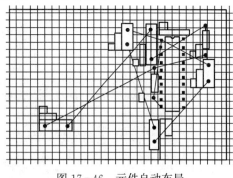

图 17-46　元件自动布局

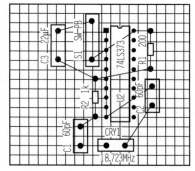

图 17-47　元器件手工调整结果

（5）利用前述的方法编辑、调整元件的尺寸标注，移动、旋转元器件。

（三）自动布线

1. 自动布线的规则

自动布线对 PCB 编辑器的工作层面设置有一些限定。

（1）双面板的信号层要求顶层（Top Layer）和底层（Bottom Layer）必须设置为打开状态。

（2）丝印层（Silkscreen Layer）只需打开顶层丝印层。

（3）禁止布线层（Keep Out Layer）和 Multi‐Layer 需打开。

2. 布线规则设置

在布线之前，需要确定两个元件之间所允许的最小间距、布线拐角模式、布线层的布线方向，过孔的类型等。

设置布线规则方法：

选择主菜单"Design"→"Rules"选项，系统弹出"布线参数设置"对话框，如图 17‐48 所示。

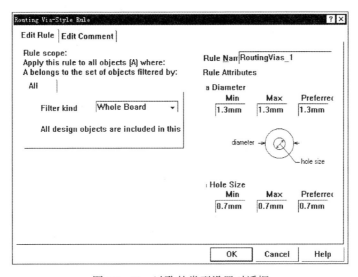

图 17‐48　过孔的类型设置对话框

单击"Routing"按钮，进入布线参数的设定，单击"OK"按钮结束。

3. 进行自动布线

选择主菜单"Auto Routing"→"All"选项，系统弹出如图 17‐49 所示的"Routing Passes"（定义布线过程中的某些规则）对话框，设置完成后单击"Route All"按钮，系统开始对电路板进行自动布线。自动布线结果如图 17‐50 所示。

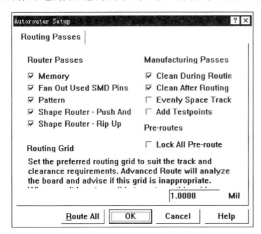

图 17‐49　Routing Passes 设置对话框

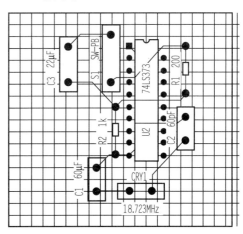

图 17‐50　自动布线后的印制电路板

4. 设计规则检查

在自动布线结束后，要通过检查来观察自动布线的结果是否满足所设定的布线要求。其检查步骤是，选择主菜单 "Tools"→"Design Rule Check" 选项，系统弹出 "检测选项设置" 对话框，单击对话框中的 "Run DRC" 按钮，系统会运行设计规则检测，结果会生成一个检测报告。

五、印制电路板设计文件的输出

（一）打印输出

1. 打印设置

（1）打开文件：首先选择并打开需要打印输出的印制电路板文件。

（2）设置打印机：执行 "File"→"Printer"→"Preview" 菜单命令，之后系统将会自动形成 *.ppc 文件；然后选择 "File"→"Setup Printer" 命令，系统将弹出打印机设置对话框，选择打印机类型。

（3）打印设置：在打印机设置对话框中，设置打印图纸的方向、打印对象和打印比例。

（4）设置完毕，单击 "OK" 按钮完成打印设置操作。

2. 打印输出

激活打印命令，打印机开始进行打印。打印印制电路板板图的命令包括：Print→All，打印所有图形；Print→Job，打印操作对象；Print→Page，打印给定的页面。

选择 Print→Current 命令，打印输出印制电路板板图，如图 17-51 所示。

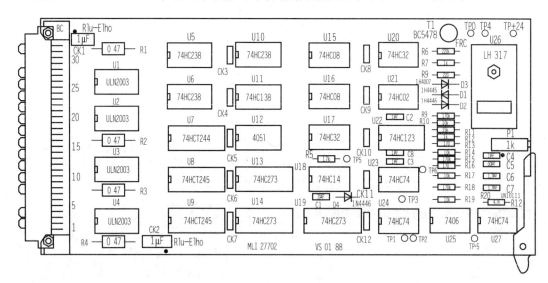

图 17-51　打印输出结果

（二）报表输出

印制电路板设计系统能够生成零件报表、NC 钻孔报表、引脚信息报表和电路板信息报表。生成报表的命令主要集中在菜单 "Reports" 下，通过生成报表向导可以逐步完成。

附　录

一、螺纹

附表 1　　　普通螺纹直径与螺距(摘自 GB/T 193—2003，GB/T 196—2003)

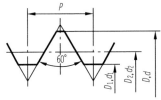

标记示例
公称直径 24mm，螺距为 3mm 的粗牙右旋普通螺纹：M24
公称直径 24mm，螺距为 1.5mm 的细牙左旋普通螺纹：M24×1.5LH

mm

公称直径 D、d		螺距 P		粗牙小径 D_1、d_1	公称直径 D、d		螺距 P		粗牙小径 D_1、d_1
第一系列	第二系列	粗牙	细牙		第一系列	第二系列	粗牙	细牙	
3		0.5	0.35	2.459		22	2.5	2、1.5、1、(0.75)、(0.5)	19.294
	3.5	(0.6)		2.850	24		3	2、1.5、1、(0.75)	20.752
4		0.7		3.242	27		3	2、1.5、1、(0.75)	23.751
	4.5	(0.75)	0.5	3.688	30		3.5	(3)、2、1.5、1、(0.75)	26.211
5		0.8		4.134					
6		1	0.75、(0.5)	4.917	33		3.5	(3)、2、1.5、(1)、(0.75)	29.211
8		1.25	1、0.75、(0.5)	6.647	36		4	3、2、1.5、(1)	31.670
10		1.5	1.25、1、0.75、(0.5)	8.376		39	4		34.670
12		1.75	1.5、1.25、1、(0.75)、(0.5)	10.106	42		4.5	(4)、3、2、1.5、(1)	37.129
	14	2	1.5、(1.25)、1、(0.75)、(0.5)	11.835	45		4.5		40.129
16		2	1.5、1、(0.75)、(0.5)	13.835	48		5		42.587
	18	2.5	2、1.5、1、(0.75)、(0.5)	15.294		52	5		46.587
20		2.5		17.294	56		5.5	4、3、2、1.5、(1)	50.046

注　1. 优先选用第一系列，括号内尺寸尽可能不用。第三系列未列入。
　　2. M14×1.25 仅用于火花塞；M35×1.5 仅用于滚动轴承锁紧螺母。

附表 2　　　梯形螺纹直径与螺距（摘自 GB/T 5796.1～5796.4—2005）

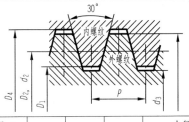

标记示例
公称直径为 40mm，螺距为 7mm，右旋的单线梯形螺纹：Tr40×7
公称直径为 40mm，导程为 14mm，螺距为 7mm，左旋的双线梯形螺纹：Tr40×14 (P7) LH

mm

公称直径 d		螺距 P	中径 $d_2=D_2$	大径 D_4	小径		公称直径 d		螺距 P	中径 $d_2=D_2$	大径 D_4	小径	
第一系列	第二系列				d_3	D_1	第一系列	第二系列				d_3	D_1
8		1.5	7.25	8.3	6.2	6.5	10		2	9	10.5	7.5	8
	9	2	8	9.5	6.5	7		11	2	10	11.5	8.5	9

| 公称直径 d | | 螺距 | 中径 | 大径 | 小径 | | 公称直径 d | | 螺距 | 中径 | 大径 | 小径 | |
第一系列	第二系列	P	$d_2=D_2$	D_4	d_3	D_1	第一系列	第二系列	P	$d_2=D_2$	D_4	d_3	D_1
12		3	10.5	12.5	8.5	9	32		6	29	33	25	26
	14	3	12.5	14.5	10.5	11		34	6	31	35	27	28
16		4	14	16.5	11.5	12	36		6	33	37	29	30
	18	4	16	18.5	13.5	14		38	7	34.5	39	30	31
20		4	18	20.5	15.5	16	40		7	36.5	41	32	33
	22	5	19.5	22.5	16.5	17		42	7	38.5	43	34	35
24		5	21.5	24.5	18.5	19	44		7	40.5	45	36	37
	26	5	23.5	26.5	20.5	21		46	8	42	47	37	38
28		5	25.5	28.5	22.5	23	48		8	44	49	39	40
	30	6	27	31	23	24		50	8	46	51	41	42

注　1. 本标准规定了一般用途梯形螺纹基本牙型，公称直径为 8～300mm（本表仅摘录 8～50mm）的直径与螺距系列以及基本尺寸。

　　　2. 应优先选用第一系列的直径。

　　　3. 在每一个直径所对应的诸螺距中，本表仅摘录应优先选用的螺距和相应的基本尺寸。

附表 3　　　　　**非螺纹密封的管螺纹（摘自 GB/T 7307—2001）**

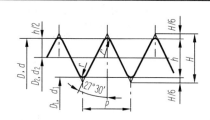

标记示例

内螺纹　G1　1/2

A 级外螺纹　G1　1/2A

B 级外螺纹　G1　1/2B

左旋　G1　1/2B—LH

$$P=\frac{25.4}{n}　H=0.960\,491p$$

mm

| 尺寸代号 | 每 25.4mm 内的牙数 n | 螺距 P | 牙高 h | 圆弧半径 r | 基本直径 | | |
					大径 $d=D$	中径 $d_2=D_2$	小径 $d_1=D_1$
1/16	28	0.907	0.581	0.125	7.723	7.142	6.561
1/8	28	0.907	0.581	0.125	9.728	9.147	8.566
1/4	19	1.337	0.856	0.184	13.157	12.301	11.445
3/8	19	1.337	0.856	0.184	16.662	15.806	14.950
1/2	14	1.814	1.162	0.249	20.955	19.793	18.631
5/8	14	1.814	1.162	0.249	22.911	21.749	20.587
3/4	14	1.814	1.162	0.249	26.441	25.279	24.117
7/8	14	1.814	1.162	0.249	30.201	29.039	27.877
1	11	2.309	1.479	0.317	33.249	31.770	30.291
1⅛	11	2.309	1.479	0.317	37.897	36.418	34.939
1¼	11	2.309	1.479	0.317	41.910	40.431	38.952
1½	11	2.309	1.479	0.317	47.803	46.324	44.845
1¼	11	2.309	1.479	0.317	53.746	52.267	50.788

尺寸代号	每25.4mm 内的牙数 n	螺距 P	牙高 h	圆弧半径 r	基本直径		
					大径 $d=D$	中径 $d_2=D_2$	小径 $d_1=D_1$
2	11	2.309	1.479	0.317	59.614	58.135	56.658
2¼	11	2.309	1.479	0.317	65.710	64.231	62.752
2½	11	2.309	1.479	0.317	75.184	73.705	72.226
2¾	11	2.309	1.479	0.317	81.534	80.055	78.576
3	11	2.309	1.479	0.317	87.884	86.405	84.926
3½	11	2.309	1.479	0.317	100.330	98.851	97.372
4	11	2.309	1.479	0.317	113.030	111.551	110.072
4½	11	2.309	1.479	0.317	125.730	124.251	122.772
5	11	2.309	1.479	0.317	138.430	136.951	135.472
5½	11	2.309	1.479	0.317	151.130	149.651	148.172
6	11	2.309	1.479	0.317	163.830	162.351	160.872

二、常用标准件

附表4　　　　　　　　　　　　　六 角 头 螺 栓

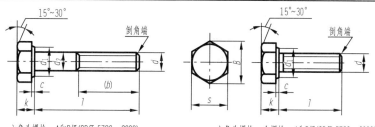

六角头螺栓—A和B级(GB/T 5782—2000)　　　　六角头螺栓—全螺栓—A和B级(GB/T 5783—2000)

标记示例

螺纹规格 d＝M12、公称长度 l＝80mm、性能等级为8.8级、表面氧化、A级的六角头螺栓：

螺栓　GB/T 5782—2000　M12×80

螺纹规格 d＝M12、公称长度 l＝80mm、性能等级为8.8级、表面氧化、全螺纹A级的六角头螺栓：

螺栓　GB/T 5783—2000　M12×80

mm

螺纹规格	d	M4	M5	M6	M8	M10	M12	M16	M20	M24	M30	M36	M42	M48
b 参考	$l\le125$	14	16	18	22	26	30	38	46	54	66	78	—	—
	$125<l\le200$	—	—	—	28	32	36	44	52	60	72	84	96	108
	$l>200$	—	—	—	—	—	—	57	65	73	85	97	109	121
c_{max}		0.4	0.5		0.6			0.8						1
K		2.8	3.5	4	5.3	6.4	7.5	10	12.5	15	18.7	22.5	26	30
d_{smax}		4	5	6	8	10	12	16	20	24	30	36	42	48
s_{max}		7	8	10	13	16	18	24	30	36	46	55	65	75
e_{max}	A	7.66	8.79	11.03	14.38	17.37	20.03	26.75	33.53	39.98	—	—	—	—
	B	—	8.63	10.89	14.2	17.59	19.85	26.17	32.95	39.55	50.85	60.79	72.02	82.6
d_{smax}	A	5.9	6.9	8.9	11.6	14.6	16.6	22.5	28.2	33.6	—	—	—	—
	B	—	6.7	8.7	11.4	14.4	16.4	22	27.7	33.2	42.7	51.1	60.6	69.4

螺纹规格	d	M4	M5	M6	M8	M10	M12	M16	M20	M24	M30	M36	M42	M48
l 范围	GB 5782	25~40	25~50	30~60	35~80	40~100	45~120	55~160	65~200	80~240	90~300	110~360	130~400	140~400
	GB 5783	8~40	10~50	12~60	16~80	20~100	25~100	35~100	40~100				80~500	100~500
l 系列	GB 5782	20~65（5进位）、70~160（10进位）、180~400（20进位）												
	GB 5783	8、10、12、16、18、20~65（5进位）、70~160（10进位）、180~500（20进位）												

注　1. P—螺距。末端按 GB/T 2—1985 规定。
　　2. 螺纹公差：s_H 力学性能等级：8.8。
　　3. 产品等级：A 级用于 $d{\leqslant}24$ 和 $l{\leqslant}10d$ 或者 ${\leqslant}150$mm（按较小值）；
　　　　　　　　B 级用于 $d{>}24$ 或 $l{>}10d$ 或 ${>}150$mm（按较小值）。

附表5　　　　　　　　　　　　　**双　头　螺　柱**

$b_m{=}1d$（GB/T 897—1988）$b_m{=}1.25d$（GB/T 898—1988）$b_m{=}1.5d$（GB/T 899—1988），$b_m{=}2d$（GB/T 900—1988）

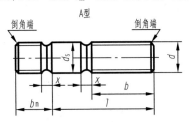
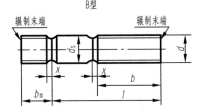

标记示例

两端均为粗牙普通螺纹，$d{=}10$mm，$l{=}50$mm，性能等级为 4.8 级、B 型、$b_m{=}1d$ 的双头螺柱：
螺柱　GB/T 897—1988　M10×50

旋入一端为粗牙普通螺纹，旋螺母一端为螺距 $P{=}1$mm 的细牙普通螺纹，$d{=}10$mm，$l{=}50$mm，性能等级为 4.8 级、A 型、$b_m{=}1d$ 的双头螺柱：螺柱 GB/T 897—1988　AM10 - M10×1×50

旋入一端为过渡配合的第一种配合，旋螺母一端为粗牙普通螺纹，$d{=}10$mm，$l{=}50$mm，性能等级为 8.8 级、B 型、$b_m{=}1d$ 的双头螺柱：螺柱 GB/T 897—1988　GM10 - M10×50 - 8.8。

mm

螺纹规格 d		M4	M5	M6	M8	M10	M12	M16	M20	M24	M30	M36	M42	M48
b_m	GB 897	—	5	6	8	10	12	16	20	24	30	36	42	48
	GB 898	—	6	8	10	12	15	20	25	30	38	45	52	60
	GB 899	6	8	10	12	15	18	24	30	36	45	54	65	72
	GB 900	8	10	12	16	20	24	32	40	48	60	72	84	96
d_s		A 型 $d_s{=}$螺纹大径　　　B 型 $d_s{\approx}$螺纹中径												
x		1.5P												
l/b		$\frac{16\sim22}{8}$	$\frac{16\sim22}{10}$	$\frac{20\sim22}{10}$	$\frac{20\sim22}{12}$	$\frac{25\sim28}{14}$	$\frac{25\sim30}{16}$	$\frac{30\sim38}{20}$	$\frac{35\sim40}{25}$	$\frac{45\sim50}{30}$	$\frac{60\sim65}{40}$	$\frac{65\sim75}{45}$	$\frac{70\sim80}{50}$	$\frac{80\sim90}{60}$
		$\frac{25\sim40}{14}$	$\frac{25\sim50}{16}$	$\frac{25\sim30}{14}$	$\frac{25\sim30}{16}$	$\frac{30\sim38}{16}$	$\frac{32\sim40}{20}$	$\frac{40\sim55}{30}$	$\frac{45\sim65}{35}$	$\frac{55\sim75}{45}$	$\frac{70\sim90}{50}$	$\frac{80\sim110}{60}$	$\frac{85\sim110}{70}$	$\frac{95\sim110}{80}$
				$\frac{32\sim75}{18}$	$\frac{32\sim90}{22}$	$\frac{40\sim120}{26}$	$\frac{45\sim120}{30}$	$\frac{60\sim120}{38}$	$\frac{70\sim120}{46}$	$\frac{80\sim120}{54}$	$\frac{95\sim120}{60}$	$\frac{120}{78}$	$\frac{120}{90}$	$\frac{120}{102}$
						$\frac{130}{32}$	$\frac{130\sim180}{36}$	$\frac{130\sim200}{44}$	$\frac{130\sim200}{52}$	$\frac{130\sim200}{60}$	$\frac{130\sim200}{72}$	$\frac{130\sim200}{84}$	$\frac{130\sim200}{96}$	$\frac{130\sim200}{108}$
											$\frac{210\sim250}{85}$	$\frac{210\sim300}{97}$	$\frac{210\sim300}{109}$	$\frac{210\sim300}{121}$
l 系列		16、(18)、20、(22)、25、(28)、30、(32)、35、(38)、40、45、50、(55)、60、(65)、70、(75)、80、(85)、90、(95)、100、110、120、130、140、150、160、170、180、190、200、210、220、230、240、250、260、280、300												

附表 6　　　　　　　　　　　　　　螺　　钉

开槽圆柱头螺钉(GB/T 65—2008)　　　　　　开槽盘头螺钉(GB/T 67—2008)

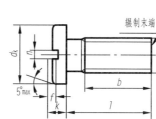
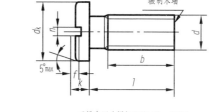

开槽沉头螺钉(GB/T 68—2008)　　　　　　开槽半沉头螺钉(GB/T 69—2000)

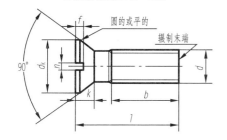
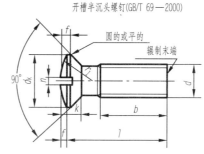

无螺纹部分杆径≈中径或=螺纹大径

标记示例

螺纹规格 d=M5、公称长度 l=20mm、性能等级为 4.8 级、不经表面处理的开槽圆柱头螺钉：

螺钉 GB/T 65—2000 M5×20

mm

螺纹规格 d	p	b_{min}	n公称	f	r_f	k_{max}			d_{kmax}			t_{min}				l 范围
				GB 69	GB 69	GB 65	GB 67	GB 68 GB 69	GB 65	GB 67	GB 68 GB 69	GB 65	GB 67	GB 68	GB 69	
M3	0.5	25	0.8	0.7	6	1.8	1.8	1.65	5.6	5.6	5.5	0.7	0.7	0.6	1.2	4～30
M4	0.7	38	1.2	1	9.5	2.6	2.4	2.7	7	8	8.4	1.1	1	1	1.6	5～40
M5	0.8	38	1.2	1.2	9.5	3.3	3.0	2.7	8.5	9.5	9.3	1.3	1.2	1.1	2	6～50
M6	1	38	1.6	1.4	12	3.9	3.6	3.3	10	12	11.3	1.6	1.4	1.2	2.4	8～60
M8	1.25	38	2	2	16.5	5	4.8	4.65	13	16	15.8	2	1.9	1.8	3.2	10～80
M10	1.5	38	2.5	2.3	19.5	6	6	5.5	16	20	18.3	2.4	2.4	2	3.8	12～80
l 系列	4、5、6、8、10、12、(14)、16、20、25、30、35、40、50、(55)、60、(65)、70、(75)、80															

附表 7　　　　　　　　内六角圆柱头螺钉（摘自 GB/T 70.1—2008）

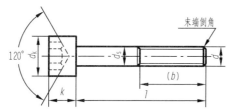

标记示例

螺纹规格 d=M5、公称长度 l=20mm、性能等级为 8.8 级、表面氧化的内六角圆柱头螺钉：

螺钉　GB/T 70—2000　M5×20

mm

螺纹规格 d	M3	M4	M5	M6	M8	M10	M12	M14	M16	M20	M24
P（螺距）	0.5	0.7	0.8	1	1.25	1.5	1.75	2	2	2.5	3

螺纹规格 d	M3	M4	M5	M6	M8	M10	M12	M14	M16	M20	M24
b 参考	18	20	22	24	28	32	36	40	44	52	60
d_{max}	5.5	7	8.5	10	13	16	18	21	24	30	36
k_{max}	3	4	5	6	8	10	12	14	16	20	24
t_{min}	1.3	2	2.5	3	4	5	6	7	8	10	12
s 公称	2.5	3	4	5	6	8	10	12	14	17	19
e_{min}	2.87	3.44	4.58	5.72	6.86	9.15	11.43	13.72	16.00	19.44	21.73
d_{smax}						$d_s=d$					
t 范围	5～30	6～40	8～50	10～60	12～80	16～100	20～120	25～140	25～160	30～200	40～200
$l\leqslant$ 表中数值时，制出全螺纹	20	25	25	30	35	40	45	55	55	65	80
l（系列）	5、6、8、10、12、(14)、(16)、20、25、30、35、40、45、50、(55)、60、(65)、70、80、90、100、110、120、130、140、150、160、180、200										

注　括号内规格尽可能不采用。

附表 8　　　　　　　　　　　　紧 定 螺 钉

开槽锥端紧定螺钉（GB/T 71—2008）　开槽平端紧定螺钉（GB/T 73—2008）　开槽长圆柱端紧定螺钉（GB/T 75—2008）

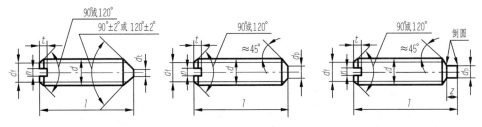

标记示例

螺纹规格 d＝M10、公称长度 l＝20mm、性能等级为 14H 级、表面氧化的开槽锥端紧定螺钉：

螺钉　GB/T 71—1985　M10×20

mm

螺纹规格 d	P	$d_f\approx$	d_{tmax}	d_{pmax}	n 公称	I min	I max	Z_{min}	I 公称
M3	0.5		0.3	2	0.4	0.8	1.05	1.5	4～16
M4	0.7		0.4	2.5	0.6	1.12	1.42	2	6～20
M5	0.8		0.5	3.5	0.8	1.28	1.63	2.5	8～25
M6	1	螺纹小径	1.5	4	1	1.6	2	3	8～30
M8	1.25		2	5.5	1.2	2	2.5	4	10～40
M10	1.5		2.5	7	1.6	2.4	3	5	12～50
M12	1.75		3	8.5	2	2.8	3.6	6	14～16
I 系列	4、5、6、8、10、12、(14)、16、20、25、30、40、45、50、(55)、60								

附表 9　　　　　　　　　　　Ⅰ 型 六 角 螺 母

Ⅰ型六角螺母——A 和 B 级（GB/T 6170—2000）　　　Ⅰ型六角螺母——C 级（GB/T 41—2000）
允许制造的型式

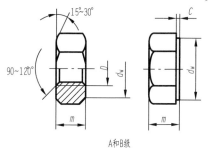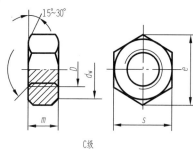

A 和 B 级　　　　　　　　　　　　　　　　　C 级

标记示例

螺纹规格 D＝M12、性能等级为 10 级、不经表面处理、A 级的 Ⅰ 型六角螺母：螺母　GB/T 6170—2000　M12
螺纹规格 D＝M12、性能等级为 5 级、不经表面处理、C 级的 Ⅰ 型六角螺母：螺母　GB/T 41—2000　M12

mm

螺母规格 D		M4	M5	M6	M8	M10	M12	M16	M20	M24	M30	M36	M42	M48
c		0.4	0.5		0.6			0.8					1	
s_{max}		7	8	10	13	16	18	24	30	36	46	55	65	75
e_{min}	A、B 级	7.66	8.79	11.05	14.38	17.77	20.03	26.75	32.95	39.55	50.85	60.79	72.02	82.6
	C 级	—	8.63	10.89	14.2	17.59	19.85	26.17	32.95	39.55	50.85	60.79	72.02	82.6
m_{max}	A、B 级	3.2	4.7	5.2	6.8	8.4	10.8	14.8	18	21.5	25.6	31	34	38
	C 级	—	5.6	6.1	7.9	9.5	12.2	15.9	18.7	22.3	26.4	31.5	34.9	38.9
d_{wmin}	A、B 级	5.9	6.9	8.9	11.6	14.6	16.6	22.5	27.7	33.2	42.7	51.1	60.6	69.4
	C 级	—	6.9	8.7	11.5	14.5	16.5	22	27.7	33.2	42.7	51.1	60.6	69.4

注　1. A 级用于 $D \leq 16$ 的螺母；B 级用于 $D > 16$ 的螺母；C 级用于 $D \geq 5$ 的螺母。
　　2. 螺纹公差：A、B 级为 6H，C 级为 7H；力学性能等级：A、B 级为 6、8、10 级，C 级为 4、5 级。

附表 10　　　　　　　　　　　平　垫　圈

平垫圈——A 级（GB/T 97.1—1985）　　平垫圈　倒角型　A 级（GB/T 97.2—1985）

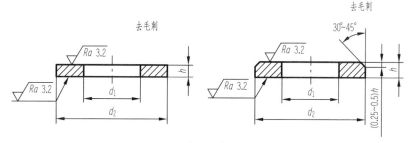

标记示例

标准系列、公称尺寸 d＝8、性能等级为 140HV 级、不经表面处理的平垫圈：
垫圈　GB/T 97.1—2002　8－140HV

mm

公称尺寸（螺纹规格）d	3	4	5	6	8	10	12	14	16	20	24	30	36
内径 d_1	3.2	4.3	5.3	6.4	8.4	10.5	13	15	17	21	25	31	37
外径 d_2	7	9	10	12	16	20	24	28	30	37	44	56	66
厚度 h	0.5	0.8	1	1.6	1.6	2	2.5	2.5	3	3	4	4	5

附表 11　　　　　　　　　标准型弹簧垫圈（GB/T 93—1987）

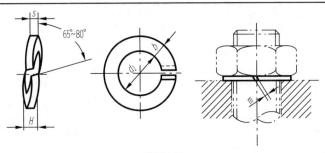

标记示例

规格 16mm、材料为 65Mn、表面氧化的标准型弹簧垫圈：
垫圈　GB/T 93—1987　16

mm

规格（螺纹大径）	4	5	6	8	10	12	16	20	24	30	36	42	48
d_{1min}	4.1	5.1	6.1	8.1	10.2	12.2	16.2	20.2	24.5	30.5	36.5	42.5	48.5
$S=b$ 公称	1.1	1.3	1.6	2.1	2.6	3.1	4.1	5	6	7.5	9	10.5	12
$m\leqslant$	0.55	0.65	0.8	1.05	1.3	1.55	2.05	2.5	3	3.75	4.5	5.25	6
H_{max}	2.75	3.25	4	5.25	6.5	7.75	10.25	12.5	15	18.75	22.5	26.25	30

三、电气图用图形符号

附表 12　　　　　　　　　　　常用电气图用图形符号

图形符号	说　明	图形符号	说　明
	1. 基本符号		
==	直流 注：电压可标注在符号右边，系统类型可标注在左边	⚡	故障
∿	交流 频率或频率范围以及电压的数值应标注在符号的右边，系统类型应标注在符号的左边	○ ∅	端子 可拆卸端子
∿̄	交直流		导线的连接
+ −	正极、负极		
→	运动、方向或力		导线跨越而不连接
⇒	能量、信号传输方向	▭	电阻器一般符号
⏚	接地一般符号 注：如表示接地的状况或作用不够明显，可补充说明		电容器一般符号
	接机壳或接底板	⌇⌇⌇	电感器、线圈、绕组、扼流圈
▽	等电位		原电池或蓄电池 原电池或蓄电池组 注：长线代表阳极。短线代表阴极，为了强调短线可画粗些

图形符号	说　　明	图形符号	说　　明
2. 控制、保护装置			按钮开关（动合按钮）
	动合（常开）触点 注：本符号也可以用作开关的一般符号		按钮开关（动合按钮）
	动断（常闭）触点		位置开关和限制开关的动合触点
	先断后合的转换触点		位置开关和限制开关的动断触点
	中间断开的双向触点		三极开关（单线表示）
形式1 形式2	当操作器件被吸合时延时闭合的动合触点		三极开关（多线表示）
			接触器主动合触点
形式1 形式2	当操作器件被释放时延时断开的动合触点		具有自动释放功能的接触器
			接触器主动断触点
形式1 形式2	当操作器件被释放时延时闭合的动断触点		断路器
			隔离开关
形式1 形式2	当操作器件被吸合时延时断开的动断触点		负荷开关
			操作器件一般符号
	手动开关一般符号		热继电器的驱动器件

续表

图形符号	说　明	图形符号	说　明
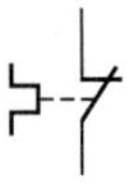	热继电器动断触点		三绕组变压器
	熔断器一般符号		电流互感器
	熔断器式开关		电抗器、扼流圈
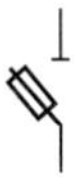	熔断器式隔离开关		自耦变压器
	跌开式熔断器	**4. 仪表、信号器件**	
		电压表	电压表
		电流表	电流表
		cosφ	功率因数表
	避雷器	Wh	电能表（瓦时计）
3. 电机、起动器		电铃	电铃
	电机一般符号 符号内的星号必须用下述字母之一代替： C—旋转变流机； G—发电机； GS—同步发电机； M—电动机； MG—能作为发电机或电动机使用的电机； MS—同步电动机； SM—伺服电机； TG—测速发电机； TM—力矩电动机； IS—感应同步器	电喇叭	电喇叭
		蜂鸣器	蜂鸣器
			导线、导线组、电线、电缆、电路、传输通路（如微波技术）、线路、母线（总线）一般符号 注：当用单线表示一组导线时，若需示出导线数可加小短斜线或画一条短斜线加数字表示
	交流电动机		绞合导线，图示为两股绞合导线
			屏蔽导线
	双绕组变压器 电压互感器		不需要示出电缆芯数的电缆终端头

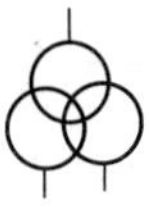

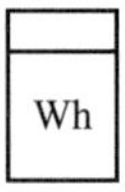

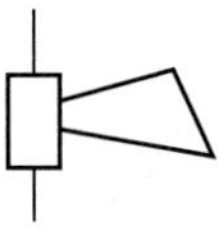

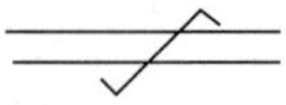

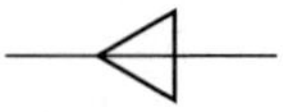

图形符号	说　　明	图形符号	说　　明
─○─	架空线路		电信插座的一般符号 注：可用文字或符号加以区别 如：TP—电话 TX—电传 TV—电视 ＊—扬声器（符号表示） M—传声器 FM—调频
─/─/─	沿建筑物明敷设通信线路		
─·─·─	滑触线		
─ρ─	中性线		
─/─	保护线	○─	开关一般符号
─/●─	保护和中性共用线		
5. 照明灯具		○─ ●─ ⊖─ ◖─	单极开关 暗装 密闭（防水） 防爆
⊗	灯一般符号 信号灯一般符号 注：1. 如果要求指示颜色，则在靠近符号处标出下列字母：RD 红，BU 蓝，YE 黄，WH 白，GN 绿； 2. 如要指出灯的类型，则在靠近符号处标出下列字母：Ne 氖，Xe 氙，Na 钠，Hg 汞，I 碘，IN 白炽灯，EL 电发光，ARC 弧光，FL 荧光，IR 红外线，UV 紫外线，LED 发光二极管		
		○─ ●─ ⊖─ ◖─	双极开关 双极开关 暗装 密闭（防水） 防爆
6. 配电箱、屏、控制台			
11 12 13 14 15 16	端子板（示出带线端标记的端子板）		
▭	屏、台、箱、柜一般符号	○↗	单极拉线开关
▬	动力或动力—照明配电箱 注：需要时符号内可标示电流种类符号		带保护接点，接地插孔的单相插座 暗装
7. 插座、开关、日用电器			
	单相插座 暗装	○─ ●─ ⊖─ ◖─	三极开关 暗装 密闭（防水） 防爆
	带接地插孔的三相插座 带接地插孔的三相插座暗装		

续表

图形符号	说　明	图形符号	说　明
盒（箱）一般符号		可变衰减器	
连接盒或接线盒		滤波器一般符号	
阀的一般符号		均衡器	
电磁阀		系统出线端	
电动阀		**9. 组合元件和时序元件**	
按钮一般符号 注：若图面位置有限，又不会引起混淆，小圆允许涂黑		"与"门，一般符号，当且仅当全部输入均处于"1"状态时，输出才处于其"1"状态	
8. 电信、广播、共用天线		"或"门，一般符号，当且仅当一个或一个以上的输入处于其"1"状态时。输出才能处于"1"状态注：若不会引起混淆。"≥1"可以用"1"代替	
自动交换设备			
电话机一般符号		"异或"门 若两个输入中的一个且只有一个处于"1"状态时，输出才处于其"1"状态	
传声器一般符号		无特殊放大输出的缓冲器。当且仅当输入处于其"1"状态时，输出才处于其"1"状态	
扬声器一般符号		"非"门反相器（在用逻辑非符号表示器件的情况下）当且仅当输入处于其外部"1"状态，输出才处于其外部"0"状态	
天线一般符号			
放大器一般符号 中继器一般符号 （示出输入和输出） 注：三角形指向传输方向		有"非"输出的"与"门（与非门）	
外部可调放大器		有"非"输出"或"门（或非门）	
固定衰减器		与—或反相器	

图形符号	说　明	图形符号	说　明
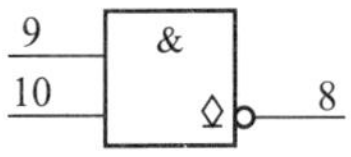 有 L 型开路输出的非门		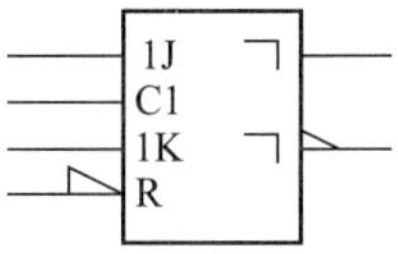 脉冲触发（主从）JK 触发器	
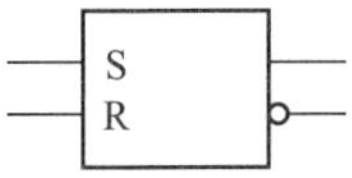 RS 触发器 RS 锁存器		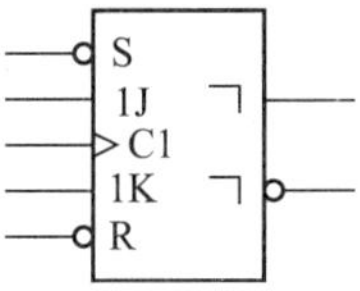 数据锁定（主从）JK 触发器	
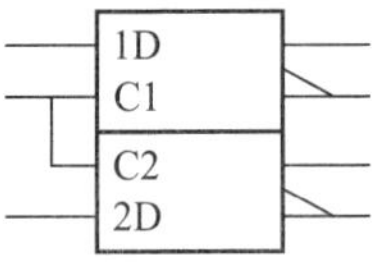 双 D 锁存器		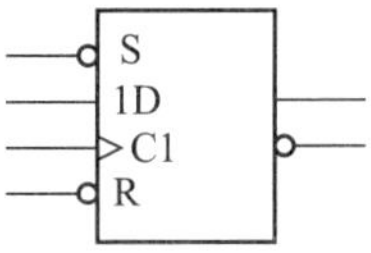 边沿（上升沿）D 触发器	
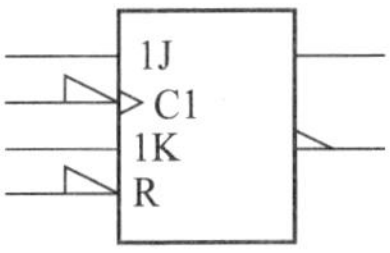 边沿（下降沿）JK 触发器		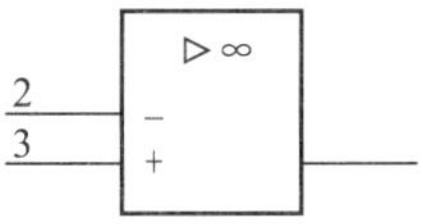 运算放大器	

附表 13

轴的基本偏差值（摘自 GB/T 1800.1—2009）

说明：js 栏 偏差 = ±ITn/2（式中 ITn 是 IT 值数）。k 栏右侧（≤IT3，>IT7）一列全部为 0。

公称尺寸(mm) 大于	至	上极限偏差 (es) —— a	b	c	cd	d	e	ef	f	fg	g	h	js	j (IT5和IT6)	j (IT7)	j (IT8)	k (IT4~IT7)	k (≤IT3,>IT7)	下极限偏差 (ei) —— m	n	p	r	s	t	u	v	x	y	z	za	zb	zc
—	3	-270	-140	-60	-34	-20	-14	-10	-6	-4	-2	0		-2	-4	-6	0	0	+2	+4	+6	+10	+14		+18		+20		+26	+32	+40	+60
3	6	-270	-140	-70	-46	-30	-20	-14	-10	-6	-4	0		-2	-4		+1	0	+4	+8	+12	+15	+19		+23		+28		+35	+42	+50	+80
6	10	-280	-150	-80	-56	-40	-25	-18	-13	-8	-5	0		-2	-5		+1	0	+6	+10	+15	+19	+23		+28		+34		+42	+52	+67	+97
10	14	-290	-150	-95		-50	-32		-16		-6	0		-3	-6		+1	0	+7	+12	+18	+23	+28		+33		+40		+50	+64	+90	+130
14	18	-290	-150	-95		-50	-32		-16		-6	0		-3	-6		+1	0	+7	+12	+18	+23	+28		+33	+39	+45		+60	+77	+108	+150
18	24	-300	-160	-110		-65	-40		-20		-7	0		-4	-8		+2	0	+8	+15	+22	+28	+35		+41	+47	+54	+63	+73	+98	+136	+188
24	30	-300	-160	-110		-65	-40		-20		-7	0		-4	-8		+2	0	+8	+15	+22	+28	+35	+41	+48	+55	+64	+75	+88	+118	+160	+218
30	40	-310	-170	-120		-80	-50		-25		-9	0		-5	-10		+2	0	+9	+17	+26	+34	+43	+48	+60	+68	+80	+94	+112	+148	+200	+274
40	50	-320	-180	-130		-80	-50		-25		-9	0		-5	-10		+2	0	+9	+17	+26	+34	+43	+54	+70	+81	+97	+114	+136	+180	+242	+325
50	65	-340	-190	-140		-100	-60		-30		-10	0		-7	-12		+2	0	+11	+20	+32	+41	+53	+66	+87	+102	+122	+144	+172	+226	+300	+405
65	80	-360	-200	-150		-100	-60		-30		-10	0		-7	-12		+2	0	+11	+20	+32	+43	+59	+75	+102	+120	+146	+174	+210	+274	+360	+480
80	100	-380	-220	-170		-120	-72		-36		-12	0		-9	-15		+3	0	+13	+23	+37	+51	+71	+91	+124	+146	+178	+214	+258	+335	+445	+585
100	120	-410	-240	-180		-120	-72		-36		-12	0		-9	-15		+3	0	+13	+23	+37	+54	+79	+104	+144	+172	+210	+256	+310	+400	+525	+690
120	140	-460	-260	-200		-145	-85		-43		-14	0		-11	-18		+3	0	+15	+27	+43	+63	+92	+122	+170	+202	+248	+300	+365	+470	+620	+800
140	160	-520	-280	-210		-145	-85		-43		-14	0		-11	-18		+3	0	+15	+27	+43	+65	+100	+134	+190	+228	+280	+340	+415	+535	+700	+900
160	180	-580	-310	-230		-145	-85		-43		-14	0		-11	-18		+3	0	+15	+27	+43	+68	+108	+146	+210	+252	+310	+380	+465	+600	+780	+1000
180	200	-660	-340	-240		-170	-100		-50		-15	0		-13	-21		+4	0	+17	+31	+50	+77	+122	+166	+236	+284	+350	+425	+520	+670	+880	+1150
200	225	-740	-380	-260		-170	-100		-50		-15	0		-13	-21		+4	0	+17	+31	+50	+80	+130	+180	+258	+310	+385	+470	+575	+740	+960	+1250
225	250	-820	-420	-280		-170	-100		-50		-15	0		-13	-21		+4	0	+17	+31	+50	+84	+140	+196	+284	+340	+425	+520	+640	+820	+1050	+1350
250	280	-920	-480	-300		-190	-110		-56		-17	0		-16	-26		+4	0	+20	+34	+56	+94	+158	+218	+315	+385	+475	+580	+710	+920	+1200	+1500
280	315	-1050	-540	-330		-190	-110		-56		-17	0		-16	-26		+4	0	+20	+34	+56	+98	+170	+240	+350	+425	+525	+650	+790	+1000	+1300	+1700

续表

公称尺寸(mm) 大于	至	a	b	c	cd	d	e	ef	f	fg	g	h	js	j (IT5和IT6)	j (IT7)	j (IT8)	k (IT4~IT7)	k (≤IT3, >IT7)	m	n	p	r	s	t	u	v	x	y	z	za	zb	zc
315	355	−1200	−600	−360		−210	−125		−62		−18	0	偏差 $=\pm\frac{IT_n}{2}$ (式中 IT_n 是 IT 值数)		−18	−28	+4	0	+21	+37	+62	+108	+190	+268	+390	+475	+590	+730	+900	+1150	+1500	+1900
355	400	−1350	−680	−400		−210	−125		−62		−18	0			−18	−28	+4	0	+21	+37	+62	+114	+208	+294	+435	+530	+660	+820	+1000	+1300	+1650	+2100
400	450	−1500	−760	−440		−230	−135		−68		−20	0			−20	−32	+5	0	+23	+40	+68	+126	+232	+330	+490	+595	+740	+920	+1100	+1450	+1850	+2400
450	500	−1650	−840	−480		−230	−135		−68		−20	0			−20	−32	+5	0	+23	+40	+68	+132	+252	+360	+540	+660	+820	+1000	+1250	+1600	+2100	+2600
500	560					−260	−145		−76		−22	0					0	0	+26	+44	+78	+150	+280	+400	+600							
560	630					−260	−145		−76		−22	0					0	0	+26	+44	+78	+155	+310	+450	+660							
630	710					−290	−160		−80		−24	0					0	0	+30	+50	+88	+175	+340	+500	+740							
710	800					−290	−160		−80		−24	0					0	0	+30	+50	+88	+185	+380	+560	+840							
800	900					−320	−170		−86		−26	0					0	0	+34	+56	+100	+210	+430	+620	+940							
900	1000					−320	−170		−86		−26	0					0	0	+34	+56	+100	+220	+470	+680	+1050							
1000	1120					−350	−195		−98		−28	0					0	0	+40	+66	+120	+250	+520	+780	+1150							
1120	1250					−350	−195		−98		−28	0					0	0	+40	+66	+120	+260	+580	+840	+1300							
1250	1400					−390	−220		−110		−30	0					0	0	+48	+78	+140	+300	+640	+940	+1450							
1400	1600					−390	−220		−110		−30	0					0	0	+48	+78	+140	+330	+720	+1050	+1600							
1600	1800					−430	−240		−120		−32	0					0	0	+58	+92	+170	+370	+820	+1200	+1850							
1800	2000					−430	−240		−120		−32	0					0	0	+58	+92	+170	+400	+920	+1350	+2000							
2000	2240					−480	−260		−130		−34	0					0	0	+68	+110	+195	+440	+1000	+1500	+2300							
2240	2500					−480	−260		−130		−34	0					0	0	+68	+110	+195	+460	+1100	+1650	+2500							
2500	2800					−520	−290		−145		−38	0					0	0	+76	+135	+240	+550	+1250	+1900	+2900							
2800	3150					−520	−290		−145		−38	0					0	0	+76	+135	+240	+580	+1400	+2100	+3200							

基本偏差数值 — 上极限偏差 (es)：所有标准公差等级（a～h）；下极限偏差 (ei)：所有标准公差等级（k～zc）。

注　公称尺寸小于或等于 1mm 时，基本偏差 a 和 b 均不采用。公差带 js7～js11，若 IT_n 值数是奇数，则取偏差 $=\pm\frac{IT_n-1}{2}$。

附表 14

孔的基本偏差值（摘自 GB/T 1800.1—2009）

注：
- 下极限偏差 (EI)：A、B、C、CD、D、E、EF、F、FG、G、H（所有标准公差等级）。
- JS：偏差 = ±$IT_n/2$（式中 IT_n 是 IT 值数）。
- 上极限偏差 (ES)：J（IT6、IT7、IT8），K、M、N（≤IT8、>IT8），P至ZC。
- P至ZC（≤IT7）：在大于 IT7 的相应数值上增加一个 Δ 值。
- P、R、S、T、U、V、X、Y、Z、ZA、ZB、ZC（>IT7）。

公称尺寸(mm) 大于	至	A	B	C	CD	D	E	EF	F	FG	G	H	J IT6	J IT7	J IT8	K ≤IT8	K >IT8	M ≤IT8	M >IT8	N ≤IT8	N >IT8	P	R	S	T	U	V	X	Y	Z	ZA	ZB	ZC	Δ IT3	Δ IT4	Δ IT5	Δ IT6	Δ IT7	Δ IT8
—	3	+270	+140	+60	+34	+20	+14	+10	+6	+4	+2	0	+2	+4	+6	0	0	−2	−2	−4	−4	−6	−10	−14		−18		−20		−26	−32	−40	−60	0	0	0	0	0	0
3	6	+270	+140	+70	+46	+30	+20	+14	+10	+6	+4	0	+5	+6	+10	−1+Δ	0	−4+Δ	−4	−8+Δ	0	−12	−15	−19		−23		−28		−35	−42	−50	−80	1	1.5	1	3	4	6
6	10	+280	+150	+80	+56	+40	+25	+18	+13	+8	+5	0	+5	+8	+12	−1+Δ	0	−6+Δ	−6	−10+Δ	0	−15	−19	−23		−28		−34		−42	−52	−67	−97	1	1.5	2	3	6	7
10	14	+290	+150	+95		+50	+32		+16		+6	0	+6	+10	+15	−1+Δ	0	−7+Δ	−7	−12+Δ	0	−18	−23	−28		−33		−40		−50	−64	−90	−130	1	2	3	3	7	9
14	18	+290	+150	+95		+50	+32		+16		+6	0	+6	+10	+15	−1+Δ	0	−7+Δ	−7	−12+Δ	0	−18	−23	−28		−33	−39	−45		−60	−77	−108	−150	1	2	3	3	7	9
18	24	+300	+160	+110		+65	+40		+20		+7	0	+8	+12	+20	−2+Δ	0	−8+Δ	−8	−15+Δ	0	−22	−28	−35		−41	−47	−54	−63	−73	−98	−136	−188	1.5	2	3	4	8	12
24	30	+300	+160	+110		+65	+40		+20		+7	0	+8	+12	+20	−2+Δ	0	−8+Δ	−8	−15+Δ	0	−22	−28	−35	−41	−48	−55	−64	−75	−88	−118	−160	−218	1.5	2	3	4	8	12
30	40	+310	+170	+120		+80	+50		+25		+9	0	+10	+14	+24	−2+Δ	0	−9+Δ	−9	−17+Δ	0	−26	−34	−43	−48	−60	−68	−80	−94	−112	−148	−200	−274	1.5	3	4	5	9	14
40	50	+320	+180	+130		+80	+50		+25		+9	0	+10	+14	+24	−2+Δ	0	−9+Δ	−9	−17+Δ	0	−26	−34	−43	−54	−70	−81	−97	−114	−136	−180	−242	−325	1.5	3	4	5	9	14
50	65	+340	+190	+140		+100	+60		+30		+10	0	+13	+18	+28	−2+Δ	0	−11+Δ	−11	−20+Δ	0	−32	−41	−53	−66	−87	−102	−122	−144	−172	−226	−300	−405	2	3	5	6	11	16
65	80	+360	+200	+150		+100	+60		+30		+10	0	+13	+18	+28	−2+Δ	0	−11+Δ	−11	−20+Δ	0	−32	−43	−59	−75	−102	−120	−146	−174	−210	−274	−360	−480	2	3	5	6	11	16
80	100	+380	+220	+170		+120	+72		+36		+12	0	+16	+22	+34	−3+Δ	0	−13+Δ	−13	−23+Δ	0	−37	−51	−71	−91	−124	−146	−178	−214	−258	−335	−445	−585	2	4	5	7	13	19
100	120	+410	+240	+180		+120	+72		+36		+12	0	+16	+22	+34	−3+Δ	0	−13+Δ	−13	−23+Δ	0	−37	−54	−79	−104	−144	−172	−210	−256	−310	−400	−525	−690	2	4	5	7	13	19
120	140	+460	+260	+200		+145	+85		+43		+14	0	+18	+26	+41	−3+Δ	0	−15+Δ	−15	−27+Δ	0	−43	−63	−92	−122	−170	−202	−248	−300	−365	−470	−620	−800	3	4	6	7	15	23
140	160	+520	+280	+210		+145	+85		+43		+14	0	+18	+26	+41	−3+Δ	0	−15+Δ	−15	−27+Δ	0	−43	−65	−100	−134	−190	−228	−280	−340	−415	−535	−700	−900	3	4	6	7	15	23
160	180	+580	+310	+230		+145	+85		+43		+14	0	+18	+26	+41	−3+Δ	0	−15+Δ	−15	−27+Δ	0	−43	−68	−108	−146	−210	−252	−310	−380	−465	−600	−780	−1000	3	4	6	7	15	23
180	200	+660	+340	+240		+170	+100		+50		+15	0	+22	+30	+47	−4+Δ	0	−17+Δ	−17	−31+Δ	0	−50	−77	−122	−166	−236	−284	−350	−425	−520	−670	−880	−1150	3	4	6	9	17	26
200	225	+740	+380	+260		+170	+100		+50		+15	0	+22	+30	+47	−4+Δ	0	−17+Δ	−17	−31+Δ	0	−50	−80	−130	−180	−258	−310	−385	−470	−575	−740	−960	−1250	3	4	6	9	17	26
225	250	+820	+420	+280		+170	+100		+50		+15	0	+22	+30	+47	−4+Δ	0	−17+Δ	−17	−31+Δ	0	−50	−84	−140	−196	−284	−340	−425	−520	−640	−820	−1050	−1350	3	4	6	9	17	26
250	280	+920	+480	+300		+190	+110		+56		+17	0	+25	+36	+55	−4+Δ	0	−20+Δ	−20	−34+Δ	0	−56	−94	−158	−218	−315	−385	−475	−580	−710	−920	−1200	−1500	4	4	7	9	20	29
280	315	+1050	+540	+330		+190	+110		+56		+17	0	+25	+36	+55	−4+Δ	0	−20+Δ	−20	−34+Δ	0	−56	−98	−170	−240	−350	−425	−525	−650	−790	−1000	−1300	−1700	4	4	7	9	20	29

基本偏差数值（单位：μm）

公称尺寸(mm) 大于	至	下极限偏差(EI) 所有标准公差等级 A	B	C	CD	D	E	EF	F	FG	G	H	JS	J IT6	J IT7	J IT8	K ≤IT8	K >IT8	M ≤IT8	M >IT8	N ≤IT8	N >IT8	上极限偏差(ES) P至ZC ≤IT7	P	R	S	T	U	V	X	Y	Z	ZA	ZB	ZC	Δ IT3	IT4	IT5	IT6	IT7	IT8
315	355	+1200	+600	+360		+210	+125		+62		+18	0	偏差＝±$\frac{IT_n}{2}$(式中 IT_n 是IT值数)	+29	+39	+60	−4+Δ		−21+Δ	−21	−37	0	在大于IT7的相应数值上增加一个Δ值	−62	−108	−190	−268	−390	−475	−590	−730	−900	−1150	−1500	−1900	4	5	7	11	21	32
355	400	+1350	+680	+400		+210	+125		+62		+18	0		+29	+39	+60	−4+Δ		−21+Δ	−21	−37	0		−62	−114	−208	−294	−435	−530	−660	−820	−1000	−1300	−1650	−2100	4	5	7	11	21	32
400	450	+1500	+760	+440		+230	+135		+68		+20	0		+33	+43	+66	−5+Δ		−23+Δ	−23	−40	0		−68	−126	−232	−330	−490	−595	−740	−920	−1100	−1450	−1850	−2400	5	5	7	13	23	34
450	500	+1650	+840	+480		+230	+135		+68		+20	0		+33	+43	+66	−5+Δ		−23+Δ	−23	−40	0		−68	−132	−252	−360	−540	−660	−820	−1000	−1250	−1600	−2100	−2600	5	5	7	13	23	34
500	560					+260	+145		+76		+22	0					0		−26		−44			−78	−150	−280	−400	−600													
560	630					+260	+145		+76		+22	0					0		−26		−44			−78	−155	−310	−450	−660													
630	710					+290	+160		+80		+24	0					0		−30		−50			−88	−175	−340	−500	−740													
710	800					+290	+160		+80		+24	0					0		−30		−50			−88	−185	−380	−560	−840													
800	900					+320	+170		+86		+26	0					0		−34		−56			−100	−210	−430	−620	−940													
900	1000					+320	+170		+86		+26	0					0		−34		−56			−100	−220	−470	−680	−1050													
1000	1120					+350	+195		+98		+28	0					0		−40		−66			−120	−250	−520	−780	−1150													
1120	1250					+350	+195		+98		+28	0					0		−40		−66			−120	−260	−580	−840	−1300													
1250	1400					+390	+220		+110		+30	0					0		−48		−78			−140	−300	−640	−940	−1450													
1400	1600					+390	+220		+110		+30	0					0		−48		−78			−140	−330	−720	−1050	−1600													
1600	1800					+430	+240		+120		+32	0					0		−58		−92			−170	−370	−820	−1200	−1850													
1800	2000					+430	+240		+120		+32	0					0		−58		−92			−170	−400	−920	−1350	−2000													
2000	2240					+480	+260		+130		+34	0					0		−68		−110			−195	−440	−1000	−1500	−2300													
2240	2500					+480	+260		+130		+34	0					0		−68		−110			−195	−460	−1100	−1650	−2500													
2500	2800					+520	+290		+145		+38	0					0		−76		−135			−240	−550	−1250	−1900	−2900													
2800	3150					+520	+290		+145		+38	0					0		−76		−135			−240	−580	−1400	−2100	−3200													

注：1. 公称尺寸小于或等于1mm时，基本偏差A和B及大于IT8的N均不采用。公差带JS7～JS11，若IT_n值数是奇数，则取偏差＝±$\frac{IT_n-1}{2}$。

2. 对于小于或等于IT8的K、M、N和小于或等于IT7的P～ZC，所需Δ值从表内右侧选取。

参 考 文 献

[1]　杨松林，郝立军. 电气工程制图 CAD. 技术应用及实例. 北京：化学工业出版社，2009.

[2]　王兰美，殷昌贵. 画法几何及工程制图（机械类）. 北京：机械工业出版社，2007.

[3]　于淑萍. 电子工程制图. 北京：电子工业出版社，2009.

[4]　钟日铭. CAXA 电子图板 2009 基础教程. 北京：清华大学出版社，2009.

[5]　邵振国. AutoCAD2008 中文版实用教程. 北京：科学出版社，2009.

[6]　高红，马洪勃. 工程制图. 北京：中国电力出版社，2007.

[7]　刘增良，刘国亭. 电气工程 CAD. 北京：中国水利水电出版社，2002.

[8]　王国君. 电气制图与读图手册. 北京：科学普及出版社，1995.

[9]　童幸生. 实用电子工程制图. 北京：高等教育出版社，2003.

[10]　何永华，闫晓霞. 新标准电气工程图. 北京：中国水利水电出版社，1996.

[11]　邵群涛. 电气制图与电子线路 CAD. 北京：机械工业出版社，2005.

[12]　李晓玲，蓝汝铭. 电气工程制图. 西安：西北工业大学出版社，2010.

[13]　高鹏，安涛，寇怀成. Protel 99 入门与提高. 北京：人民邮电出版社，2000.

[14]　贺天枢. 国家标准电气制图应用指南. 北京：中国标准出版社，1989.

[15]　王彦平，任延群，危胜军. Protel 99 电路设计指南. 北京：清华大学出版社，2000.

[16]　和卫星，李长杰，汪少华. Protel 99 SE 电子电路 CAD 实用技术. 合肥：中国科学技术大学出版社，2008.

[17]　何利民，尹全英. 电气制图与读图. 北京：机械工业出版社，2003.

[18]　肖玲妮，袁增贵. Protel 99 SE 印刷电路板设计教程. 北京：清华大学出版社，2003.